高职高专“十三五”规划教材

矿石学基础

（第2版）

主　编　王铁富　陈国山
副主编　包丽娜　吕国成　包丽明
　　　　杨　林　朱　宾　姚占珍

北　京
冶金工业出版社
2025

内 容 提 要

本书共分6章，主要内容包括矿物的性质、常见有用矿物、矿石的形成、矿物的鉴定方法、矿石性质的判别与测定、矿物的选矿工艺研究。书中介绍了自然元素矿物、硫化物矿物、氧化物和氢氧化物矿物、含氧盐矿物、卤化物矿物，阐述了内生成矿作用、外生成矿作用、变质成矿作用及其矿石，分析了矿物元素的赋存状态、矿物的嵌布粒度及解离性、矿石性质的判别与测定方法。

本书可作为高等院校及高职高专院校选矿及矿物加工专业的教材（配有教学课件），也可作为矿山地质、采矿工程、矿山安全工程、地质工程类专业以及矿山测量工程专业的培训教材，还可供从事矿山地质工作、矿山测量工作、矿山监督和管理工作的技术人员参考。

图书在版编目(CIP)数据

矿石学基础/王铁富，陈国山主编. —2版. —北京：冶金工业出版社，2018.1（2025.1重印）

高职高专“十三五”规划教材

ISBN 978-7-5024-7647-2

Ⅰ.①矿…　Ⅱ.①王…　②陈…　Ⅲ.①矿石学—高等职业教育—教材

Ⅳ.①P616

中国版本图书馆CIP数据核字（2017）第268214号

矿石学基础

出版发行　冶金工业出版社　　**电　话**　(010)64027926

地　址　北京市东城区嵩祝院北巷39号　　**邮　编**　100009

网　址　www.mip1953.com　　**电子信箱**　service@mip1953.com

责任编辑　俞跃春　杜婷婷　美术编辑　彭子赫　版式设计　孙跃红

责任校对　郑　娟　责任印制　窦　唯

北京富资园科技发展有限公司印刷

2010年3月第1版，2018年1月第2版，2025年1月第3次印刷

787mm×1092mm　1/16；14印张；341千字；216页

定价40.00元

投稿电话　**(010)64027932**　**投稿信箱**　**tougao@cnmip.com.cn**

营销中心电话　**(010)64044283**

冶金工业出版社天猫旗舰店　**yjgycbs.tmall.com**

（本书如有印装质量问题，本社营销中心负责退换）

第2版前言

《矿石学基础》一书自2010年出版以来，经过多次重印得到了广大师生的肯定与认可，本次修订根据高职高专院校矿物加工专业矿石学课程的教学大纲，在总结各学校教学经验的基础上，力求坚持内容有所扩充、体系有所完整、结构有所精简、实用性有所加强的原则。

本书对第1版书的大部分章节内容包括插图、表格等进行了适当调整、充实和完善，并在保留第1版书的特点、风格的基础上，主要修订了如下内容：

（1）删除了晦涩难懂与矿物加工专业关系不大的影响晶体构造因素的内容。

（2）删除了与矿物加工专业关系不大的矿床储量级别的内容。

（3）调整了第1章和第3章内容的顺序，使内容更加利于学生学习。

（4）将矿物特征用表格的形式展现出来，分别阐述化学成分、矿物形态、矿物性质、鉴定特征与用途，使学生更容易理解和掌握。

（5）增加了磨片的制作以及常用矿石性质的测定方法。

参与本次修订的有吉林电子信息职业技术学院陈国山、王铁富、吕国成、包丽明、包丽娜、杨林，桂林理工大学南宁分校朱宾，甘肃有色冶金职业技术学院姚占珍，湖南有色金属职业技术学院刘福峰。具体编写分工为：第1章由陈国山、杨林编写；第2章由王铁富、朱宾、吕国成编写；第3章由陈国山、包丽明编写；第4章由包丽娜、姚占珍编写；第5章由王铁富编写；第6章由包丽娜、刘福峰编写。全书由王铁富、陈国山担任主编，由包丽娜、吕国成、包丽明、杨林、朱宾、姚占珍担任副主编。

本书配套教学课件可从冶金工业出版社官网（http：//www. cnmip. com. cn）教学服务栏目中下载。

由于编者水平所限，书中不足之处，诚请读者指正。

编　者

2017年8月

第1版前言

本教材是为适应职业教育发展的需要，根据职业技术学院的教学要求编写的，为选矿及矿物加工专业教学用书，也可以作为相关专业技术人员、工人的技能培训教材。

本教材在编写过程中注重了基本理论和基本知识的要求，特别加强了对新理论、新技术、新方法的介绍，力求理论联系实际，侧重于生产技术的实际应用，注重学生职业技能和动手能力的培养。

本教材由陈国山教授制定编写计划并统稿，参加本教材编写的有吉林电子信息职业技术学院陈国山、于春梅、包丽娜、吕国成、包丽明、王洪胜，内蒙古科技大学刘树新，吉林吉恩镍业公司冯立伟、徐德林、孙英、乔立军。其中，第1章由王洪胜、陈国山编写，第2章由吕国成、包丽娜、冯立伟、徐德林、陈国山编写，第3章由包丽明、包丽娜、孙英、乔立军、陈国山编写，第4章由包丽娜编写，第5章由刘树新编写，第6章由于春梅、刘树新编写。全书由陈国山、包丽娜、刘树新担任主编，吕国成、包丽明、于春梅、王洪胜担任副主编。

由于编者水平所限，书中不足之处，诚请读者批评指正。

编　者

2009年11月

目　录

1　矿物的性质

1.1　矿物的内部构造及形态

1.1.1　矿物及晶体的概念

1.1.1.1　*矿物*

矿物是地壳中各种地质作用下，自然元素所形成的自然单质和化合物。在地壳中分布广泛。如海水中的盐、砂中的金、湖中的水和冰、花岗岩中的石英、长石和云母以及通过冶炼提取 Fe、Cu、Pb、Zn 的磁铁矿、黄铜矿、方铅矿和闪锌矿等都是矿物。

在实验室条件下，可以人工合成的与自然矿物性质相同或相似的化合物，则称为“人造矿物”或“合成矿物”，如人造金刚石、人造水晶等。陨石、月岩来自其他天体，其中的有关物质称为“陨石矿物”、“月岩矿物”或统称为“宇宙矿物”。以此与地壳中的矿物相区别。地壳中的矿物是研究的主要对象。至于“人造矿物”和“宇宙矿物”等则是矿物学研究的新领域。

在地壳演化过程中，由各种地质作用形成的矿物是多种多样的。目前已发现的矿物总数约 3000 余种。其中绝大多数呈固态（如磁铁矿、黄铜矿、石英、石盐等），少数呈液态（如自然汞、石油等）和气态（如火山喷发中的二氧化碳和水蒸气等），也有呈胶态的（如蛋白石等）。

一般说来，矿物都具有一定的化学成分和内部构造（特别是结晶物质），从而具有一定的形态、物理和化学性质。但是任何一种矿物都只在一定的地质条件下才是相对稳定的，当外界条件改变至一定程度时，原有的矿物就要发生变化，同时生成新矿物。例如黄铁矿 FeS_2，在缺氧的还原条件下，可以保持稳定；如果暴露在地表，受到氧化作用，也就是说，与空气和水接触，就要发生变化，被分解形成与氧化环境相适应的另一种矿物——褐铁矿（$Fe_2O_3 \cdot nH_2O$）。

矿物是地壳中岩石和矿石的组成单位，是可以独立区分出来加以研究的自然物体。岩石和矿石都是由矿物所组成。例如花岗岩是由长石、石英和云母组成；铅锌矿石是由方铅矿和闪锌矿组成。同时组成岩石或矿石的矿物，它们在空间上、时间上的集合是有一定规律的。这取决于矿物的成分与结构，同时与形成时的地质条件密切相关。

综上所述，可见地壳中的矿物是在各种地质作用中发生和发展着的，在一定的地质和物理化学条件下处于相对稳定的自然元素的单质和它们的化合物。它们是岩石和矿石的基本组成单元，是成分、结构比较均一，从而具有一定的形态、物理性质和化学性质，并呈各种物态出现的自然物体。

矿石是由矿物组成的天然集合体，呈现出的所有特征，尤其是它的分选性质，取决于其矿物组成状况。因此，对矿石的正确认识与理解，集中一点就在于对矿物有关方面的全面掌握和深刻分析。

1.1.1.2　晶体

自然界中的矿物绝大部分是固体，而且几乎所有的固体矿物都是晶体，例如石盐、水晶、磁铁矿都是晶体，如图 1-1 所示。

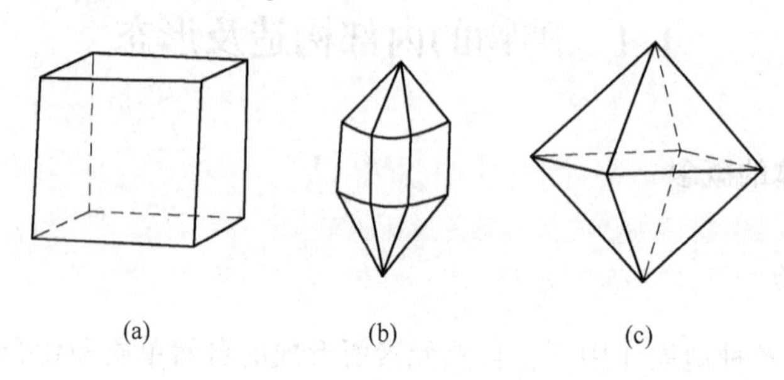

图 1-1　石盐、水晶、磁铁矿的晶体
（a）石盐；（b）水晶；（c）磁铁矿

古代人们把无色透明具有天然多面体外形的水晶称为晶体，后来人们在实践中发现除水晶外还有许多矿物具有规则的几何多面体形态，例如呈立方体的石盐，呈八面体的磁铁矿。于是人们从形态上获得晶体的概念是：凡是天然具有几何多面体形态的固体，都称为晶体，如图 1-1 是石盐、水晶和磁铁矿的晶体。

晶体由晶面、晶棱、角顶三个要素组成。

晶面：晶体外表的规则平面称为晶面。

晶棱：两个晶面相交的直线称为晶棱。

1912 年利用 X 射线研究晶体之后，才揭示了晶体的本质。根据 X 射线对晶体分析研究的结果表明：一切晶体不论其是否具有多面体的外形，它的内部质点（原子、离子、分子）总是作有规律排列的。即是说，凡是组成物质内部的质点呈规律排列者，无论有无多面体外形，以及形体的大小如何都称为晶体或晶质体。

与上述情况相反，凡是组成物质内部的质点不呈规律排列的物质称为非晶质或非晶质体。非晶质体没有一定的内部构造和几何形态。液体矿物、气体矿物及某些固体——玻璃、琥珀、松香和凝固的胶体等都属于非晶质体。

应该指出的是，晶体与非晶质体在一定条件下可以互相转化。晶体虽具有一定的稳定性，但由于温度、压力等的变化，可使内部构造受到破坏，变成非晶质体，其物理性质和化学性质也随着发生变化，这种现象称为非晶质化。例如铁氢氧镁石异种，它新鲜时无色、透明、玻璃光泽，但从矿井中提出，在空气中暴露数日之后，就逐渐变成金黄色、褐色以至深棕色。经 X 射线分析证明，变色的铁氢氧镁石异种的内部构造已被破坏，变成非晶质体。

反之，非晶质体在一定的温度、压力作用下，也可慢慢变成晶体，这种现象称为晶质化。例如非晶质的蛋白石则可以转化为结晶的石英。

A 晶体的内部构造

晶体的外表形态和物理性质，主要是由晶体的内部构造所决定的。因此，要彻底了解晶体的本质就必须研究晶体的内部构造。

晶体内部构造最明显的特点是：质点作有规律的排列，而不是杂乱无章的。对于众多化学成分不同，物质质点排列方式各异的晶体构造，如果只考虑质点重复出现的规律性，而不考虑质点的种类特点，则可归纳出晶体构造的共性。其方法是先在晶体构造中选出任一几何点，然后在其构造中找到与它相当的各点，即指质点的种类、环境和方位都相同的点，这种点在结晶学上称为相当点。相当点在三度空间内呈周期性的重复作格子状排列，称为空间格子，如图 1-2 所示。

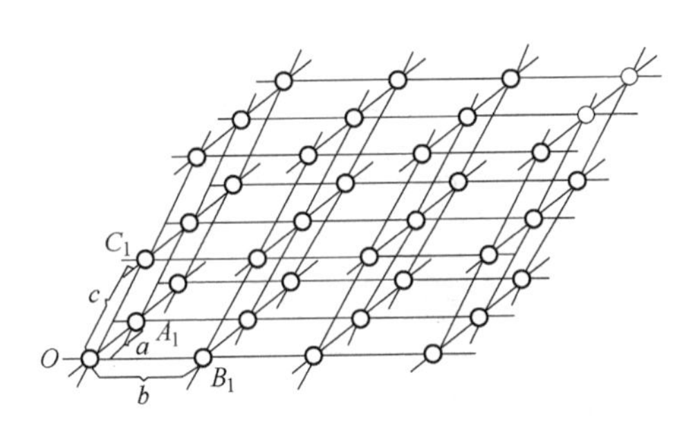

图 1-2 空间格子

无论晶体内部质点排列如何复杂，都共同具有空间格子构造的特性。显然空间格子是表示晶体构造规律性的几何图形，而不是晶体的具体构造。空间格子的一般形状，如图1-2 所示。

空间格子有如下几种要素：

（1）结点。空间格子中的点，它们代表晶体构造中相当的点，在实际晶体构造中占据结点位置的可能是相同的原子，也可能是相同的离子和分子。

（2）行列。结点在直线上作等距离的排列，如图 1-3 所示。空间格子中任意两个结点联结起来就是一条行列的方向。行列中相邻结点间的距离称为该行列的结点间距，如图 1-3（a）所示。在同一行列中结点间距是相等的，在平行的行列上结点间距也是相等的；不同方向上的行列，其结点间距一般是不等的。

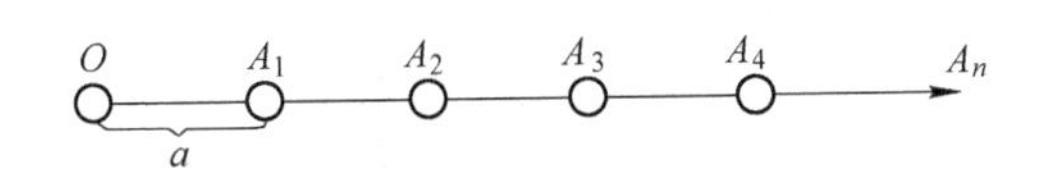

图 1-3 空间格子的行列

（3）面网。结点在平面上的分布即构成面网，如图 1-4 所示。空间格子中不在同一行列上的任意 3 个结点就可以构成一个面网，面网上单位面积内的结点数目称为面网密度。相互平行的面网，面网密度相同；互不平行的面网，面网密度一般不同。

（4）平行六面体。从三维空间来看，空间格子可以划分出 1 个最小的重复单位，那就是平行六面体，如图 1-5 所示。它由 6 个两两平行且相等的面网组成，结点分布在它的角顶上。在实际晶体构造中所划分的这样的相应的单位，称为晶胞。

B 晶体的分类

空间格子的最小单位是平行六面体，如果在实际晶体构造中引入相应的划分单位时，则这个单位称为晶胞。晶胞的形状和大小可以用晶胞常数来确定。晶胞常数的定义与平行六面体常数的定义相当，具体数值则完全相等。它们由 3 个方向行列上的结点间距 a、b、c 和 3 个行列的夹角 α、β、γ 来确定（见图 1-5）。晶胞的棱长 a、b、c 和棱间夹角 α、β、γ 称为晶胞常数。整个晶体可视为晶胞在三度空间平行、无间隙地重复累叠排列而成。不同的晶体可以看成是由形状和大小不同的晶胞在三度空间平行、无间隙地重复累叠排列而成。所以晶体的构造被称为格子构造。把具有格子状构造的物质称为晶质或结晶质。因此，晶体的现代定义是：具有空间格子构造的固体。非晶质体则与之不同，由于他们不具格子状构造，内部质点的排列是无规律的，它的质点排列颇似液体，所以非晶质体又称为过冷液体或硬化了的液体。

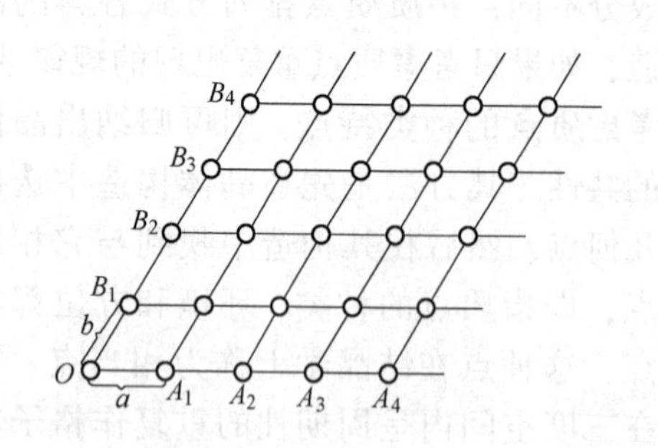

图 1-4　空间格子面网

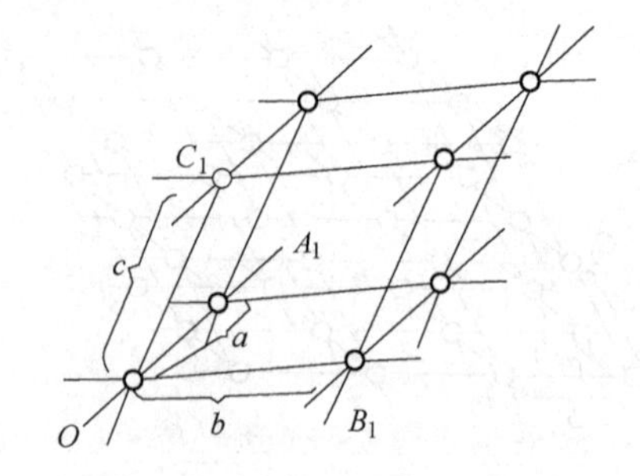

图 1-5　平行六面体（晶胞）

晶体构造与晶形的关系是：晶体上的实际晶面相当于空间格子中密度较大的面网，晶棱相当于列距最小的行列，角顶相当于结点。

根据晶体常数的特点，可以将自然界种类繁多的晶体划分为 7 个晶系。现将各晶系的名称及晶体特征列于表 1-1。

表 1-1　各晶系晶体特征表

晶系名称	晶形举例	平行六面体形状	晶体常数
等轴晶系	方铅矿		$a=b=c$ $\alpha=\beta=\gamma=90°$
四方晶系	钨酸钙矿		$a=b\neq c$ $\alpha=\beta=\gamma=90°$
斜方晶系	重晶石		$a\neq b\neq c$ $\alpha=\beta=\gamma=90°$
单斜晶系	石膏		$a\neq b\neq c$ $\alpha=\gamma=90°$ $\beta\neq 90°$

续表 1-1

晶系名称	晶形举例	平行六面体形状	晶体常数
三斜晶系	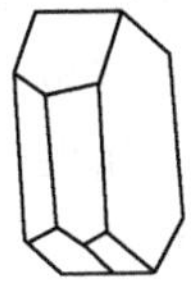 斜长石	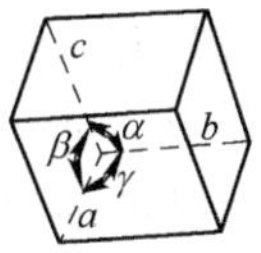 c, b, a, α, β, γ	$a \neq b \neq c$ $\alpha \neq \beta \neq \gamma \neq 90°$
六方晶系	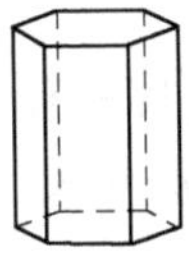 绿柱石	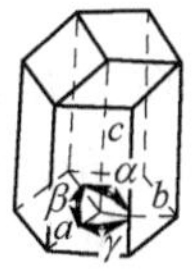 c, α, b, β, a, γ	$a = b \neq c$ $\alpha = \beta = 90°$ $\gamma = 120°$
三方晶系	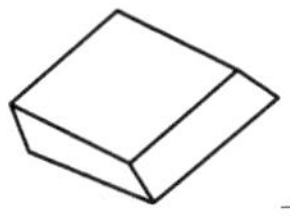 方解石	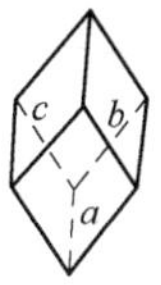 c, b, a	$a = b = c$ $\alpha = \beta = \gamma \neq 90°$

由于各晶系的晶体内部质点排列不同，它们所表现出的外形特征也不相同。从表 1-1 中可以看出，除等轴晶系的晶体为立方体或近于圆形外，其他 6 个晶系的晶体都是伸长成柱状、针状，或压扁成板状、片状。同时，等轴晶系的光学性质和其他 6 个晶系也不相同。这是肉眼识别矿物和显微镜下鉴定矿物的基础。

1.1.2 矿物的形态

矿物的形态是指矿物的外貌特征。自然界中的矿物具有多种多样的形态，这主要取决于组成它们的化学成分和内部构造，而生成时的外界条件也起一定的作用。每一种矿物都有它经常出现的特殊形态。因此，研究矿物的形态，查明矿物的标准晶形并确定其习性特点，就具有重要的鉴定意义。

1.1.2.1 矿物晶体的理想形态

自然界形成的矿物晶体，既取决于矿物的化学成分和内部构造，又受外界条件的影响，因此，实际晶体的各个晶面常常发育不均衡或不完整。如果先从完好的晶体形态入手，掌握特征之后，对那些不完整的晶体就比较容易对比鉴定了。这样一些各向发育均衡并且完整的晶体形态，就是晶体的理想形态。

晶体的理想形态有单形和聚形两种。

A 单形

例如石盐的晶体形态为立方体，它是由同形等大的 6 个正方形晶面所组成，立方体就是 1 个单形。因此，单形是由一种同形等大的晶面所组成的晶形。单形上的几个晶面，不但形状相同，大小相等，而且它们的物理化学性质也是完全一样的。

根据单形的所有晶面是否能自相封闭成一定空间，单形又分为开形和闭形两种。若单形的所有晶面，不能自相封闭成一定空间者，称为开形，如图 1-6（a）的板面、图 1-6（b）的斜方柱、图 1-6（c）的四方柱，都是开形。开形在实际晶体中是不能单独存在的，它必须和其他单形组合才能封闭一定的空间，才能在实际晶体中出现。开形的晶面形状是不固定的，例如四方柱的两端是开口的，可向柱的两端延长或缩短。又如板面的形状也是不固定的，这两个单形都是开形，都不能单独形成实际晶体，如果两者组合在一起，则可以封闭一定的空间，可在实际晶体中出现。若单形上所有的晶面，能够自相封闭一定的空间者，称为闭形，如图 1-6（h）的立方体。显然闭形在实际晶体中可以单独存在，因此闭形的晶面具有一定的形状。

经过数学上的严密推导，在七大晶系中，所有的单形总共只有 47 种。每一种单形的名称，一般是根据晶面的数目、晶面的形状、单形横切面的形状及所属晶系命名的。

最常见的单形有下列几种（见图 1-6）：

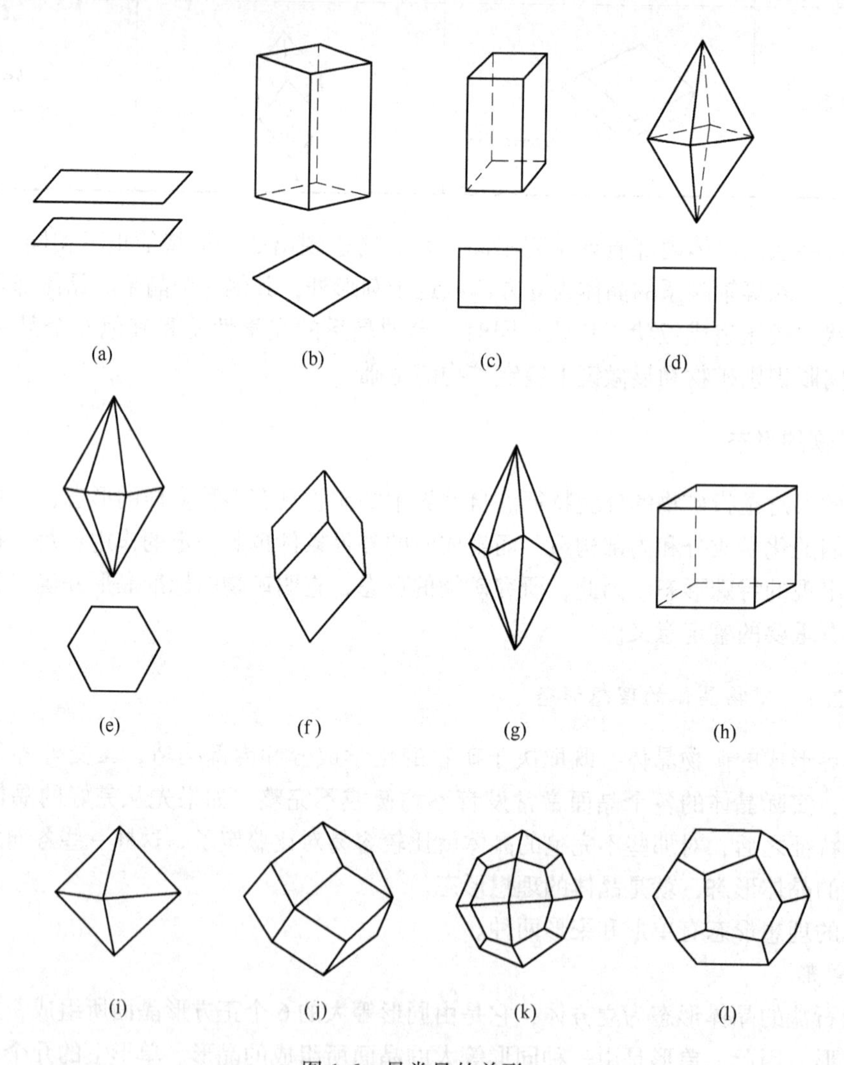

图 1-6　最常见的单形

（a）板面；（b）斜方柱；（c）四方柱；（d）四方双锥；（e）六方双锥；（f）菱面体；（g）复三方偏三角面体；（h）立方体；（i）八面体；（j）菱形十二面体；（k）四角三八面体；（l）五角十二面体

（1）板面（平行双面）。由2个相互平行的晶面组成，如图1-6（a）所示。

（2）斜方柱。由4个相同的晶面所组成，晶棱相互平行，横断面为菱形，如图1-6（b）所示。

（3）四方柱。由4个相同的晶面所组成，晶棱相互平行，横断面为正方形，如图1-6（c）所示。

（4）四方双锥。由8个相同的等腰三角形晶面所组成的双锥体，如图1-6（d）所示。

（5）六方双锥。由12个相同的等腰三角形晶面所组成的双锥体，如图1-6（e）所示。

（6）菱面体。由两两平行的6个菱形晶面所组成，好像把立方体沿对角线方向拉长或压扁而成，如图1-6（f）所示。

（7）复三方偏三角面体。犹如菱面体的每一个晶面平分为2个不等边的三角形晶面，如图1-6（g）所示。

（8）立方体。由6个相同的正方形晶面所组成，如图1-6（h）所示。

（9）八面体。由8个相同的等边三角形晶面所组成，如图1-6（i）所示。

（10）菱形十二面体。由相同的12个菱形晶面所组成，如图1-6（j）所示。

（11）四角三八面体。由相同的24个四角形晶面所组成，如图1-6（k）所示。

（12）五角十二面体。由12个相同的四边等长、一边不等长的五角形晶面所组成，如图1-6（l）所示。

B 聚形

单形中有开形和闭形之分。单独一个开形是不能独立形成晶体的，因为它不能封闭空间，只有和其他单形聚合起来，才能封闭空间形成晶体而存在。甚至本身能够自行封闭一定空间的闭形，在自然界中也经常和其他单形聚合组成晶体。如图1-7中的粗线部分，是由一个四方双锥和一个四方柱组成的聚形，图1-8（a）和（b）均为立方体与八面体组成的聚形，但其晶面的形状和大小是不同的。

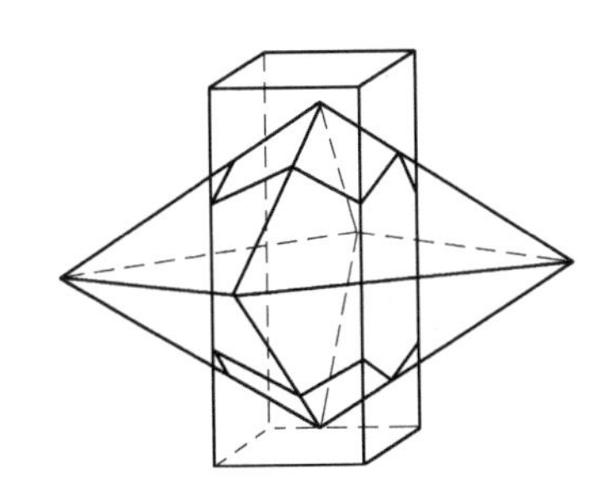

图1-7 四方柱和四方双锥的聚形

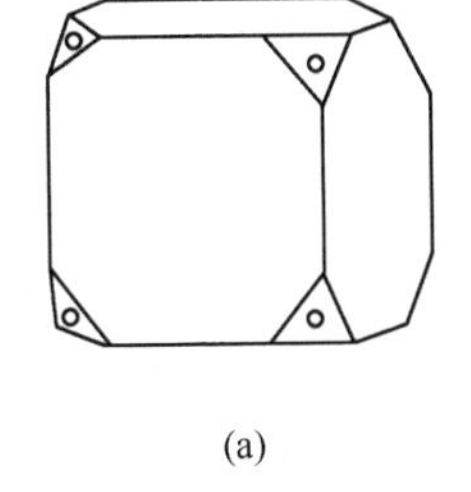

(a)

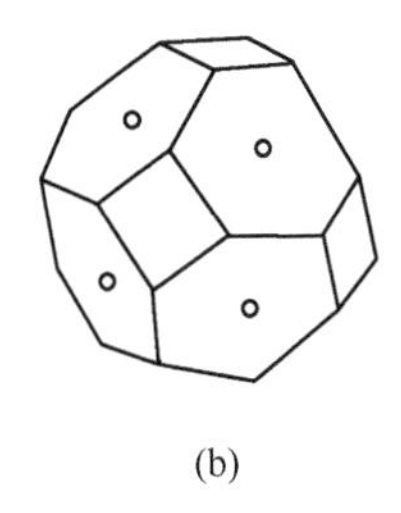

(b)

图1-8 立方体和八面体的聚形

聚形是指两个或两个以上的单形相聚合而成的晶形，即由两种或两种以上的形状和大小不同的晶面所构成的晶形。在聚形中，由于单形间的互相切割，往往使各单形的晶面形状，同各自单独存在时的晶面形状相比，已经发生了变化。但是，在聚形上属于同一个单形的各个晶面其形状和大小都是相等的。由此根据聚形中不同的晶面的种数，就可以知道组成这一聚形的单形数目。要想得到某一单形的形状，可假定其他单形消失，使某一单形的晶面相交，根据扩展后的形状来确定单形的名称。

47种单形按相聚的原则可以聚合成非常多的聚形，就是最常见的也有千余种，这就造成了自然界聚形形态的复杂多样。

1.1.2.2　矿物的晶体形态

在前面讨论了矿物晶体的理想形态及一些规律性。但在自然界的实际矿物晶体中，由于受生长条件的影响，使晶体外形发生变化，以致矿物晶体发育不完整，晶形变得不规则，晶面也不是理想的平面，而且晶面上往往具有不同的花纹、蚀象等。这是矿物成分、内部构造和生长环境等综合作用的结果。因此，研究矿物的形态不仅具有鉴定意义，而且可以了解矿物的生长环境。

A　矿物的单体形态

只有晶质矿物才有可能呈现单体，所以矿物单体形态就是指矿物单晶体的形态。前面讲过的晶体的理想形态是认识矿物单体形态的基础。除此之外，不同的矿物晶体，往往生长成某一特定形态或晶面上具有某些特征，现简述如下。

a　矿物晶体的习性

矿物晶体在形成过程中，由于受内部构造的控制，在一定的外界条件下，趋向于形成某一种形态的特性，这种特性称为矿物的晶体习性。根据矿物晶体在三度空间上发育程度的不同，可将晶体习性分为下列3种基本类型（见图1-9）：

（1）一向延伸类型。晶体沿一个方向特别发育，形成柱状、针状、纤维状等晶形，如角闪石、电气石、石棉等。

（2）二向延展类型。晶体延两个方向特别发育，形成板状、片状晶形，如重晶石、云母等。

（3）三向等长型。晶体沿3个方向的发育相等或近似相等，形成等轴状或粒状晶形，如黄铁矿、石榴石等。

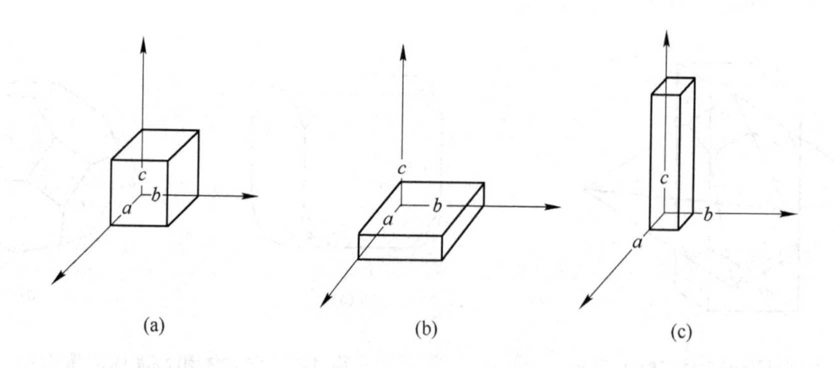

图1-9　矿物晶体延伸习性分类

（a）等轴状 $a \cong b \cong c$；（b）板状、片状 $a \cong b \gg c$；（c）柱状、针状 $a \cong b \ll c$

在自然界中，介于上述3种基本类型之间的过渡类型的晶体形态也还有很多，如短柱状、厚板状、板柱状等。

b　矿物的晶面花纹

自然界中形成的矿物晶体的晶面并非理想的平面，往往具有各种凹凸不平的天然花纹，称为晶面花纹。常见的晶面花纹有晶面条纹和蚀象等。

（1）晶面条纹。晶面条纹是指在矿物晶体的晶面上，呈现出的一系列平行的或交叉的条纹。有的矿物晶体的晶面上，晶面条纹平行晶体的延长方向，称为纵纹，如电气石［见图 1-10（a）］；有的矿物晶面条纹则垂直晶体的延长方向，称为横纹，如石英晶体柱面上的条纹［见图 1-10（b）］；有的矿物晶面条纹互相交错，如刚玉；有的矿物在相邻晶面上的条纹互相垂直，如黄铁矿［见图 1-10（c）］。

晶面条纹按成因分为聚形纹和聚片双晶纹两种类型。

1）聚形纹（生长纹）是由两种单形相互交替出现的结果。它是在晶体成长过程中，由两个单形的细窄晶面成阶梯状生长，反复交替出现而形成的，如黄铁矿的立方体或五角十二面体晶面上的条纹，是由立方体和五角十二面体两个单形的狭长晶面交替出现而成的；石英晶体柱面上的横纹，是由菱面体和六方柱两个单形的狭长晶面交替出现而成的。

2）聚片双晶纹是在聚片双晶中，某些晶面或解理面上的直线状条纹，是由一系列被双晶缝合线所分隔开的晶面（或解理面）的细窄条带组成的，如钠长石晶体上常见的聚片双晶纹，如图 1-11 所示。

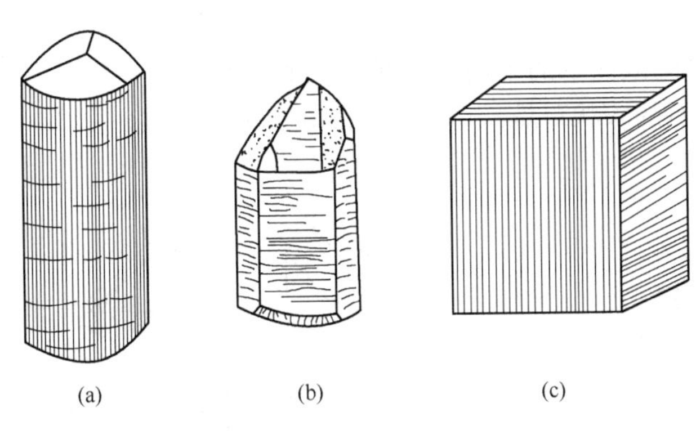
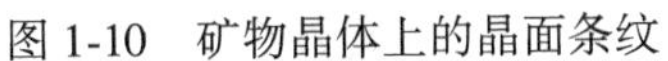

图 1-10 矿物晶体上的晶面条纹

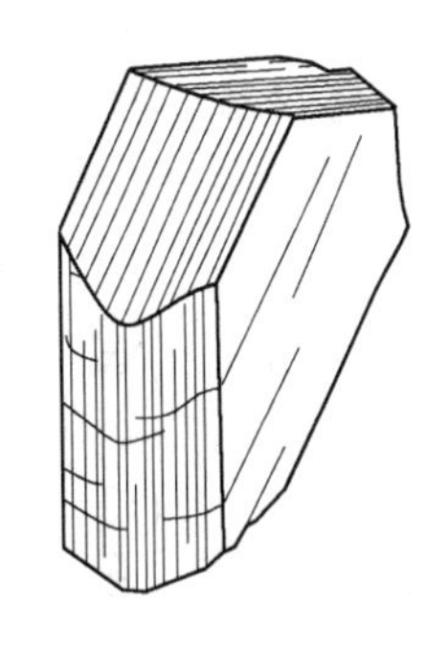

图 1-11 钠长石的聚片双晶纹

聚形纹和聚片双晶纹的区别是：聚形纹只在晶面上出现，而聚片双晶纹则较为平直，细密而均匀，贯穿晶体内部，一般肉眼看不到阶梯状。它不仅在晶面上存在，而且在解理面上甚至断口上也可存在。

（2）蚀象。蚀象是指在晶体形成后，因受到溶蚀，在晶面上产生一些具有规则形状的凹斑。蚀象的具体形状和方位均受到晶体的面网性质所控制，因而不同晶体蚀象的形状和方位一般不同。同一晶体不同单形上的蚀象也不相同。图 1-12 是方解石和白云石晶体上的蚀象。

B 矿物晶体的连生和双晶

在自然界中，矿物的晶体不但能够形成多种多样外形的单体，而且两个或两个以上的单体还能生长在一起，这种现象称为晶体的连生。晶体的连生，按照互相连生的晶体之间有无一定规律，分为规则连生和不规则连生两种。如果许多单个的晶体连生在一起，彼此之间并没有一定的规律，相互处于偶然的位置上，如石英晶簇（见图 1-13），就称为不规则连生。但也有些晶体，按照一定的规律连生在一起，这就称为规则连生。

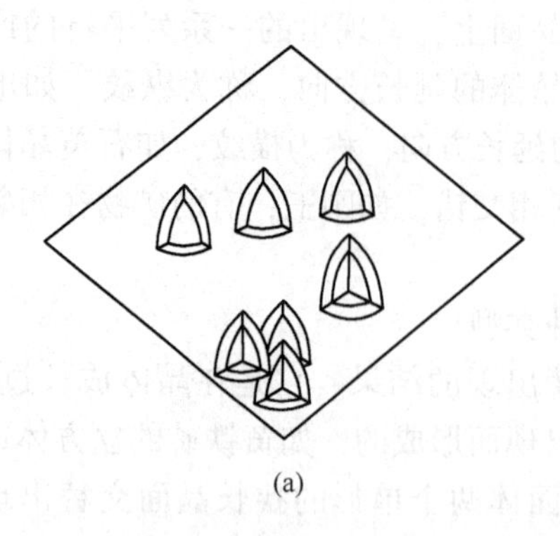

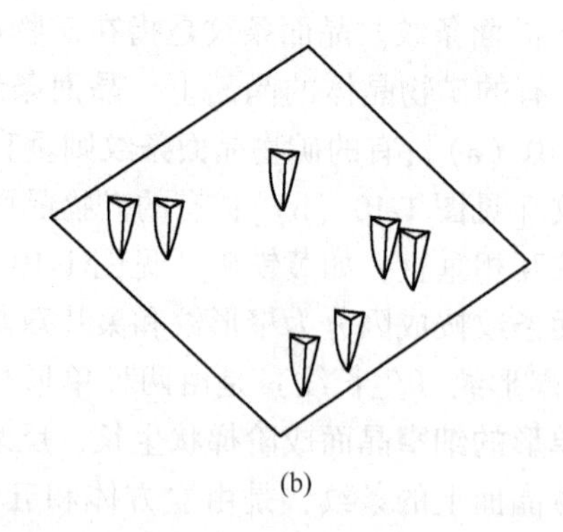

(a)　　(b)

图 1-12　方解石和白云石晶面上的蚀象

(a) 方解石；(b) 白云石

在晶体的规则连生中双晶是最重要和最常见的一种。下面主要讨论双晶。

双晶是指两个或两个以上的同种晶体，彼此间按照一定规律相互结合而成的规则连生体。根据个体连生的方式常见的双晶有以下几种：

(1) 接触双晶。它是两个晶体间以简单的平面相接触而成的双晶。图 1-14 (a) 是石膏的燕尾双晶，图 1-14 (b) 是锡石的膝状双晶，它们均为接触双晶。

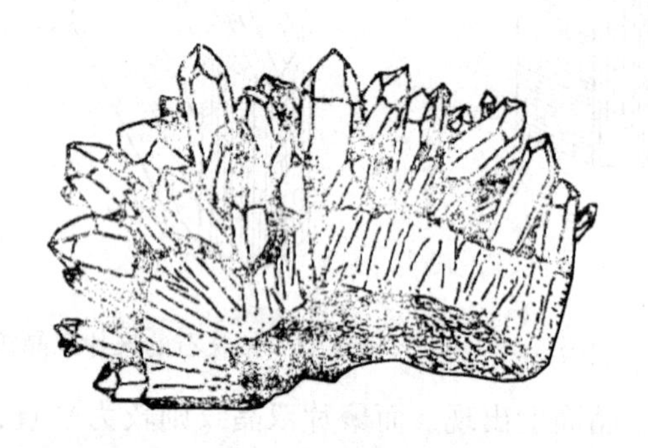

图 1-13　石英晶簇

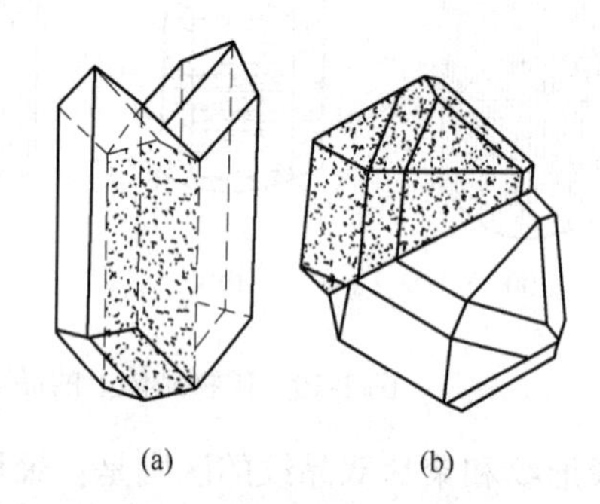

(a)　　(b)

图 1-14　石膏的燕尾双晶和锡石的膝状双晶

(a) 石膏的燕尾双晶；(b) 锡后的膝状双晶

(2) 穿插双晶。它是由两个晶体有规律地互相穿插而成的双晶。其接合面不规则。如正长石的卡斯巴双晶 [见图 1-15 (a)]，萤石的穿插双晶 [见图 1-15 (b)]。

(3) 聚片双晶。它是由多个片状个体按同一规律连生在一起，而接合面又互相平行的双晶。这种双晶个体很小，肉眼观察时，在晶面或解理面上可见到许多平行的条纹 (双晶纹)。如钠长石，它的聚片双晶如图 1-16 (b) 所示，图 1-16 (a) 是它的晶体。

在自然界中许多矿物经常成双晶出现，不同的矿物，它们构成双晶的规律一般也不相同。因此，双晶可以作为识别矿物的特征之一。双晶的存在对于某些矿物的利用有很大的影响，必须加以研究和消除。例如用做压电材料的压电石英，在光学仪器中使用的冰洲石，均不允许有双晶存在。

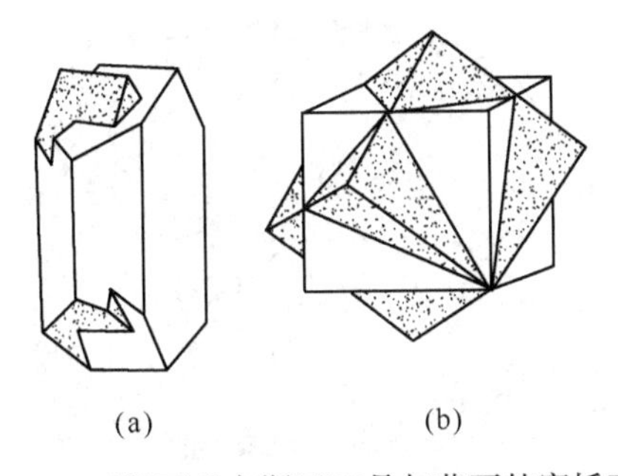

(a) (b)

图 1-15 正长石的卡斯巴双晶与萤石的穿插双晶

（a）正长石的卡斯巴双晶；（b）萤石的穿插双晶

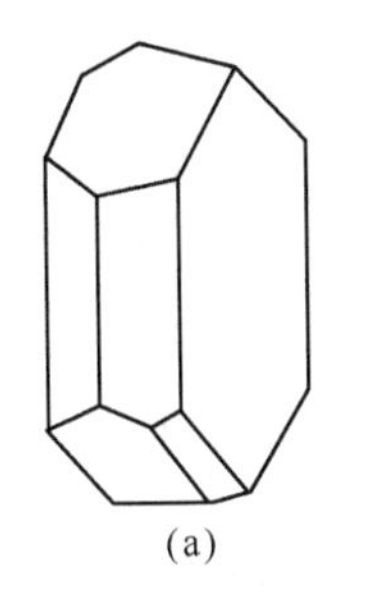

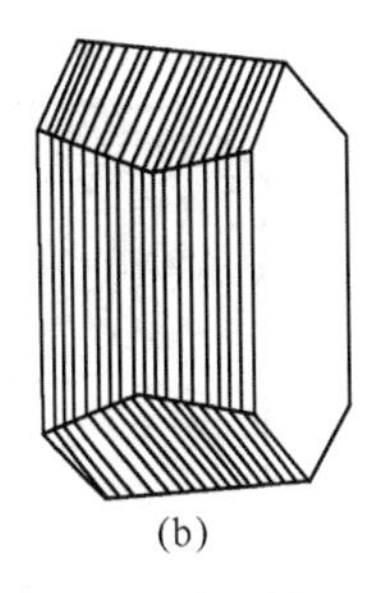

(a) (b)

图 1-16 钠长石的晶体及其聚片双晶

（a）钠长石晶体；（b）聚片双晶

C 矿物集合体的形态

同种矿物的多个单体聚集在一起所构成的矿物整体，称为矿物的集合体。集合体的整体形态，称为矿物的集合体形态。自然界中的矿物多数以集合体的形式出现。矿物集合体形态的命名，主要取决于矿物单体形态及其排列方式。

根据集合体中矿物颗粒的大小，可分为显晶质集合体、隐晶质集合体和胶状集合体。

a 显晶质集合体

显晶质集合体是用肉眼或放大镜可以辨认出矿物单体的集合体。按单体的结晶习性及排列方式的不同，常见的有粒状、板状、片状、鳞片状、柱状、针状、纤维状、放射状、晶簇状等。

（1）粒状集合体。它们是由各向发育大致相等的许多晶粒状矿物单体任意集合组成。按颗粒的大小，一般可分为：

1）粗粒集合体。单体矿物的粒径大于 5mm。

2）中粒集合体。单体矿物的粒径为 1~5mm。

3）细粒集合体。单体矿物的粒径小于 1 mm。

（2）板状、片状、鳞片状集合体。它们由结晶习性为二向延展的矿物单体任意集合而成。集合体以单体的形状命名。若单体呈板状者，称为板状集合体，如重晶石；若单体呈片状者，称为片状集合体，如云母；若单体呈细小的鳞片状者，称为鳞片状集合体，如绢云母。

（3）柱状、针状、毛发状、纤维状、放射状集合体。它们是由结晶习性为一向延伸的矿物单体集合组成。柱状、针状和毛发状集合体中的单体是呈不规则排列的，这 3 种形态的区别只是单体直径的大小不同。如果由一系列呈细长针状或纤维状的矿物单体，延长方向相互平行密集排列所组成的集合体，称为纤维状集合体，如石棉（见图 1-17）。如果矿物单体呈一向伸长并围绕中心成放射状排列者，则称为放射状集合体，如红柱石（见图 1-18）。

（4）晶簇。在岩石的空洞或裂隙中，以洞壁或裂隙壁作为共同基底而生长的单体群所组成的集合体称为晶簇。它们的一端固着于共同的基底上，而另一端则自由发育而具有完好的晶形，如图 1-13 为石英晶簇。晶簇可以由单一的矿物组成，如常见的石英晶簇、方解石晶簇等；也可以由几种矿物共同组成，例如伟晶岩中的石英、长石等晶体的晶簇。

图 1-17　石棉的纤维状集合体

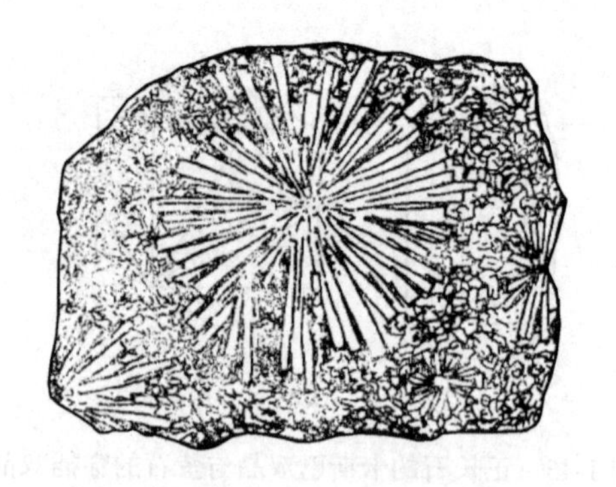

图 1-18　红柱石的放射状集合体

b　隐晶质及胶状集合体

隐晶质集合体是在显微镜下才能分辨出单体的矿物集合体。而胶状集合体则不具单体界限，是由胶体沉淀而成的矿物集合体。但隐晶质集合体可以由溶液直接结晶而成，也可以由胶体老化而成。胶体由于表面张力作用常趋于形成球状体，老化后常变成隐晶质或显晶质，因而使球状体内部产生放射状构造。常见的隐晶质及胶状集合体有以下几种。

（1）结核体。它是围绕某一中心，自内向外逐渐生长而成（见图 1-19），其成分与围岩不同，组成结核体的物质可以是细晶质或胶体。结核体的形状多呈球形，有的呈瘤状、透镜状、不规则状等，内部构造可呈致密块状、同心层状或放射状，如黄铁矿结核（见图 1-20）。

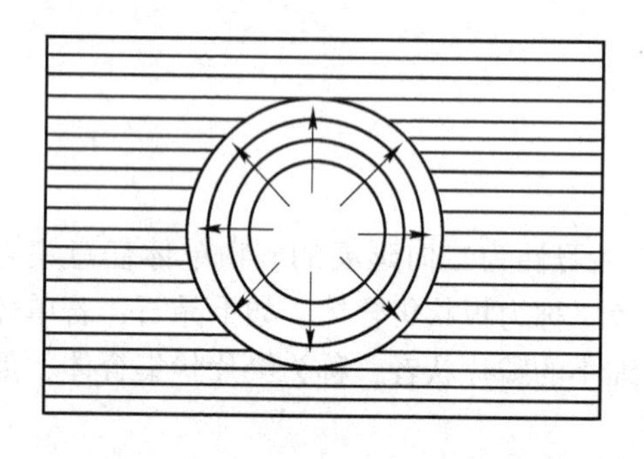

图 1-19　结核体的发育程序示意图

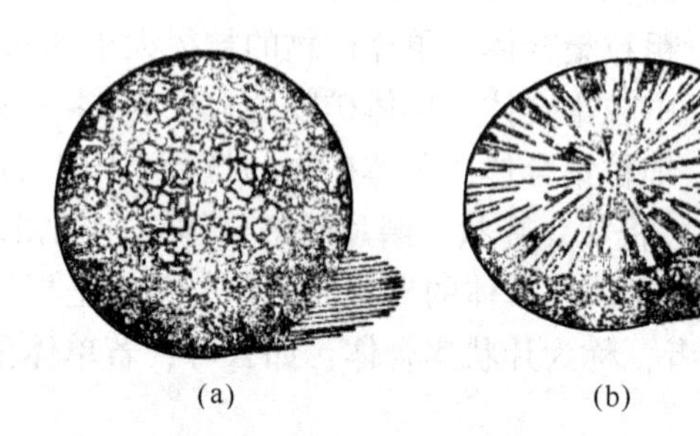

图 1-20　黄铁矿结核的外形和剖面
（a）外形；（b）剖面

结核体的大小相差悬殊，其直径可以由几毫米到几米。直径小于 2mm 的结核体群称为鲕状集合体，如鲕状赤铁矿。直径大于 2mm 如豆粒者的结核体群则称为豆状集合体，如豆状铝土矿。形状如肾状者，称为肾状体，如肾状赤铁矿。

（2）分泌体。在形状不规则的或近于球形的岩石空洞中，隐晶质或胶体自洞壁逐渐向中心沉积（充填）而成，如图 1-21 所示。它与结核体的生长程序恰好相反。

分泌体的特点是组成物质常具有由外向内的同心层状构造，各层在成分和颜色上往往有所差别而构成条带状色环，如玛瑙（见图 1-22）。分泌体的直径小于 1cm 者，称为杏仁状体，若分泌体的直径大于 1cm 者，称为晶腺。

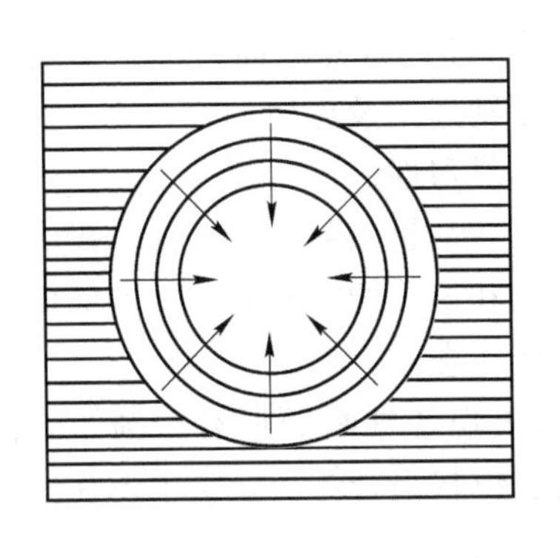

图 1-21　分泌体的生长程序示意图

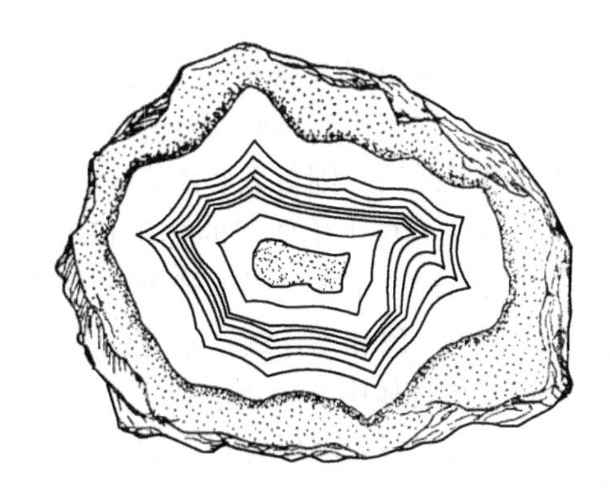

图 1-22　玛瑙的晶腺

（3）钟乳状体。它是由溶液或胶体溶液因水分蒸发凝结而成。将其外部形状与常见物体类比给予不同的名称，如葡萄状、肾状、梨状等。

钟乳石和石笋常见于天然石灰岩洞穴中。附着于洞穴顶部自然下垂者称为钟乳石，如图 1-23 所示。溶液下滴到洞穴底部而凝固，逐渐向上生长者，称为石笋。若钟乳石和石笋上下相连即成石柱。

钟乳状体常具同心层状构造［见图 1-23（a）］，放射状构造与致密块状构造，而呈结晶粒状构造者，是胶体老化再结晶的结果。

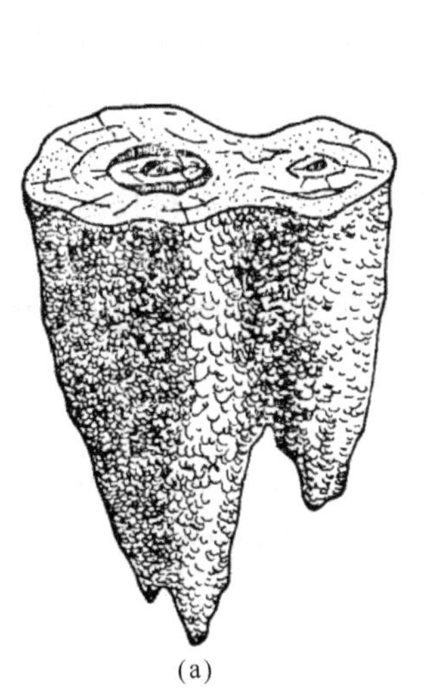

(a)

(b)

图 1-23　钟乳石的钟乳状集合体

（a）同心层状构造；（b）石柱

（4）致密块状和土状块体。它们是用肉眼和放大镜均不能辨别颗粒界限的块状集合体。若物质组成较为致密，称为致密块状，如石髓。若较为疏松，则称为土状块体，如高岭土等。

矿物集合体形态的种类繁多，除上述外，还有粉末状、皮壳状、被膜状等。

上述矿物的形态特征，不仅在矿物鉴定及矿物成因研究上具有重要意义，并且与选矿工艺也有极为密切的关系。

在观察和描述矿物的形态时，应从以下几个方面着手进行：

（1）对于矿物的单体形态，要注意观察它的结晶习性，研究晶面特征，描述晶面花纹、蚀象等；对于连生体则要注意区分规则连生和不规则连生及连生的方式等；对于集合体，如果是显晶质，则首先要圈定单体及判断单体的结晶习性。

（2）在集合体中单体间的界限可能是单体的晶面、晶棱、解理或断口。若从一个方向上来观察，同一单体的晶面或解理面反光应是一致的和连续的；不同单体的晶面或解理面其反光则不一致和不连续。这是圈定单体轮廓的重要标志。

（3）在集合体中，单体能以各种断面出现，从而出现各种断面形态。例如，若在集合体中，单体大多数表现为不规则的等轴状轮廓，则属粒状集合体。板状单体在集合体中不仅表现出宽阔的平面，也表现出窄长条状的侧面，如果既出现宽阔的平面，还出现线状侧面，则单体为片状习性。

（4）在单体的形态确定之后，集合体的形态则按单体形态和单体的排列方式加以描述。

（5）对于隐晶质和胶状集合体的形态，不仅要描述其外表形态，同时也要注意观察其切面的内部构造并加以描述。

1.2　矿物的物理性质

矿物的物理性质取决于矿物本身的化学成分和内部结构。所以不同的矿物都具有特定的物理性质。人们可以借助矿物物理性质的差异来识别矿物、利用矿物和寻找矿物资源。例如，人们利用金刚石的荧光性对其进行手选；利用石英的压电性在电子工业中作振荡器件；利用沸石的吸附性除去废水中的放射性元素、重金属离子等。随着科学技术的发展，矿物将作为一种材料资源不断被开发利用，促进国民经济和高科技的发展。所以，研究矿物的物理性质有着极为重要的现实意义。

矿物的物理性质，包括矿物的光学性质、力学性质、矿物的其他物理性质等。

1.2.1　矿物的光学性质

矿物的光学性质是指矿物对光线的吸收、反射和折射时所表现的各种性质，以及由矿物引起的光线干涉和散射等现象。用肉眼能观察到的矿物光学性质有矿物的颜色、条痕、光泽和透明度等。这些性质相互之间有着密切的内在联系。

1.2.1.1　*颜色*

颜色是矿物的重要光学性质之一。不少矿物具有鲜艳的颜色，如孔雀石的绿色、蓝铜矿的蓝色、斑铜矿的古铜色等，对这些矿物来说，其颜色的差异是最明显、最直观的物理性质，对鉴定矿物具有重要的实际意义。

矿物的颜色，主要是由于矿物对可见光选择性吸收的结果。可见光波波长约在390~770nm之间，其间波长由长至短依次显示红、橙、黄、绿、青、蓝、紫等色。它们的混合色就是白色。

当矿物受白光照射时，便对光产生吸收、透射和反射等各种光学现象。如果矿物对光全部吸收时，矿物呈黑色；如果对白光中所有波长的色光均匀吸收，则矿物呈灰色；基本上都不吸收则为无色或白色。如果矿物只选择吸收某些波长的色光，而透过或反射出另一些色光，则矿物就呈现颜色。矿物吸收光的颜色和被观察到的颜色之间为互补关系，如图 1-24 所示。例如，照射到矿物上的白光中的绿光被矿物吸收，矿物即呈现绿色的补色——红色。

图 1-24　互补色

在矿物学中传统地将矿物的颜色分为自色、他色和假色三类。

（1）自色。自色指矿物自身所固有的颜色，如黄铜矿的铜黄色、孔雀石的翠绿色、贵蛋白石的彩色等。自色的产生，与矿物本身的化学成分和内部构造直接有关。如果是色素离子引起呈色，那么，这些离子必须是矿物本身固有的组分（包括类质同象混入物），而不是外来的机械混入物。对于一种矿物来说，自色总是比较固定的，在鉴定矿物上具有重要的意义。

（2）他色。他色指矿物因含外来带色杂质的机械混入所染成的颜色。如纯净的石英为无色透明，但由于不同杂质的混入，可使石英染成紫色（紫水晶）、玫瑰色（蔷薇石英）、烟灰色（烟水晶）、黑色（墨晶）等。引起他色的原因主要是色素离子作为一种机械混入物存在矿物中，而不是矿物本身所固有的组分，显然他色的具体颜色将随混入物组分的不同而异。因此，矿物的他色不固定，一般不能作为鉴定矿物的依据，而对少数矿物可作为辅助依据加以考虑。

（3）假色。假色指由于某些物理原因所引起的颜色。而且这种物理过程的发生，不是直接由矿物本身所固有的成分或结构所决定的。例如，黄铜矿表面因氧化薄膜所引起的锖色（蓝紫混杂的斑驳色彩）。又如白云母、方解石等具完全解理的透明矿物，由于一系列解理裂缝、薄层包裹体表面对入射光层层反射所造成的干涉结果，可呈现如彩虹般不同色带组成的晕色。这种锖色、晕色都属于假色。假色只对特定的某些矿物具有鉴定意义。

矿物的颜色种类繁多，对颜色的描述应力求确切、简明、通俗、使人易于理解。通常人们惯用 3 种命名法。第一种为标准色谱红、橙、黄、绿、蓝、紫以及白、灰、黑色来描述矿物的颜色或根据实际情况加上形容词，如浅绿色墨绿色等。第二种为类比法，即与常见实物的颜色相类比。如描述具有非金属光泽矿物的颜色时用橘红色、橙黄色、孔雀绿。描述具有金属光泽的矿物颜色时，常与金属的颜色类比，如锡白色、铅灰色、铜红色、金黄色等。第三种为二名法，因有很多矿物往往呈现两种颜色的混合色，可用两种色谱的颜色来命名，其中主要颜色写在后面，次要色调写在前面，如黄绿色，则以绿色为主。

此外，在颜色描述过程中，还应注意区分新鲜面与风化面的颜色，应着重观察和描述新鲜面上的颜色；区分金属色与非金属色，从而正确类比。

1.2.1.2　条痕

矿物的条痕是指矿物粉末的颜色。一般是将矿物在白色无釉瓷板上刻划后，观察其留在瓷板上的粉末颜色。矿物的条痕可以消除假色，减弱他色，因而比矿物颜色更稳定。所以，在鉴定各种彩色或金属色的矿物时，条痕色是重要的鉴定特征之一。如赤铁矿的颜色可呈铁黑色，也可呈钢灰色，但其条痕总是樱红色，由此利用其条痕可准确鉴定。然而，浅色矿物（如方解石、石膏）等，它们的条痕色均为白色或近于白色，难以作为鉴定矿物的依据，因而它的条痕色则无鉴定意义。

有些矿物由于类质同象混入物的影响，使条痕色发生变化。如闪锌矿（Zn，Fe）S，当铁含量高时，条痕呈褐黑色；铁含量低时，条痕则呈淡黄色或黄白色。由此可见，某些矿物随着成分的变化，条痕也稍有变化。因此，根据条痕色的细微变化，可大致了解矿物成分的变化。

在实际观察矿物的条痕色时，要注意寻找矿物的新鲜面及需要鉴定的矿物颗粒在瓷板上刻划，以获得良好的效果。

1.2.1.3　光泽

矿物的光泽是指矿物表面对光的反射能力。光泽的强弱用反射率 R 来表示。反射率是指光垂直入射矿物光面时的强度（I_0）与反射光强度（I_t）的比值，即 $R=I_t/I_0$。通常用百分率表示。反射率越大，光泽就越强。按照反射率的大小，光泽分为四级：

（1）金属光泽，$R>25\%$。呈金属般的光亮，矿物具金属色，条痕黑色、灰黑、绿黑或金属色，不透明，如自然金、黄铁矿、方铅矿等。

（2）半金属光泽，$R=25\%\sim19\%$。呈弱金属般的光亮，不透明，条痕深彩色（棕色、褐色），如铬铁矿、黑钨矿。

（3）金刚光泽，$R=19\%\sim10\%$。如同金刚石般的光亮，条痕为浅色（浅黄、橘黄、橘红）或无色，透明至半透明，如金刚石、辰砂、雌黄等。

（4）玻璃光泽，$R=10\%\sim4\%$。如同玻璃般的光亮，条痕无色或白色，透明，如石英、长石、方解石等。

上述四级光泽，是就矿物的平坦晶面或解理面上对光的反射情况而言的，但当矿物表面不平坦或呈集合体时，由于光产生多次的折射和散射，形成一些特殊的光泽，它们可与一些实物的光泽类比。

（1）油脂光泽和树脂光泽。前者是指表面像涂了油脂似的光泽；后者则是指像树脂表面那样的光泽。油脂光泽适用于对颜色较浅矿物的描述，例如石英、霞石；树脂光泽则适用对颜色较深矿物的描述，特别是呈黄棕色的矿物，如琥珀、浅色闪锌矿。这两种光泽都出现在一些透明矿物的断口面上，是由于反射面不很光滑，部分光发生漫反射所造成的。

（2）珍珠光泽。矿物呈现如同珍珠表面或蚌壳内壁那种柔和而多彩的光泽，如石膏、云母解理面上的光泽。珍珠光泽都出现在片状解理很发育的浅色透明矿物解理面上，是由于光的反射、干涉造成的。

（3）丝绢光泽。透明矿物呈纤维状集合体时，表面所反射的那种光泽，例如石棉、纤维石膏的光泽。

（4）蜡状光泽。像蜡烛表面的光泽，例如致密块状叶蜡石的光泽。这种光泽多出现在透明矿物的隐晶质或非晶质致密块体上，它比油脂光泽更暗一些。

（5）土状光泽。矿物表面光泽暗淡如土，例如高岭石的光泽。土状光泽都出现在呈粉末状或土状集合体表面上。

1.2.1.4 透明度

矿物的透明度是指矿物可以透过可见光的程度。透明度的大小可以用透射系数 Q 表示。若进入矿物的光线强度为 I_0，当透过 1cm 厚的矿物时，其透射光的强度为 I，则 I/I_0 的比值称为透射系数。透射系数大，矿物透明；反之矿物半透明或不透明。

矿物的透明度取决于矿物的化学成分与内部构造。例如具有金属键的矿物（如自然金、自然铜等），由于含有较多的自由电子，对光波的吸收较多，禁带值小于可见光的能量，因而透过的光就少，透明度很低；反之，一些离子键或共价键的矿物（如冰洲石、金刚石等），由于不存在自由电子，禁带值大于可见光的能量，因而透过大量的光，透明度较高。

矿物的透明与不透明不是绝对的，例如自然金本是不透明矿物，但金箔也能透过一部分的光。因此，在研究矿物透明度时，应以统一的厚度为准。根据矿物在岩石薄片（其标准厚度为 0.03mm）中透光的程度，可将矿物的透明度分为：

（1）透明。矿物为 0.03mm 厚的薄片时能透光，如石英、长石、角闪石等。

（2）半透明。矿物为 0.03mm 厚的薄片时透光能力弱，如辰砂、锡石等。

（3）不透明。矿物为 0.03mm 厚的薄片时不能透光，如方铅矿、黄铁矿，磁铁矿等。

在肉眼鉴定矿物时，透明度难以精确度量，常与矿物条痕色配合起来判断矿物的透明度：对于不透明矿物，其条痕色常为黑色或金属色；半透明矿物条痕则呈各种彩色；透明矿物条痕常呈无色或白色。

此外，同一矿物的透明度还受矿物中的包裹体、气泡、杂质、裂隙及矿物的集合方式的影响。

1.2.1.5 发光性

发光性是指矿物受外来能量激发，能发出可见光的性质。根据发光激发源的不同，可将发光分为：光致发光，如由可见光、红外光和紫外光等激发；阴极射线发光，如由电子束激发；辐射发光，如由 X 射线、γ 射线等激发；热致发光，由热能激发。此外，还有电致发光、摩擦发光、化学发光等。

根据发光持续时间的长短又分为荧光和磷光两种类型。如果发光体一旦停止受激，发光现象立即消失，称为荧光；如果激发停止后，仍持续发光则称为磷光。能发荧光或磷光的物体分别称为荧光体或磷光体。

矿物的发光性对于有些矿物，如金刚石、白钨矿等矿物的鉴定，找矿和选矿等工作均具有重大的实际意义。在地质工作中，常用轻便的紫外光灯来探测具有荧光性的矿物，如白钨矿当其被紫外光照射时，发出荧光，很容易与石英相区别。

1.2.2 矿物的力学性质

矿物的力学性质是指矿物在外力作用下，所表现出的各种性质。其中最重要的是解理、硬度和密度，其次还有延展性、脆性、弹性和挠性等。

1.2.2.1　解理、裂开、断口

A　解理

矿物受外力（敲打、挤压）作用后，沿着一定的结晶方向发生破裂，并能裂出光滑平面的性质称为解理。破裂的光滑平面称为解理面。如果矿物受外力作用，在任意方向破裂并呈各种凹凸不平的断面，则称其为断口。

解理的产生与晶体的内部构造有着密切关系。它主要取决于结晶构造中质点的排列及质点间连接力的性质。解理往往沿着面网间化学键力最弱的方向产生。

根据解理产生的难易和完善程度，将矿物的解理分为五级：

（1）极完全解理。矿物在外力作用下极易破裂成薄片。解理面光滑、平整，很难发生断口，如云母（见图 1-25）、石墨、辉钼矿等。

（2）完全解理。矿物在外力作用下，很容易沿解理方向破裂成小块（不成薄片），解理面光滑且较大，较难发生断口，如方铅矿、萤石、方解石（见图 1-26）等。

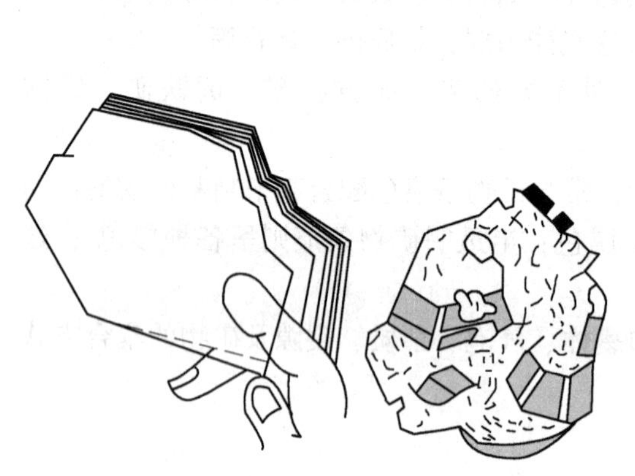

图 1-25　云母的极完全解理

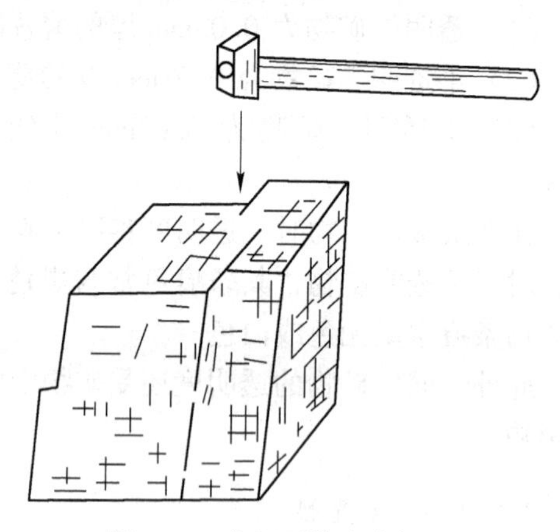

图 1-26　方解石的完全解理

（3）中等解理。矿物在外力作用下，可以沿解理方向裂成平面。但解理面不太平滑，断口较易出现。因此，在其破裂面上既可以看到解理面又可看到断口，如辉石、角闪石等。

（4）不完全解理。矿物在外力作用下，不易裂出解理面。出现的解理面小而不平整，多形成断口，仔细观察才能见到解理面，如磷灰石等。

（5）极不完全解理。矿物受外力作用后，极难出现解理，多形成断口，一般称为无解理，如石英、石榴石等。

由此可见，矿物的解理与断口出现的难易程度是互为消长的，也就是说在容易出现解理的方向则不易出现断口。一个晶体上如被解理面包围越多，则断口出现的机会越少。

在有些矿物晶体构造中，质点连接力弱的方向不止一个，这时就会出现几种单形的解理，这种情况在低级晶族的矿物中比较常见。例如重晶石属斜方晶系，有平行一组完全解理、平行二组中等解理。

只有晶质矿物才能产生解理。对于每种矿物，解理的特点（发育程度、组数、夹角）是固定不变的。同种矿物具相同的解理，不同的矿物具有不同的解理，故解理是矿物的重

要鉴定特征。

在实际观察和鉴定解理特征时，应注意在矿物单体上观察，因为矿物的解理是在单体中产生的，应选一个晶体较大、解理清晰的单体对着光线转动标本进行观察，如出现反光一致一系列平行或呈阶梯状的光滑平面，则可判断为解理。另外还应该注意解理面与晶面的区别，见表1-2。

表1-2 解理面与晶面的区别

晶　面	解　理　面
（1）为晶体外面的一层平面，被击破后即消失； （2）晶面上一般比较暗淡； （3）晶面一般不太平整，仔细观察时常有凹凸不平的痕迹或各种晶面花纹	（1）为晶体内部结构上联结力弱的方向，受力打击后可连续出现互相平行的平面； （2）解理面上一般比较光亮； （3）解理面比较平整，但可以出现规则的阶梯状解理面或解理纹

B 裂开

从现象上看，裂开也是矿物晶体在外力作用下，沿着一定结晶方向破裂的性质。裂开的面称裂开面。从外表上看，它与解理很相似。但两者的成因不同。

裂开产生的原因一般认为可能是沿着双晶接合面特别是聚片双晶的接合面产生；也可能是因为沿某一种面网存在有他种成分的细微包裹体，或者是固溶体溶离物，这些物质作为该方向面网间的夹层，有规律地分布着，使矿物产生裂开（例如磁铁矿的裂开）。裂开是由一些非固有的原因所引起的定向破裂。因此，裂开和解理在本质上是不同的。其区别方法主要是：裂开面很少是特别光滑的，常只沿一个方向发生，而解理则沿该结晶方向，在矿物的各个部分都能发现；裂开只发生在同一矿物种的某些矿物个体中，而在另一些个体中可以不存在。而具有解理的矿物，在其所有个体中皆存在解理。

裂开也可作为一种鉴定特征，对某些矿物种来说具有重要鉴定意义，如磁铁矿（含Ti夹层时产生的八面体裂开）、刚玉（聚片双晶的刚玉个体有菱面体裂开）。裂开有时还可帮助分析矿物成因及形成历史。

C 断口

断口与解理不同，它在晶体或非晶体矿物上均可发生。容易产生断口的矿物，由于其断口常具有一定的形态，因此可用来作为鉴定矿物的一种辅助特征。根据断口的形状，常见的有下列几种：

（1）贝壳状。断口呈椭圆形的光滑曲面，面上常出现不规则的同心条纹，与贝壳相似。石英和多数玻璃质矿物具有这种断口。

（2）锯齿状。断口呈尖锐的锯齿状。延展性很强的矿物具有此种断口。如自然铜等。

（3）纤维状及多片状。断口面呈纤维状或细片状，如纤维石膏、蛇纹石等。

（4）参差状。断口面参差不齐，粗糙不平，大多数矿物具有这种断口，如磷灰石等。

（5）土状。断面呈细粉末状，为土状矿物如高岭石、铝矾土等矿物所特有的断口。

1.2.2.2 硬度

矿物的硬度是指矿物抵抗外来刻划、压入或研磨等机械作用的能力。它是鉴定矿物的重要特征之一。矿物硬度以 H 表示。

测定矿物硬度的方法有：

（1）刻划法。这种方法在矿物学中一直沿用的是摩氏硬度计。摩氏硬度计由10种矿物组成，按其软硬程度排列成10级，见表1-3。

表1-3　摩氏硬度计

矿　物	硬度等级	矿　物	硬度等级
滑石 $Mg_3[Si_4O_{10}](OH)_2$	1	正长石 $K[AlSi_3O_8]$	6
石膏 $CaSO_4 \cdot 2H_2O$	2	石英 SiO_2	7
方解石 $CaCO_3$	3	黄玉 $Al_2[SiO_4](F \cdot OH)_2$	8
萤石 CaF_2	4	刚玉 Al_2O_3	9
磷灰石 $Ca_5[PO_4]_3$（F、Cl、OH）	5	金刚石 C	10

以上10种标准矿物等级之间只表示硬度的相对大小，各级之间硬度的差异不是均等的，不成倍数和比例的关系。

利用摩氏硬度计测定矿物硬度的方法很简单。将欲测矿物和硬度计中某一矿物相互刻划，如某一矿物能划动磷灰石（即其硬度大于磷灰石）但又能被正长石所刻划（即其硬度小于正长石），则该矿物的硬度为5到6之间，可写成5~6。

实际工作中还可以用更简便的方法来代替硬度计，如指甲的硬度为2.5，小刀的硬度为5~5.5。因而可把矿物的硬度粗略地划分为：小于指甲（小于2.5）、指甲与小刀之间（2.5~5.5）及大于小刀（大于5.5）三级。

（2）压入法。压入法是用合金或金刚石制成一定的压头，加以一定的负荷（重量），压在矿物光面上，以负荷与压痕表面积（或深度）的关系，求得矿物的硬度。一般压痕表面积与负荷成正比关系。对于不同矿物，硬度越大，能抵抗压入的应力就越大，产生压痕的表面积就小，即硬度与抗应力成正比，而与压痕的表面积成反比关系。因此，由负荷与压痕表面积计算矿物的硬度，就可以得出以负荷/面积（kg/mm^2）为单位的硬度值。

压入法因使用不同的压头和测试技术而有多种方法。一般采用显微硬度仪测定出矿物的显微硬度。目前应用最广的是维克（Vicker）法，其硬度以 H_V 或 VHN 表示。维克法压头是用金刚石正方形锥体，锥体两对角面的交角（α）为136°，压痕呈正方形锥形，如图1-27所示。计算维克显微硬度时，设负荷为 P(kg)，压痕对角线长度为 d(mm)，则可按下式计算：

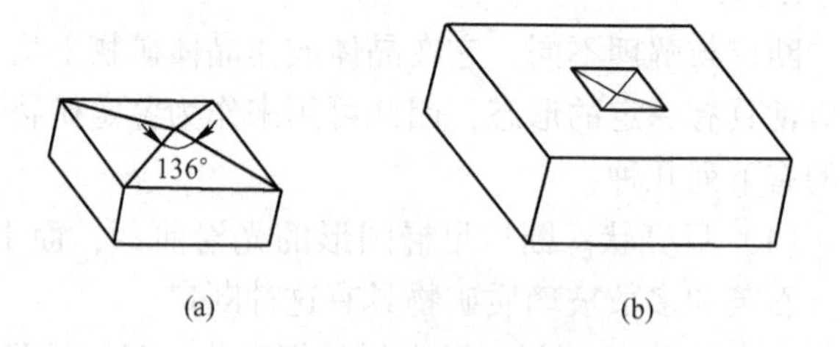

图1-27　维氏压头及其压痕形态
（a）维氏压头；（b）压痕形态

$$H_V = 2\sin\frac{\alpha}{2} \cdot \frac{P}{d^2}$$

维克法测定矿物硬度较刻划法精确，在应用时可换算成摩氏硬度，如图1-28所示。

摩氏硬度 H_M 与维克硬度 H_V 间也可粗略地按下式转换：

$$H_V = 3.25H_M^3$$

矿物的硬度主要取决于晶体结构的牢固程度，它与化学键的类型密切相关。一般情况，具典型共价键的矿物硬度最大，如金刚石。具离子键的矿物硬度中等，具金属键的矿物硬度较小，具分子键的矿物硬度最小。在自然界中具有离子晶格的矿物十分普遍。由于离子键的强度随离子性质不同而有差异，一般情况为：矿物的硬度随离子半径的减小而增大。例如方解石和菱镁矿中 Ca^{2+} 的半径是 0.108nm，Mg^{2+} 是 0.066nm，所以方解石（$CaCO_3$）的硬度是 3，而菱镁矿（$MgCO_3$）则是 4.5；当其离子半径相同时，离子电价越高，键力越强，矿物硬度越大；晶体结构中原子（或离子）堆积紧密时，硬度大，否则硬度小。例如方解石与文石是 $CaCO_3$ 的同质多象变体，但方解石（密度 2.72）比文石（密度 2.94）结构“松弛”，故方解石硬度是 3，文石硬度是 4；硬度随配位数的增大而增大；矿物中无论含 H_2O 分子或 $(OH)^-$，都将使硬度降低。例如石膏（$CaSO_4 \cdot 2H_2O$）的硬度是 1.5~2，硬石膏（$CaSO_4$）的硬度则是 3~3.5。

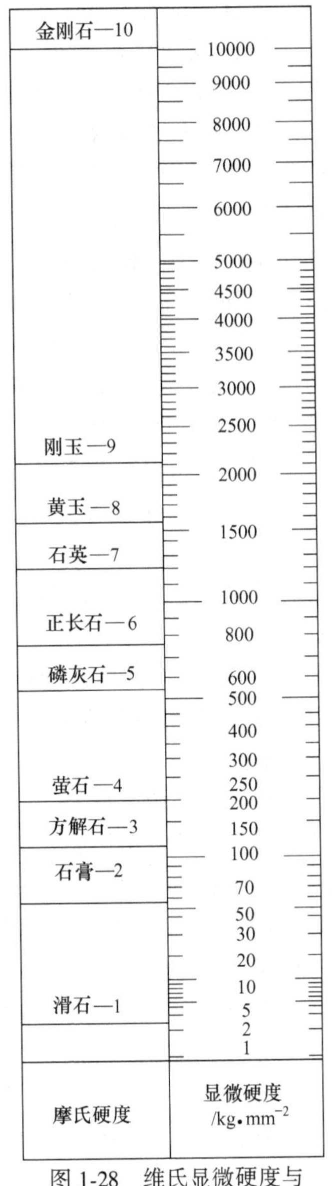

图 1-28 维氏显微硬度与摩氏硬度等级转换

由于矿物晶体结构的对称性和异向性，导致了矿物的硬度也有对称性和异向性。若将在矿物晶面各方向上的硬度值测出之后，取中央一点为中心，按比例绘出“硬度曲线”就可了解硬度的异向性及对称性。例如在萤石（CaF_2）的立方体晶面 {100} 和八面体晶面 {111} 上，分别测出硬度曲线的形状，如图 1-29 所示。在立方体晶面上呈四开叶形，表现了晶体四次对称关系，两对角线方向硬度最小。在八面体晶面上呈三开叶形，表现了三次对称的关系。

个别低级晶族的矿物硬度差异比较明显，如三斜晶系的蓝晶石，在（100）面上沿延长方向的硬度为 4.5，而垂直方向硬度为 6.5。

在肉眼鉴定时，测试矿物的硬度必须在矿物单体的新鲜面上进行，尽量避免因风化、裂隙、脆性以及矿物集合方式的影响所造成的虚假硬度。

硬度是矿物物理性质中比较固定的性质，具有重要的鉴定特征，同时也是影响矿石工艺加工生产效率和选矿成本的重要因素之一。

1.2.2.3 相对密度和密度

矿物的相对密度是指矿物（纯净的单矿物）在空气中的质量与 4℃ 时同体积水的质量

之比。其数值与密度的数值相同，但相对密度无单位；而密度的度量单位为 g/cm^3。

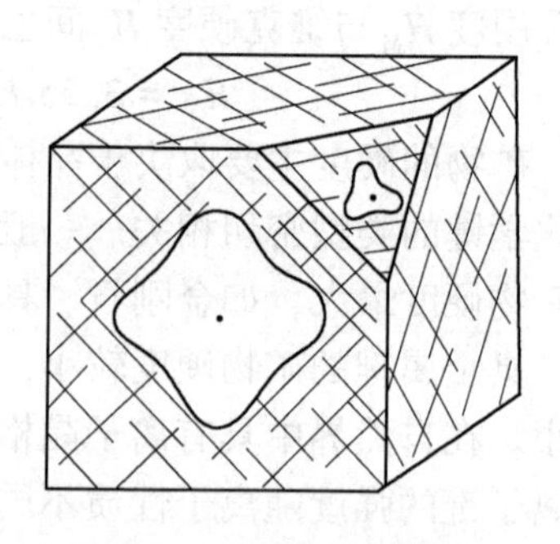

图 1-29　萤石的硬度曲线

矿物的密度变化范围很大，可以从小于 1（如石蜡）到 23（铂族矿物）。据统计，大多数矿物的密度在 2~3.5 之间。卤化物和含氧盐类矿物普遍较轻，而氧化物、硫化物及自然金属矿物通常具有较大的密度。

矿物的密度主要取决于它的化学组成和晶体结构：当矿物晶体结构类型相同时，矿物的密度随所含元素的原子量的增加而增大，随原子或离子半径的增大而减小；在原子量和原子（或离子）半径相同或相近时，晶体结构越紧密的矿物其密度也越大。

矿物密度可分为三级：

（1）轻级。密度在 2.5 以下，如石盐、石膏等。

（2）中级。密度在 2.5~4 之间，如石英、方解石等。

（3）重级。密度在 4 以上，如重晶石、锡石、方铅矿等。

测定矿物密度的方法很多，常用的有比重瓶法、重液法、扭力天平法等。

A　比重瓶法

比重瓶法是根据固体矿物在水中的失重等于同体积水重的原理而测定的。比重瓶是容积为 25~50cm^3的带有刻度的瓶子。

测定步骤：

（1）称比重瓶的质量 P_1。

（2）将待测矿物小块放入比重瓶中，一般占瓶容积的 1/3，称瓶和矿物的总质量 P_2。

（3）为排除矿物中的空气，先将蒸馏水注入比重瓶，使其达容积的一半左右，再用抽气机抽出瓶内附在矿物表面的气泡（也可用加热至 80~100℃ 排除），并不断摇晃比重瓶，直至瓶中无气泡为止。

（4）用滴管将蒸馏水注满瓶中，称瓶、水和矿物的质量 P_3。

（5）从瓶中倒出矿物和水，再将蒸馏水注入瓶中，达到与（4）相同水位，称瓶和水的总质量 P_4。

（6）按下式计算矿物的密度 D。

$$D = \frac{P_2 - P_1}{(P_4 - P_1) - (P_3 - P_2)}$$

用比重瓶测定密度时要求用纯净的蒸馏水。由于水能部分地溶解矿物中某些盐类，故最好采用非极性液体（如煤油），但这时计算其密度应将上述公式乘以液体的密度。

比重瓶法可以测定矿物晶体、碎块或粉末的密度，但操作繁琐，应用不多。

B　重液法

根据矿物的相对密度与液体相对密度相同时，矿物即可在液体中呈悬浮状态的原理，用液体的密度定出矿物的密度。使用这种方法时，要求有成套的各种不同密度的重液，以备测定之用。

此法迅速简便、准确，但受重液密度的限制，不能测定密度超过 4.2 的矿物。

重液法不仅可以测定矿物的密度，而且可以用来分离不同密度的矿物。选矿中的重介质选矿，即是利用这一原理精选矿物。

C　扭力天平法

扭力天平法是利用阿基米德原理测定矿物密度。但由于水的表面张力大，不易沾湿矿样而引起误差，所以测定中一般不用水，而用四氯化碳、酒精、甲苯等液体，通常多采用四氯化碳。

用扭力天平对矿物称量后，再用下列公式求出矿物密度。

$$D_{矿} = \frac{P_2 - P_1}{(P_2 - P_1) - (P_3 - P_4)} \cdot D_{液}$$

当 $P_1 = 0$ 时，则：

$$D_{矿} = \frac{P_2}{P_2 - (P_3 - P_4) \cdot D_{液}}$$

式中　P_1——空称盘在空气中的质量，g；

P_2——称盘装上矿样后在空气中的质量，g；

P_3——装有矿样的秤盘在液体中的质量，g；

P_4——空称盘在液体中的质量，g；

$D_{液}$——所用液体在 t℃时的密度，g/cm^3。

扭力天平的内部结构主要由平卷弹簧和片弹簧两种弹性元件组合而成，密封于天平外壳内。其结构如图 1-30 所示。

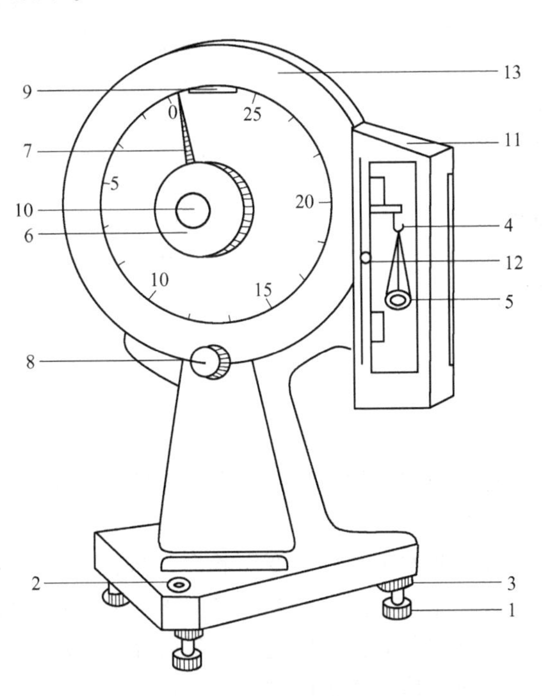

图 1-30　扭力天平结构示意图

1—垫脚；2—水准器；3—调平脚；4—秤钩；5—秤盘；6—读数旋钮；7—读数指针；8—制动旋钮；9—平衡指针；10—保护壳；11—计量盒；12—拉手；13—天平外壳

测定步骤如下：

（1）称量矿物在空气中的质量（P_2）。将矿物样品置于秤盘，挂在秤钩上，开启天平，逆时针转动读数旋钮，直至平衡指针与镜子内刻度板上的中线重合，之后关闭天平，按读数指针所指的刻度读数并记录。

（2）称量装有矿样的秤盘在液体中的质量（P_3）。烧杯中盛入四氯化碳后置于计量盒内，将装有矿样的秤盘小心地放入四氯化碳液体中，并在秤钩上挂一重物（如铜丝或小金属片等），以抵消秤盘在液体中所受的浮力。开启天平，如同称量 P_2 的方法一样称重，然后关闭天平，读数并记录。

（3）称量空秤盘在液体中的质量（P_4）。将装有矿样的秤盘从四氯化碳中取出后，把矿样倒在过滤纸上（小心地回收全部矿样，备今后测试时使用）。再将空秤盘置于四氯化碳内，如同上述方法称重后，关闭天平，读数并记录。

（4）测液体的密度（$D_液$）。记录测试时的室温，查出相应温度时四氯化碳的密度（$D_液$）。也可用比重计测出四氯化碳的密度：用玻璃量筒盛入四氯化碳，然后放入比重计，根据四氯化碳的弯月面与比重计刻度的交线，便可在比重计上读出四氯化碳的密度（$D_液$）。

（5）按上式计算出矿物的密度。一些有机液体在不同温度中的密度，见表 1-4。

表 1-4　一些有机液体在不同温度中的密度

四氯化碳		乙　醇		甲　苯	
温度 t/℃	密　度	温度 t/℃	密　度	温度 t/℃	密　度
3	1.630	7	0.837	5	0.875
13	1.610	16	0.830	8	0.870
18	1.599	18	0.829	12	0.867
23	1.589	19	0.827	18	0.861
28	1.579	21	0.821	21	0.857
33	1.569	26	0.817	32	0.847
38	1.559	32	0.810	38	0.841
42	1.549	36	0.806	42	0.837

1.2.2.4　脆性与延展性、弹性与挠性

A　脆性与延展性

矿物受外力作用时，容易破碎的性质称为脆性。脆性矿物用刀刻划时易产生粉末。大多数矿物都具有脆性，如方铅矿、黑钨矿等。

矿物受到外力的拉伸时，能发生塑性形变而趋向形成细丝的性质，称为矿物的延性；在受到外力的碾压或锤击时，能发生塑性形变而趋向于形成薄片的性质，则称为矿物的展性。延性和展性几乎总是同时并存的，一般通称为延展性。温度升高，延展性增强；混入杂质则会使延展性降低。延展性是金属键矿物的一种特性，如自然金、自然银、自然铜等矿物具有良好的延展性。

当用小刀刻划具有延展性的矿物时，矿物表面被刻之处留下光亮的沟痕，而不出现粉末和碎粒，借此可区别于脆性。

B 弹性与挠性

矿物的弹性是指某些片状或纤维状的矿物受外力作用时，能发生弯曲而不断裂，当外力解除后又能恢复到原来状态的性质。例如云母、石棉等矿物均具有弹性。

矿物的挠性则是指某些片状或纤维状矿物受外力作用时，虽能发生弯曲，但当外力解除后，却不再能恢复到原来状态的性质。例如绿泥石就具有挠性。

矿物的弹性和挠性，都取决于晶格内部的构造特点。例如绿泥石、滑石等矿物晶体，都为层状构造，在其相邻的构造单元层之间，只以微弱的分子键力相联系，当受力时，层间即可发生相对位移，使整个薄片弯曲，而基本上并不产生内应力，因此，当外力解除后，内部就没有力量促使晶格恢复到原来的状态，从而表现为挠性。

具有弹性的矿物，例如云母属于层状构造，但在其相邻的构造单元层之间，还存在有低价、大半径的阳离子 K^+，而使层与层之间的键力有一定程度的加强。当受力时，层间虽然仍可发生相对位移，使整个薄片弯曲，但位移破坏了 K^+ 与阴离子之间的平衡位置，因而产生了内应力；当外力解除后，这种内应力就要促使质点恢复到平衡位置，而表现出弹性。

矿物的弹性和挠性，是区别云母、绿泥石等一些矿物的重要鉴定特征之一。

1.2.3 矿物的电学性质

1.2.3.1 导电性

矿物对电流的传导能力称为导电性。矿物的导电能力差别很大，有些矿物几乎完全不导电，如石棉、云母等，是绝缘体；有些极易导电，如自然金属矿物和某些金属硫化物，是电的良导体；某些矿物当温度增高时导电性增强，温度降低时呈绝缘体性质，这种导电性介于导体与绝缘体之间的称为半导体，如闪锌矿等。

矿物的导电性在很大程度上依赖于化学键的类型。具有金属键的矿物，因在其结构中有自由电子存在，所以导电性强；离子键或共价键矿物导电性弱或不导电。矿物的导电性根据电阻系数（Ω·cm）大小，将矿物分成下列 3 种：

（1）良导体矿物。电阻系数为 $10^2 \sim 10^{-6}$ Ω·cm，如黄铁矿、磁黄铁矿、石墨等。一般情况，金属矿物是电的良导体。

（2）半导体矿物。电阻系数为 $10^3 \sim 10^6$ Ω·cm，包括较少的富含铁和锰的硅酸盐及铁、锰等元素的氧化物（某些非导体当温度升高时，便变成半导体）。

（3）非导体矿物。在室温下电阻系数为 $10^{11} \sim 10^{16}$ Ω·cm（或更大）的矿物，如石英、长石云母、方解石、石膏、尖晶石、石墨等。

导电性对于某些矿物来说，具有重要的实际意义。如金属及石墨是电的良导体，可作为电极原料；云母和石棉是电的非良导体，可作为绝缘材料；而半导体广泛地被应用在无线电工业中。此外，在金属矿床的找矿中应用电法找矿，在选矿和重砂矿物的分离上，也根据矿物导电系数不同，采用静电分离来分离矿物。

1.2.3.2 荷电性

矿物在外部能量作用下，能激起矿物晶体表面荷电的性质，称为矿物的荷电性。具有荷电性的矿物，其导电性极弱或不具导电性。荷电性可分为：

（1）压电性。某些矿物晶体，在机械作用的压力或张力影响下，因变形而导致的荷电性质称压电性。在压缩时产生正电荷的部位，在拉伸时就产生负电荷。在机械地一压一张的相互不断作用下，就可以产生一个交变电场，这种效应称为压电效应。反过来具有压电性的矿物晶体，把它放在一个交变电场中，它就会产生一伸一缩地机械振动，这种效应称为电致伸缩。当交变电场的频率和压电性矿物本身机械振动的频率一致时，就会发生特别强烈的共振现象。

矿物的压电性只发生在无对称中心、具有极性轴（即其两端不能借助于对称要素的作用而相重复的轴线）的各晶类矿物中（如α-石英）。矿物的压电性广泛地应用于现代科学技术中，如无线电工业用其作各种换能器、超声波发生器等。石英由于其振动频率稳定、质地坚硬和化学性质稳定，成为最优良的天然压电材料，如图 1-31 所示。

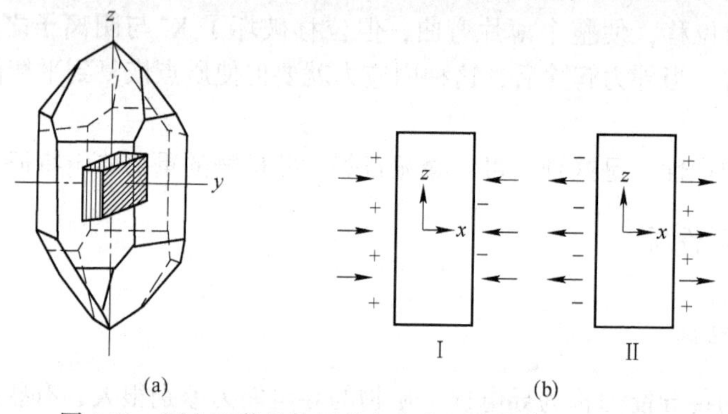

图 1-31　压电石英晶体切片方向和石英晶体的压电效应

（a）切片方向；（b）压电效应

Ⅰ—受压缩时；Ⅱ—受拉伸时

（2）热电性。矿物的热电性是指某些矿物晶体，当受热或冷却时，在晶体的某些结晶方向产生荷电的性质。如电气石晶体加热到一定温度时，其 z 轴（L^3）的一端带正电，另一端带负电；若将其冷却，则两端电荷变号，如图 1-32 所示。

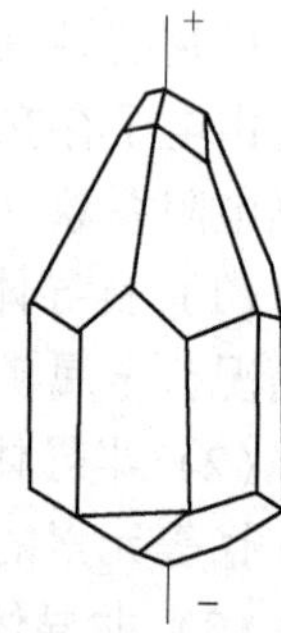

矿物晶体的热电性主要存在于无对称中心、具有极性轴（性质均不相同的唯一方向）的矿物晶体中，如电气石、方硼石、异极矿等。

矿物晶体的热电性已在红外探测中得到应用。

图 1-32　电气石的热电性

1.2.4　矿物的磁学性质

矿物的磁性是指矿物能被永久磁铁或电磁铁吸引，或矿物本身能吸引铁质物件的性质。自然界具有磁性的矿物极为普遍，但磁性显著的矿物则不多。根据矿物在外磁场作用下所表现的性质，可将矿物的磁性分为三类。

1.2.4.1　*磁性矿物*

能被永久磁铁吸引的矿物。只有少数矿物才具有这种特性，因而在矿物鉴定上有意义。用肉眼鉴定矿物时，以永久磁铁为工具，将矿物磁性分为：

（1）强磁性。较大颗粒矿物能被永久磁铁吸引，且本身还可以吸引铁钉、铁屑等物。当罗盘靠近时，能使磁针改变方向发生转动为强磁性矿物，也称为铁磁性矿物，如磁铁矿。

（2）弱磁性。即较大的矿物颗粒不能被永久磁铁吸引，而粉末能被吸引，但不能跃至磁铁上，如铬铁矿。

（3）无磁性。矿物粉末也不能被永久磁铁吸引，如黄铁矿。

1.2.4.2 电磁性矿物

电磁性矿物具较弱磁性，无论是颗粒或粉末均不能被永久磁铁吸引，但可被电磁铁吸引。这类矿物还可进一步分为强电磁性矿物和弱电磁性矿物，如角闪石、辉石、电气石等。矿物的这一性质对磁力选矿、重砂分离极为重要。

1.2.4.3 逆磁性矿物

逆磁性矿物，具抗磁性，被磁铁所排斥的矿物，如自然铋、黄铁矿等。

磁性的强弱可用比磁化系数来表示。比磁化系数为 $1cm^3$ 的矿物在磁场强度为 10e（79.578A/m）的外磁场中所产生的磁力。比磁化系数越大，表示矿物越容易被磁化。在选矿中，利用矿物比磁化系数的差异进行磁选。矿物按比磁化系数的大小，可分为四类：

（1）强磁性矿物。比磁化系数大于 $3000\times10^{-6}cm^3/g$，在弱磁场 900～12000e（×79.578A/m）就容易与其他矿物分选，如磁铁矿、磁黄铁矿等。

（2）中磁性矿物。比磁化系数在 $600\times10^{-6}\sim3000\times10^{-6}cm^3/g$ 之间。要选出这类矿物，磁场强度要在 2000～80000e（×79.578A/m），如钛铁矿、铬铁矿等。

（3）弱磁性矿物。比磁化系数在 $15\times10^{-6}\sim600\times10^{-6}cm^3/g$ 之间。要选出这类矿物，磁场强度要在 10000e（×79.578A/m）以上，如赤铁矿、褐铁矿、黑钨矿、辉铜矿等。

（4）非磁性矿物。比磁化系数小于 $15\times10^{-6}cm^3/g$，如石英、方解石、长石等。

矿物的磁性主要是由组成元素的电子构型和磁性结构所决定的。即当矿物成分中含有Fe、Co、Ni、V等元素时，这些元素的原子或离子构型中3d电子层未填满，为不成对电子的出现提供了条件。这些未成对的电子自旋所引起的磁矩是形成磁性的主要原因。这种未成对的电子越多，物质的磁性就越强，反之则弱。

当矿物成分中含有以上元素时，随着所含元素3d电子进入晶体场中后自旋状态的不同，可以有不同的磁性显示。例如 Fe^{2+} 在八面体场中，当其电子的自旋状态有4个自旋平行的未成对电子时，就会使矿物显铁磁性或顺磁性，如磁黄铁矿、黑云母等；当电子的自旋状态都是自旋成对的电子对时，就会使矿物显逆磁性，如黄铁矿、毒砂等。

晶体中的磁性常具异向性，这与其内部结构类型有关。如磁铁矿晶体，在不同方向上的磁性强弱不同。

在选矿中可用焙烧还原磁化法，使一些磁性弱的矿物增加其磁性。如一些低品位的铁矿石，就可以用这种方法回收。它的主要原理是赤铁矿、褐铁矿经焙烧加热至800℃以上，再通以煤气在560℃以上，使 Fe_2O_3 还原为 Fe_3O_4，反应式如下：

$$3Fe_2O_3 + CO \xlongequal{560℃} 2Fe_3O_4 + CO_2$$

对于黄铁矿或白铁矿可先在空气中焙烧，当温度在60℃左右时，他们将被烧裂，随后硫逐渐消失，到400℃便形成强磁性的 Fe_7S_8，然后进行磁选。其反应如下：

$$7FeS_2 + 6O_2 = Fe_7S_8 + 6SO_2$$

以上说明矿物的磁性不仅是鉴定矿物的特征，而且在探矿、选矿工艺和单矿物分离上都具有实际意义。

1.2.5　矿物的其他物理性质

除上述物理性质外，矿物还有润湿性、导热性、放射性等。

1.2.5.1　润湿性

矿物的润湿性是指矿物表面能否被液滴所润湿的性质。它主要取决于矿物内部质点的性质及其在构造中的排列方式。不同的矿物，其润湿性各有不同。自然界中有些矿物的表面易被水润湿，如云母、石英、方解石等，这些易被水润湿的矿物，称为亲水性矿物。另一些矿物的表面不易被水润湿，如滑石、石墨、方铅矿、辉钼矿等，这些不易被水润湿的矿物，称为疏水性矿物。

矿物润湿性的大小，可以根据水在矿物表面所形成的接触角 θ 的大小来确定，如图1-33所示。

接触角 θ 越小，润湿性越大；θ 越大，润湿性越小。表1-5为常见矿物的接触角。

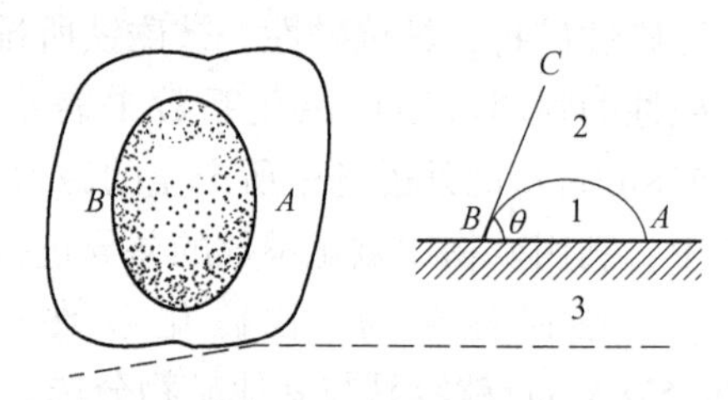

图1-33　水在矿物表面形成的接触角 θ
1—液体；2—气体；3—固体矿物

表1-5　常见矿物的接触角

矿物名称	云母	石英	方解石	重晶石	黄铁矿	萤石	方铅矿	黄铜矿	辉钼矿	石墨	滑石	自然硫
θ	0°	0°~10°	20°	30°	33°	41°	47°	47°	60°	60°	69°	78°

由于各种矿物润湿性不同，引起不同矿物在水介质中上浮或下沉。一般情况是难润湿的矿物（疏水性矿物）易浮。如方铅矿颗粒（相对密度为7.4）在水中与气泡相遇，矿物表层的水迅速破裂，矿粒与气泡紧密结合而上升。润湿性强的矿物（亲水性矿物）难浮，如石英颗粒（相对密度为2.65）在水介质中，石英表面与水紧密结合，空气不能排除石英表面的水层，则石英颗粒不易黏附于气泡上，仍残留在水中，难以浮起。

以上说明，矿物的润湿性是浮游选矿的理论基础。选矿工作者不仅在浮选上利用矿物的润湿性来判断矿物可浮性的好坏，还根据矿物润湿性的不同，在浮选过程中，采取加适当药剂的办法，以改变矿物的润湿性，使矿物浮起或下沉，达到分离矿物的目的。

1.2.5.2　导热性

自然界中的各种矿物均具有不同的导热能力，即使同一种矿物，其导热能力也不相同，并且随方向而异。导热性最强者为自然金属矿物。晶体的导热性常高于相应的非晶体的导热性。如在0℃时，石英沿 z 轴的导热性为熔融状石英导热性的10倍。晶体的导热性随温度的升高而降低。非晶体的导热性随温度的升高而升高。因此在加热时，结晶质与非晶质之间热学性质的差别消失了。

在选矿工作中，利用各种矿物导热性的差异就可以分离矿物。如目前选矿上使用的热粘着分离法，就是利用矿物导热性的差异，将受辐射热的试样送到盖有热敏感性物质的皮带上，易吸热的矿物被粘在皮带上，不易吸热的矿物不粘着，由此可以使矿物分离。

1.2.5.3　放射性

元素能够自发地从原子核内部放出粒子或射线，同时释放出能量的这种现象，称为放射性。这样的元素称为放射性元素，如铀（U）、钍（Th）、镭（Ra）等。

目前已知的放射性元素有40余种，放射性元素发出的射线，能够使空气中的分子失去电子而离子化，对物体具有较强的穿透能力。

含有放射性元素（如U、Th、Ra等）的矿物称为放射性矿物。

测定矿物的放射性的方法，通常用盖氏计数器或底片感光法进行测定。利用矿物的放射性不仅可以鉴定放射性元素矿物和找寻放射性元素矿床，同时对于计算矿物及地层的绝对年龄也极为重要。

1.3　矿物的化学组成

自然界中的矿物由各种化学元素以不同的方式组合而成，并具有特定的形态和性质。矿物的化学成分是决定矿物各项性质的最本质的因素之一。研究矿物的化学成分无论在理论方面或实际应用方面都是非常必要的。

1.3.1　矿物的化学成分

1.3.1.1　元素的离子类型

在自然界，除少数矿物是单质外，绝大多数的矿物都是化合物。在化合物中，元素常常以离子状态存在，而离子的性质则主要与离子最外电子层的结构有关。外电子层结构类似的离子所形成的矿物，在性质上往往也有相似之处。因此，根据离子的最外电子层结构可将离子分为3种类型，见表1-6。

表1-6　元素的离子类型

He	Li	Be											B	C	N	O	F
Ne	Na	Mg											Al	Si	P	S	Cl
Ar	K	Ca	Sc	Ti	V	Cr	Mn	Fe	Co	Ni	Cu	Zn	Ca	Ge	As	Se	Br
Kr	Rb	Sr	Y	Zr	Nb	Mo	Tc	Ru	Rh	Pd	Ag	Cd	In	Sn	Sb	Te	I
Xe	Cs	Ba	TR*	Hf	Ta	W	Re	Os	Ir	Pt	Au	Hg	TI	Pb	Bi	Po	At
Rn	Fr	Ra	Ac*			3a		3b					4				
1	2																

注：TR*与Ac*分别为稀土族及锕族元素。

1—惰性气体离子；2—惰性气体型离子；3—过渡型离子；3a—亲氧性强；3b—亲硫性强；4—铜型离子。

A 惰性气体型离子

周期表左边的碱金属和碱土金属及一些非金属元素的原子，失去或得到一定数目的电子成为离子时，其最外电子层结构与惰性气体原子的最外电子层结构相似，具有 8 个或 2 个电子，故称为惰性气体型离子。碱金属和碱土金属原子的电离势较低，容易失去电子变成阳离子；非金属元素（主要是氧和卤族元素）的电负性较高，容易接受电子而变成阴离子。碱金属和碱土金属元素的离子半径较大，极化性能较低，它们除与氧结合形成氧化物或含氧盐外，还与卤族元素形成以离子键为主的化合物。在地质上将这部分元素称为造岩元素。

这类离子大多数原子序数较小，原子量较小，半径较大，极化能力较弱。因此，形成矿物的相对密度一般较小（除含 Ba 的矿物外），对光的选择吸收性不明显，常为无色到白色。化学性质较稳定。

B 铜型离子

周期表右半部的有色金属和重金属元素，失去电子成为阳离子时，其最外电子层具有 18 个电子，与一价铜离子相似，故称为铜型离子。由于这些离子的半径较小，外层电子又多，极化性能很强。这种易与半径较大又易被极化变形的硫离子相结合，形成以共价键为主的化合物，形成主要的金属矿物，因此又将这部分元素称为造矿元素。

这类离子大多数半径较小，极化能力较强，原子序数较大，原子量较大。它们形成的矿物相对密度较大，对光波具有选择性吸收，常呈现一定的颜色，化学稳定性较差。

C 过渡型离子

周期表中Ⅲ～Ⅷ族的副族元素，失去电子成为阳离子时，其外层电子数为 8～18 个电子的过渡型结构，具有惰性气体型离子和铜型离子之间的过渡性质，故称为过渡型离子。这些离子的外层电子数越是接近于 8，亲氧性越强（3*a*），易形成氧化物和含氧盐；越近于 18 者亲硫性越强（3*b*），易形成硫化物；居于中间位置的 Mn 和 Fe，则与氧和硫均能结合。究竟与谁结合，则根据具体条件而定。在还原条件下多与硫结合生成黄铁矿或白铁矿（FeS_2）、硫锰矿（MnS）；当氧的浓度很高时，便与氧结合生成赤铁矿（Fe_2O_3）、磁铁矿（Fe_3O_4）、菱铁矿（$FeCO_3$）、软锰矿（MnO_2）、菱锰矿（$MnCO_3$）等。

1.3.1.2 矿物化学成分类型

矿物的化学成分可分为单质和化合物两大类，其中以化合物为数最多。

（1）单质。由同种元素自相结合组成的矿物，称为单质矿物，如自然金 Au、自然铜 Cu 等。

（2）化合物。由两种或两种以上不同的化学元素互相化合而组成的矿物，称为化合物矿物。化合物矿物按其组成又分为下列 3 种类型：

1）简单化合物。由一种阳离子和一种阴离子化合而成的矿物，如石盐（NaCl）、方铅矿（PbS）等。

2）络合物。由阳离子和络阴离子化合而成的矿物，如方解石（$Ca[CO_3]$）、重晶石（$Ba[SO_4]$）、钠长石（$Na[AlSi_3O_8]$）等。

3）复化合物。由两种或两种以上的阳离子与同一种阴离子或络阴离子组成的化合物，如钛铁矿（$FeTiO_3$）、白云石（$CaMg[CO_3]_2$）等。

1.3.2 矿物化学成分的变化

自然界的矿物，无论是单质还是化合物，虽然都有一定的化学成分，但其成分不是绝对固定的。它们可以在一定范围内发生变化，在变动较大时，甚至可以从一种矿物过渡到另一种矿物，因此矿物的化学成分是复杂的。引起矿物化学成分变化的原因，对晶质矿物而言，主要是元素的类质同象代替；对胶体矿物来说，则主要是胶体的吸附作用。水是很多矿物的一种重要的组成部分，矿物的许多性质与含水有关。机械混入物也是引起矿物化学成分无规律变化的因素。

1.3.2.1 类质同象

A 类质同象的概念

某种物质在一定条件下结晶时，晶体中某种质点（原子、离子、络阴离子或分子）的位置被类似的质点所占据，仍然保持原有的构造类型，只是稍微改变其晶格常数的现象，称为类质同象。例如在菱镁矿（$Mg[CO_3]$）晶格中 Mg^{2+} 的位置可被类似的质点 Fe^{2+} 以任意的比例所替换，直到成为菱铁矿 $Fe[CO_3]$，它们之间可以形成一系列 Mg、Fe 含量不同的过渡类型的类质同象混合晶体（又称固溶体），菱镁矿和菱铁矿称为该系列的端员矿物。

如 $Mg[CO_3] \rightarrow (Mg, Fe)[CO_3] \rightarrow (Fe, Mg)[CO_3] \rightarrow Fe[CO_3]$

菱镁矿 铁菱镁矿 铁菱铁矿 菱铁矿

在这个系列中，这一系列矿物具有相同的晶体构造类型，只是晶格常数稍有变化。又如闪锌矿 ZnS 中的 Zn^{2+}，可部分地（不超过 20%）被铁所代替。由于 Fe^{2+} 替换 Zn^{2+} 可使闪锌矿的晶格常数发生微小的变化，但是闪锌矿的构造类型没有变。富铁的闪锌矿被称为铁闪锌矿（Zn，Fe）S，在类质同象替换中，常把次要成分称为类质同象混入物。如闪锌矿中的 Fe^{2+} 在晶格中的数量比 Zn^{2+} 少，Fe^{2+} 被称为类质同象混入物。

类质同象混合晶体是一种固溶体。所谓固溶体是指在固态条件下，一种组分溶于另一种组分之中而形成的均匀的固体。可以通过质点的代替而形成“代替固溶体”（即类质同象混合晶体）；也可以通过某种质点侵入他种质点的晶格空隙而形成“侵入固溶体”。

在类质同象混合晶体中，根据质点替换的程度不同，分为完全类质同象和不完全类质同象。若互相替换的质点以任意比例相互替换，则称为完全类质同象。它们可形成一个成分连续变化的类质同象系列，称为完全类质同象系列（完全固溶体系列），如上述菱镁矿-菱铁矿系列中镁、铁之间的替换。若互相替换的质点只局限在一个有限的范围内，则称为不完全类质同象。它们不能形成一个连续的系列，如上述闪锌矿中，铁取代锌只局限在一定的范围之内。

根据互相替换质点的电价是否相等，又分为等价类质同象和异价类质同象，若在类质同象混合晶体中，互相替换的质点电价相同，则称为等价类质同象。如上述菱镁矿-菱铁矿系列中，镁、铁之间的替换是等价的；若在类质同象混合晶体中，互相替换质点的电价不相同，则称为异价类质同象。如在钠长石 $Na[AlSi_3O_3]$ 和钙长石 $Ca[Al_2Si_2O_3]$ 所形成的连续类质同象系列中，Na^+ 和 Ca^{2+} 之间的相互替换是异价的，Si^{4+} 和 Al^{3+} 之间的相互替换也是异价的，故称为异价类质同象。但是异价类质同象离子替换时，总电价必须相等。

由于这两种替换同时进行，当一个 Ca^{2+} 代替一个 Na^{+} 时，同时就有一个 Al^{3+} 代替一个 Si^{4+}，代替前后总电价是平衡的。即以 $Ca^{2+}+Al^{3+} \rightleftharpoons Na^{+}+Si^{4+}$ 的方式成对地进行替换，达到总电价相等。

B　影响类质同象的因素

类质同象的形成不是任意的，而是有条件的。例如在矿物晶体构造中，有的质点可以相互替换，有的又不可以，有的没有数量限制，有的则限制在一定范围内。这主要取决于元素的性质，其次是外界因素的影响，如温度、压力、介质条件等。现分别阐述如下：

（1）相互替换质点的半径要相近。因为质点的相对大小是决定晶体构造的主要因素，因此形成类质同象质点的半径必须相近，晶体的构造才能稳定，否则配位数发生变化，晶体的构造会发生改变。

（2）相互替换离子的电价总和应相等。因为在离子化合物中，只有电价平衡才稳定，因此形成类质同象时不能破坏这种平衡。

（3）相互替换离子的化学键性要相似。因为类质同象的晶格与原晶格的键型不能发生显著的变化，否则原来的晶体构造就要改变，因此形成类质同象质点的成键特性要相似。例如 Na^{+}（0.98Å）和 Cu^{+}（0.96Å）、Ca^{2+}（1.08Å）和 Hg^{2+}（1.12Å），它们的电价相同，半径也相近，但是它们间从来不产生任何类质同象替换。这是因为 Na^{+} 和 Ca^{2+} 属惰性气体型离子，电负性小，极化性弱，易形成离子键；Cu^{+} 和 Hg^{2+} 则为铜型离子，电负性大，极化性强，趋向于形成共价键为主的化合物。因此，在这两种不同类型的离子之间，由于成键特性不一致，因而看不到它们的类质同象替换。

除上述影响形成类质同象替换的内部原因外，外界条件对类质同象也有重要影响，如温度、压力、介质条件等。

温度增高时，类质同象替换的程度增大；温度降低时，则类质同象替换减弱，并且可以使已形成的类质同象混合晶体分解。例如钾长石 $K[AlSi_3O_8]$ 和钠长石 $Na[AlSi_3O_8]$，在高温（900℃以上）时可以形成固溶体；在温度降低时，就分解成钾长石 $K[AlSi_3O_8]$ 和钠长石 $Na[AlSi_3O_8]$ 的规则相嵌连生体，形成条纹状定向排列的条纹长石。

压力增大时，既能限制类质同象替换的范围，又能促使类质同象混合晶体发生分解（固溶体离溶）。但这一问题尚有待进一步研究。

溶液或熔体中组分浓度对类质同象也有一定的影响。例如磷灰石 $Ca_5[PO_4]_3(F,Cl,OH)$，从岩浆熔体中形成磷灰石时，要求熔体中的 CaO 和 P_2O_5 的浓度符合一定的比例，如果 P_2O_5 的浓度较大，而 CaO 的含量不足，则 Sr、Ce 等元素就可以类质同象的形式进入磷灰石的晶格，占据 Ca^{2+} 的位置，以补充 Ca^{2+} 的不足，形成类质同象。因而在磷灰石中常常可以聚集相当数量的稀散元素。

1.3.2.2　胶体

A　胶体的概念

胶体是一种物质微粒（粒径为 100~10000nm）分散在另一种物质里所组成的混合物。前者称为分散相，后者称为分散媒。固体、液体、气体均可以作为分散相，也可以作为分散媒。在矿物中分散相以固体为主，分散煤以液体—水为主。当胶体中的分散媒远多于分散相时，称为胶溶体（溶胶）；若分散相远多于分散煤时，则称为胶凝体（凝胶）。

B 胶体矿物的形成和变化

胶体矿物除少数形成于热液作用及火山作用外，绝大部分形成于表生作用中。出露在地表的岩石或矿石在风化作用过程中，一些难溶于水的成分，经机械作用被磨蚀成胶体质点，分散在水中成为水胶溶体。胶体溶液中的质点常带有电荷，在迁移过程中或汇聚于水盆地后，与不同电荷的质点发生电性中和而沉淀，或因水分蒸发而凝聚，水胶溶体变为水胶凝体，从而形成非晶质的各种胶体矿物。常见的胶体矿物有褐铁矿 $Fe_2O_3 \cdot nH_2O$ 及蛋白石 $SiO_2 \cdot nH_2O$ 等。

胶体矿物不稳定，随着时间的加长或热力因素的改变，逐渐失去水分硬度增大，内部质点趋向于规则排列，由非晶质逐渐转变为隐晶质，然后再转变成显晶质。这一转变过程称为胶体的老化。胶体经老化而成的矿物称为变胶体矿物。例如隐晶质的石髓 SiO_2，就可以由胶体矿物蛋白石 $SiO_2 \cdot nH_2O$ 经老化而成。

胶体矿物和半胶体矿物，一般呈钟乳状、葡萄状、皮壳状等形态。表面常有裂纹或皱纹（胶体老化失水，体积收缩所致）。其内部常具有同心状、带状或纤维状、放射状构造。

C 胶体的吸附作用

胶体的重要特性是，它的胶体质点具有巨大的表面能及很大的吸附作用。胶体溶液中的质点带有电荷，不同性质的质点所带电荷的符号也不相同。在一定的分散媒中，同种质点所带电荷的符号相同；在不同的分散媒中，同种质点所带电荷符号不一定相同。在酸性介质中的电荷符号通常与在碱性介质中相反。按胶体质点带有正、负电荷的不同，可将胶体分为正胶体与负胶体。正胶体吸附分散媒中的负离子，负胶体吸附分散媒中的正离子。在水溶胶的分散媒——自然界的水中，具有多种离子，因而在胶体矿物的形成过程中，因吸附了异号离子而使化学成分复杂化。

胶体矿物化学成分的变化是不均匀的。即使是同地产出的胶体矿物，甚至在同一块标本上，由于各部分的吸附及离子交换情况不同，其化学成分也有差异，如褐铁矿的不同部位色调不一样，就是成分不均匀造成的。

胶体的吸附作用使胶体矿物的成分复杂化，给鉴定工作带来了困难。但胶体的吸附作用，使矿产中增加某些可利用的元素，提高了矿产的价值，例如褐铁矿含 V、Mn 时，可以炼合金钢。由于胶体的吸附作用也可以使某些有用元素集中富集起来，甚至形成有价值的矿床，便于综合利用。

1.3.2.3 机械混入物

在矿物的形成过程中，有一些其他矿物的细小颗粒（粒径大于 100μm）混入其中，往往被包裹在矿物中，这种混杂矿物称为机械混入物。它与矿物本身的成分毫无联系，也无一定混入规律。它可能是有害成分，也可能是综合利用的成分。但在颗粒细小或性质相近时，会影响主要矿物的化学分析结果。故在研究矿物成分时，不但要知道矿物的化学组成，还要研究成因，而且要考虑到综合利用，在今后的选矿工作中应充分注意。

1.3.2.4 矿物中的水

自然界中的许多矿物经常含有水。水不仅是形成矿物的一种介质，也是许多矿物的组成部分。水在矿物中存在，经常影响矿物的性质，如含水矿物往往相对密度小、硬度低，并且多为外力地质作用形成。

根据矿物中水的存在形式以及它们在晶体构造中的作用，把水分为以下几种类型。

A 结构水（化合水）

结构水是以（OH)$^-$、H^+、(H_3O)$^+$离子形式参加矿物的晶格，并在晶格中占有一定位置，与矿物中其他组分有一定比例，是矿物中结合最牢固的一种水。因此这种水只有在很高的温度下（500~900℃），当晶格受到破坏时，才能以水分子的形式逸出。含有结构水的矿物失水温度是一定的，如高岭石 $Al_4[Si_4O_{10}](OH)_8$失水温度为560℃。

矿物中结构水的存在形式主要为（OH)$^-$，如在氢氧化物和许多层状结构的硅酸盐矿物中均含有（OH)$^-$。含（H_3O)$^+$者在矿物中极少见，如水云母$(KH_3O)Al_2(AlSi_3O_{10})(OH)_2$。

B 结晶水

结晶水是以中性水分子 H_2O 存在于矿物中，在晶格中占有固定的位置。水分子的数量与矿物的其他成分之间常成简单比例。

结晶水往往出现在具有大半径络阴离子的含氧矿物中，如石膏 $Ca[SO_4] \cdot 2H_2O$、苏打 $Na_2CO_3 \cdot 10H_2O$、胆矾 $CuSO_4 \cdot 5H_2O$。

结晶水在晶格中结合较牢固，只有当矿物加热到一定温度（一般为200~500℃）时，才会部分或全部逸出。当结晶水失去时，晶格遭到破坏和重建，形成新的结构。

不同矿物中，因结晶水与晶格联系的牢固程度不同，其逸出温度也有所不同。此外，同一矿物中的结晶水与晶格联系的牢固程度也常不同，水的逸出往往表现为分阶段的、跳跃式的并有固定的温度与之相适应。随着水的逸出，晶格被破坏、改造与重建，矿物的一系列性质均发生相应的变化。例如：

$$\underset{\text{胆矾(三斜)}}{Cu(SO_5) \cdot 5H_2O} \xrightarrow{30℃} \underset{\text{三水胆矾(单斜)}}{Cu(SO_4) \cdot 3H_2O} \xrightarrow{100℃} \underset{\text{泼水铜矾(单斜)}}{Cu(SO_4) \cdot H_2O} \xrightarrow{400℃} \underset{\text{铜锭石(斜方)}}{Cu(SO_4)}$$

由此可见，含结晶水的矿物，其失水温度和某一温度间隔内的失水量是一定的。借此人们可用于了解矿物的形成温度及作为鉴定矿物的标志。

C 吸附水

吸附水是被矿物或矿物集合体机械地吸附着呈中性水分子 H_2O 的水，它不参加矿物的晶格，在矿物中含量也不固定。在常压下当温度达到100~110℃时，吸附水则全部从矿物中逸出而不破坏晶格。

吸附水包括薄膜水、毛细管水和胶体水3种：

(1) 薄膜水。被吸附在矿物周围呈薄膜状的水。

(2) 毛细管水。由于表面张力而被吸附在矿物本身或矿物之间的细小裂隙中的水。它可以由毛细管作用而向外扩散。

(3) 胶体水。作为水胶凝体的分散相而散布在分散相表面上的水，水的含量可有变化，并且含量可以很大。

吸附水不属于矿物本身的化学组成，因此在矿物的化学式中一般不予表示。但是胶体水例外，因它是胶体矿物本身的固有成分，因而必须予以反映。通常在化学式的末尾用

nH_2O 表示，并与其他组分用圆点隔开，例如蛋白石 $SiO_2 \cdot nH_2O$。

D 层间水

层间水为介于结晶水与吸附水之间的过渡类型的水。它以中性水分子的形式，存在于某些层状构造硅酸盐矿物晶格的构造层之间，在矿物中的含量不定，随外界条件的改变而变化。当温度升高到110℃时，层间水大部分逸出，失水后并不导致晶格的破坏，仅相邻构造层之间的距离减小，同时相对密度增大；在适当的条件下，又可吸水膨胀，并相应地改变其物理性质，如蒙脱石矿物中存在有这种水。

E 沸石水

沸石水为介于结晶水与吸附水之间的过渡类型的水。它以中性水分子的形式存在于沸石族矿物晶体构造的孔穴和孔道中，位置不十分固定。水的含量随温度和湿度而变化。加热至80~400℃范围内，水即大量逸出，但不引起晶格的破坏，而物理性质随含水量的变化而变化。脱水后的沸石仍能重新吸水，恢复原有的物理性质。但含水量的这种变化在一定范围内波动，当超过这一范围后，晶格将起变比，脱水后就不能再吸水复原了。

1.3.3 矿物的化学式

矿物化学式的表示方法有实验式和结构式两种。

1.3.3.1 实验式

实验式是表示组成矿物元素种类及其原子数之比的化学式。其表示方法有两种。它可以用元素的形式来表示，如正长石 $KAlSi_3O_8$、绿柱石 $Be_3Al_2Si_6O_{18}$；也可以用简单氧化物组合的形式来表示，如正长石 $K_2O \cdot Al_2O_3 \cdot 6SiO_2$、绿柱石 $3BeO \cdot Al_2O_3 \cdot 6SiO_2$。

实验式的计算方法是根据矿物的化学全分析资料列出的各元素的质量分数，分别除以该元素的原子量而求得原子数，然后再将原子数化为简单的整数比。用这些整数标定各组分的相对含量，即得出实验式，见表1-7。

表1-7 黄铜矿实验式的计算

成分	质量分数	原子数		原子数的简单整数比	化学式及矿物名称
		质量分数/原子量	结果		
Cu	34.40	$\frac{34.40}{63.5}$	0.541	1	Cu Fe S_2 黄铜矿
Fe	30.47	$\frac{30.47}{56}$	0.544	1	
S	35.87	$\frac{35.87}{32}$	1.120	2	

如果分析结果是用氧化物质量分数表示，则将氧化物的质量分数分别除以各元素氧化物的分子量，求得分子数，然后将分子数化为简单整数比。用这些整数标定各组分的相对含量，即得出实验式，见表1-8。

表 1-8　绿柱石实验式的计算

成分	质量分数	分子数		分子数的简单整数比	化学式及矿物名称
		质量分数/分子量	结　果		
BeO	14.01	$\frac{14.01}{25.01}$	0.5601	3	$3BeO \cdot Al_2O_3 \cdot 6SiO_2$ 或 $Be_3Al_2Si_6O_{18}$ 绿柱石
Al_2O_3	19.26	$\frac{19.26}{101.96}$	0.1888	1	
SiO_2	66.37	$\frac{66.37}{60.084}$	1.1046	6	

矿物的实验式计算简单，书写方便，但没有反映出各组分在矿物中相互结合的关系及其存在形式，只能作为化学分析资料的证实。因此，这种表示方法只有当晶体构造不清楚或因某种特殊需要时使用。

1.3.3.2　结构式（晶体化学式）

结构式是既能表示矿物中元素的种类及其数量比，又能反映原子在晶体构造中相互关系的化学式。结构式的计算是以化学全分析资料和 X 射线结构分析资料为基础，并以晶体化学原理为依据进行计算的。因为结构式能反映矿物成分与构造之间的关系，所以在矿物学中被普遍采用。

在书写结构式时应注意遵从以下原则：

（1）阳离子写在化学式的最前面，当存在两种以上的阳离子时，按碱性由强到弱的顺序排列，如白云石 $CaMg[CO_3]_2$。

（2）阴离子或络阴离子接着写在阳离子的后面，络阴离子则用［］括起来，如绿柱石 $Be_3Al_2[Si_6O_{18}]$。

（3）附加阴离子写在主要阴离子或络阴离子的后面，如磷灰石 $Ca_5[PO_4]_3(F,Cl,OH)$。

（4）互为类质同象代替的离子用（）括起来，它们之间以逗号“，”分开，含量多的写在前面，如铁闪锌矿（Zn，Fe)S。

（5）矿物中的水，分别按不同情况书写。

结构水写在化学式的最后面，如高岭石 $Al_4[Si_4O_{10}](OH)_8$。结晶水、沸石水及层间水，也写在化学式的最后，并用圆点与其他组分隔开，如石膏 $Ca[SO_4] \cdot 2H_2O$、钠沸石 $Na_2[Al_2Si_3O_{10}] \cdot 2H_2O$、蛭石 $(Mg, Ca)_{0.7}(Mg, Fe^{3+}, Al)_6[(Si, Al)_8O_{20}](OH)_4 \cdot 8H_2O$。

胶体水因数量不定，以 nH_2O 表示，也有用 aq 表示的，如蛋白石，既可写成 $SiO_2 \cdot nH_2O$，也可以写成 $SiO_2 \cdot aq$。

1.3.4　矿物的化学性质

自然界的矿物是地壳中的化学元素有规律组合的产物。矿物中的原子、离子、分子，借助不同化学键的作用，处于暂时的相对平衡状态。当它们与空气、水等接触时，将引起不同的物理、化学变化，如氧化、水的溶解等。这些性质与选矿的关系密切，现介绍如下。

1.3.4.1 氧化性

矿物的氧化性是指原生矿物，暴露或处于地表条件下，由于受到空气中氧和水的长期作用，促使原生矿物发生变化，形成一系列金属氧化物、氢氧化物以及含氧盐等次生矿物的过程。矿物被氧化以后，其成分、结构及矿物的表面性质均发生变化，对选矿和冶炼均产生较大的影响。

A 矿物氧化的原因

影响矿物氧化的因素，主要取决于矿物本身的性质，其次是外界因素的影响，如氧化剂的存在、矿物的共生与伴生特点等有关。

（1）在金属矿物中，那些缺氧的矿物（硫化物矿物等）最易受到氧化。一般是含有低价离子的矿物，比较容易受到氧化，如含低价铁 Fe^{2+} 离子的磁铁矿 Fe_3O_4，易氧化成含高价 Fe^{3+} 离子的赤铁矿 Fe_2O_3；菱锰矿 $MnCO_3$ 氧化成硬锰矿 $m\mathrm{MnO} \cdot \mathrm{MnO_2} \cdot n\mathrm{H_2O}$。这主要与矿物的自身性质有关。

（2）氧、二氧化碳以及溶解有氧及二氧化碳的水是有力的氧化剂。氧的作用使原生矿物中的低价离子变成高价离子。氧化后的矿物性质也随着改变，如不溶的硫化矿物黄铜矿 $CuFeS_2$，经过氧化以后变成了易溶的硫酸铜 $CuSO_4$。其变化方程式为：

$$CuFeS_2+4O_2 \rightleftharpoons CuSO_4+FeSO_4$$

二氧化碳在大气中的质量分数为 0.03%，它很容易溶解于水，在地表水中二氧化碳的质量分数可比大气中多几百倍到一千倍以上。溶解于水的二氧化碳产生的游离碳酸，可溶解某些矿物，加速矿物的氧化进程。

水中常常溶解有各种氧化剂（如氧、二氧化碳、酸等）对矿物起破坏作用。它们与某些矿物起作用会产生强的氧化剂，这些氧化剂又能促使矿物进一步氧化，因此，氧化剂的存在是使矿物遭受氧化的重要因素。

（3）矿物的共生组合特点，对矿物的氧化也有一定的影响。一般说，凡是种类复杂的矿物共生或伴生时，其氧化速度较快，反之则慢。如方铅矿、闪锌矿、蓝铜矿在有黄铁矿存在时，其氧化速度要快 8~20 倍。单一的硫化物，氧化速度则比较慢。

此外，当溶液中（尤其是在碱性溶液中）存在着某些金属阳离子时，可以大大加快金属硫化物的氧化速度。

B 矿物氧化对选矿的主要影响

（1）氧化使矿石中的矿物成分复杂化，例如方铅矿-闪锌矿-黄铜矿矿石，经氧化后不仅残留着各种金属硫化物，同时还形成了新的次生矿物——铅矾、胆矾、菱锌矿、孔雀石、蓝铜矿、褐铁矿以及石膏等。这些次生矿物与原生矿物相比，可选性大为降低。甚至在某些情况下，由于某些次生矿物存在，而影响到整个选矿方法。

（2）许多金属矿物氧化后改变了原来的坚固的结构和构造特点，形成一系列土状和黏土矿物，使矿石中含泥量增高，例如长石类矿物氧化后形成高岭土或其他黏土矿物。由于泥化，将影响矿物的分选性能。

（3）矿物的氧化使矿石中矿物表面的物理化学性质也随着发生改变，影响有用组分的回收率，例如方铅矿氧化后表面形成一种白铅矿的薄膜；黄铜矿氧化后则形成一层孔雀石的薄膜。这种薄膜即使薄到 1μm 以下，也会引起矿物表面的可浮性发生改变，影响铅、铜的回收率。

（4）矿物氧化后，使原有矿物的物理化学性质发生改变，影响其选矿方法和流程，例如磁铁矿氧化后，形成赤铁矿、褐铁矿，使原矿石的磁性降低。又如假象在铁矿物中较普遍，对选矿工艺也有一定影响。

矿物的假象是指矿物的外形与它的内部构造及化学成分不一致的现象。如黄铁矿FeS_2的晶体经氧化变成褐铁矿 $Fe_2O_3 \cdot nH_2O$ 以后，但外形上，褐铁矿却保留黄铁矿的立方体或五角十二面体的形态，这样的褐铁矿，称为假象褐铁矿。又如磁铁矿 Fe_3O_4经氧化变成赤铁矿 Fe_2O_3后，仍保留着磁铁矿的八面体或菱形十二面体的外形，这样的赤铁矿称为假象赤铁矿。对假象赤铁矿的研究表明，赤铁矿置换磁铁矿通常是从晶粒的边缘开始，并沿裂隙向中心扩展，有的进行得很完全，看不到磁铁矿的残余体；有的进行得不完全，在矿物的中心还保留着磁铁矿的残余体，称为半假象赤铁矿。

假象赤铁矿，虽具磁铁矿的外形，但并无磁性，不能磁选。只有当氧化不完全时，才能根据内部残留磁铁矿的程度，考虑其磁选的可能性。

矿物氧化虽对某些矿物分选不利，但对另一些矿物的分选则可能是有利的。自然界中的某些矿物经氧化后可以形成新的次生矿床，或使金属组分进一步富集，可以提高金属的品位，故应在工作中根据实际情况作具体的分析和研究。

1.3.4.2　可溶性

矿物的可溶性是指矿物遇到水、酸等介质能发生溶解的性质。

当固体矿物放到水、酸等介质中，矿物表面的粒子（分子或原子）由于本身的振动及溶剂分子的吸引作用，离开矿物表面，进入或扩散到溶液中，这个过程称为溶解。

在溶解过程中，当已溶解溶质的粒子撞击着尚未溶解的溶质表面时，又可能重新被吸引住，回到固体表面上来，这就是结晶的过程。在单位时间内，从固体溶质进入溶液的粒子数和从溶液中回到固体上的粒子数相等时，溶解与结晶处于均等状态，整个溶液达到了暂时的平衡，固体就不再溶解。

当外界条件改变，平衡就被破坏，即溶解速度远大于结晶速度时，固体矿物才呈现溶解性。矿物在水中的可溶性，在常温、常压条件下，一般是硫酸盐、碳酸盐以及含有氢氧根和水的矿物易溶；大部分硫化物、氧化物及硅酸盐类矿物难溶。这主要取决于矿物的晶格类型及化学键、离子的半径大小和电价、阴阳离子半径之比以及 $(OH)^-$ 和 H_2O 的影响。此外，温度、压力、pH 值、溶剂的成分等外因都对矿物的可溶性有一定的影响。

矿物的可溶性与浮选工作的关系密切。矿物在不同的溶剂中的可溶性，在实际工作中，应根据实际情况作具体的分析和研究。

在我国的一些硫化铜矿床中，铜矿石在矿坑水或作业水的作用下，铜矿物发生溶解，形成含铜的水溶液。某些矿山将这些水溶液汇集起来，经过简单的置换处理，就得到铜的粉精矿，合理地利用了矿产资源。

我国近年来新兴起的细菌选矿，也是利用矿石中有用矿物在一定的介质、环境中的可溶性，用细菌浸出有用组分，再经过适当处理以回收有用矿物的一种方法。

复习思考题

1-1 什么是矿物和矿物组合，矿物的共生组合与伴生组合有什么不同？

1-2 晶体与非晶质体在本质上有什么区别？

1-3 决定晶体构造的主要因素有哪几个方面（从内因和外因两个方面进行分析）？

1-4 在实际晶体与空间格子中的最小组成单位的名称各是什么，用什么方法来表示它们的形状和大小，晶体的晶系是根据什么和怎样划分的？

1-5 简述单形、聚形、开形和闭形的概念和常见单形的名称及特征。

1-6 论述矿物物理性质的概念、研究的主要内容及其实际意义。

1-7 试从成因上说明矿物的自色、假色、他色的区别。

1-8 论述矿物的颜色、条痕、光泽、透明度的概念、相互关系以及鉴别这些性质时应注意的问题。

1-9 什么是矿物的解理、断口、裂开，并说明它们间的关系、本质上的区别及各自产生的原因和鉴别方法。

1-10 结合实际简述矿物的脆性与延展性、弹性与挠性的产生原因及区别。

1-11 论述矿物的压电性、放射性、发光性产生的原因及实用意义。

1-12 简述矿物化学元素的离子类型及性质。

1-13 举例说明矿物化学成分的类型、矿物化学成分复杂的原因及研究矿物化学成分的意义。

1-14 论述类质同象的概念、类型、形成条件及其研究意义。

1-15 论述胶体的概念、性质及其胶体矿物的形成过程与特点。

1-16 论述水在矿物中存在的形式、基本类型与性质。

1-17 论述矿物的氧化性、可溶性的概念及其与选矿的关系。

2 常见有用矿物

2.1 矿物的分类及命名

2.1.1 矿物的分类

为了揭示3000余种矿物间的相互联系及其内在规律，便于进一步掌握各种矿物的共性和个性，有必要对矿物进行合理的科学分类。从不同的研究目的出发，可以有不同的矿物分类法。目前常用的分类法有工业分类、成因分类和晶体化学分类3种。

2.1.1.1 矿物的工业分类

矿物的工业分类是根据矿物的不同性质和用途进行划分的。这种分类有利于矿物的工业利用，对选矿工作有实际意义。以下介绍主要工业矿物分类情况。

A 金属矿物类

钢铁基本原料金属矿（也称黑色金属矿物）包括铁、锰、铬、钛、钒的工业矿物。

有色金属矿物包括铜、铅、锌、铝、镁、镍、钴、钨、锡、钼、铋、汞、锑、铂族金属、金、银的工业矿物。

稀有金属矿物包括铌、钽、铍、锂、锆、铯、铷、铈族轻稀土、钇族重稀土以及锶的工业矿物。

分散元素包括锗、镓、铟、铊、铪、铼、镉、钪、硒、碲等10种元素。这些元素在地壳中的含量稀少，又很少形成独立的矿物和单独开采的矿床，主要赋存在铜、铅、锌等金属硫化物中。工业上主要是通过开采煤、铁、铝、铜、铅、锌等矿床，在选矿或冶炼时进行综合回收。

放射性金属矿物包括铀、钍的工业矿物。

B 非金属矿物类

冶金辅助原料非金属矿物包括菱镁矿、白云石、红柱石、蓝晶石、石英、方解石、萤石、蛇纹石、石棉等矿物。

化工原料非金属矿物包括磷的矿物、硫的矿物及钾盐、石膏、钾长石、方解石、雄黄、雌黄、毒砂、明矾石、硼砂、重晶石、滑石等矿物。

特种非金属矿物包括金刚石、水晶、冰洲石、光学萤石、白云母、金云母等矿物。

建筑材料及其他非金属矿物，这类矿物名目繁多，主要包括石棉、石墨、石膏、滑石、高岭石、长石、硅灰石、石英、方解石、萤石、石榴石、刚玉等矿物。

2.1.1.2 矿物的成因分类

矿物的成因分类是从矿物成因的角度来研究矿物的特点，以便找出它们之间的分布规律。这种分类法，对于阐明矿石中元素的赋存规律、矿物形态、共生组合、结构构造等特性均具有重要意义。按这种分类法将自然界中的矿物分为三大类。

A 内生成因矿物

内生成因的矿物，是黑色金属、有色金属、稀有稀土金属等矿产资源的主要来源。这类矿物的形成主要与岩浆活动有关。因形成时的地质条件各异，故矿物的种类和共生特点也各不相同。因此，可分为岩浆型矿物、伟晶型矿物和气成热液型矿物。

B 外生成因矿物

外生成因矿物作用是在低温、低压条件下进行的。根据矿物形成时外力地质条件的不同，可分为风化型矿物和沉积型矿物。

C 变质成因矿物

原来形成于内力地质作用和外力地质作用的矿物，后来受到变质作用，又可形成相应种类和特点的新矿物。根据矿物形成时变质条件的不同，将其分为接触变质型和区域变质型矿物。

2.1.1.3 矿物的晶体化学分类

矿物的晶体化学分类是以矿物的化学成分和晶体结构为依据的矿物分类法。它有利于阐明各种矿物本身及相互间的内在规律和联系，是一种比较适用于教学的分类方法。

晶体化学分类的体系和原则：

（1）大类。化合物类型和化学键相同或相似的矿物归为一个大类，如含氧盐大类等。

（2）类。在大类范围内，把具有相同阴离子或络阴离子的矿物归并为一个类，如含氧盐大类中的硅酸盐类等。

（3）亚类。在某些类中，若矿物中的络阴离子在结构上有所不同时，可再分为亚类，如硅酸盐类中的架状结构硅酸盐亚类等。

（4）族。在同一个类或亚类中，将化学成分类似晶体结构相同的矿物，划分为一个族，如架状结构硅酸盐亚类中的长石族等。

（5）亚族。若族过大，则可根据阳离子的种类划分出亚族，如长石族中的钾钠长石亚族、斜长石亚族等。

（6）种。具有一定晶体结构和化学成分的矿物定为一个矿物种，如正长石、斜长石等。它是矿物分类的基本单位。

（7）亚种。也称变种或异种。属于同一个种的矿物，因在次要成分或物性等方面稍有差异，划分为某一矿物的亚种，如钴黄铁矿（Fe，Co）S_2和紫水晶 SiO_2等，分别将它们称为黄铁矿和石英的亚种。

2.1.2 矿物的命名

自然界已发现的矿物，每一种都有自己固定的名称。矿物命名有各种不同的依据，但归纳起来主要有以下几点：

（1）以化学成分命名的，如自然金 Au、钨锰铁矿（Mn、Fe）WO_4等。

（2）以物理性质命名的，如孔雀石（孔雀绿色）、重晶石（密度大）等。

（3）以晶体形态命名的，如石榴石（晶形状似石榴籽）、十字石（双晶呈十字形）。

（4）以成分及物理性质命名的，如黄铜矿（$CuFeS_2$、铜黄色）、磁铁矿（Fe_3O_4、具磁性）等。

（5）以晶体形态及物理性质命名的，如绿柱石（绿色、柱状晶体）和红柱石（红色、柱状晶体）等。

（6）以地名命名的，如高岭石（江西省高岭地方产者最著名）等。

（7）以人名命名的，如章氏硼镁石即鸿钊石，是为纪念我国地质学家章鸿钊而命名的。

此外，我国习惯上对于呈现金属光泽的或者可以从中提炼出金属的矿物，往往称为××矿，如黄铜矿、方铅矿等；对于非金属光泽的矿物，往往称为××石，如方解石、正长石等；对于宝石类矿物，常称为×玉，如刚玉、软玉等；对于地表次生的并呈松散状的矿物，称为×华，如钴华、钼华、钨华等。

2.2　自然元素矿物

在自然界能以元素单质形式产出的矿物，称为自然元素矿物。目前已知的自然元素矿物约有90种，约占地壳总重量的0.1%。分布极不均匀，其中有些可富集成具有工业意义的矿床，像自然金、自然铜、自然铂、金刚石和石墨等。能形成单质矿物的化学元素及其在周期表中的位置见表2-1。

表2-1　能形成自然元素矿物的元素

	Ⅰa	Ⅱa	Ⅲb	Ⅳb	Ⅴb	Ⅵb	Ⅶb	Ⅷ			Ⅰb	Ⅱb	Ⅲa	Ⅳa	Ⅴa	Ⅵa	Ⅶa	0
1																		
2														C				
3																S		
4								Fe	Co	Ni	Cu	Zn			As	Se		
5								Ru	Rh	Pd	Ag		In	Sn	Sb	Te		
6								Os	Ir	Pt	Au	Hg		Pb	Bi			
7																		

组成自然元素矿物的元素有金属、半金属和非金属元素。金属元素主要为R族元素Ru、Rh、Pd、Os、Ir、Pt和Cu、Au、Ag等；半金属元素为As、Sb、Bi；非金属元素主要为C和S。这些元素之所以能呈单质形式产出，有的是由于化学性质的惰性，如Au、Pt等；有的虽然化学性质比较活泼，但它们在适当的地质条件下，易于从化合物中还原出来，如Cu、Ag等。

自然元素矿物的晶格类型有3种，即金属晶格、原子晶格和分子晶格。由于晶格类型的不同，所以表现出矿物的物理性质各不相同。

由金属元素所构成的矿物，具有典型的金属键性。在金属晶格中，由于等大质点作立方或六方最紧密堆积，结构型比较简单。一般说来，对称程度较高，晶体多为等轴晶系或六方晶系。多数为等轴晶系，具立方面心格子的铜型结构，例如自然铜、自然金。少数为六方晶系，具六方格子，例如自然锇。由于元素类型相似和原子半径很相近，故矿物在成分上类质同象现象广泛。由于质点之间是以金属键相联结，所以金属元素矿物具有典型的金属特性，如呈金属色，不透明，金属光泽，解理不发育，硬度低，密度大，是电和热的良导体，具延展性等。

由半金属元素构成的矿物，具有歪曲了的 NaCl 型晶胞，形成略显层状的菱面体晶格，层内为共价键-金属键，具平行｛0001｝完全解理，晶体均属三方晶系。As、Sb、Bi 的化学性质虽有某些相同点，但金属性依次递增，原子量依次增大，故使它们构成的矿物，金属性也随之增强，相对密度增大。均不具金属的延展性。

由非金属元素 C 和 S 组成的单质矿物，由于晶体具有不同的化学键型，所以矿物的物理性质也各有差异。C 有两个同质多象变体，一为金刚石，一为石墨。金刚石的晶体结构具立方面心晶格。碳原子间以共价键联结。致使金刚石具有高硬度、高熔点、不导电、难导热等特点。石墨具有典型的层状结构，层内具有共价键-金属键，层与层之间为分子键，由于层间连接力弱，故在物性上为低硬度、低熔点、具良好的导电性、有一组平行｛0001｝极完全解理等特点。S 在自然界有 3 个同质多象变体，最常见的是自然硫（α-硫），它由 8 个硫原子以共价键连接成 S_8环状分子，环状分子间为分子键联结，所以它的硬度低、熔点低、导电导热性差。

自然元素矿物在成因上是很不相同的。铂族元素矿物与基性、超基性岩浆作用有成因上的联系，见于岩浆矿床中。金属及半金属元素矿物多与热液作用有关，其中自然铜常见于硫化矿床氧化带，金、银矿物多属热液成因。金刚石在成因上与超基性岩关系密切。石墨主要形成于变质作用过程中。自然硫多与气化热液作用及沉积作用有关，见于火山气液矿床和生物化学沉积矿床中。

常见自然元素矿的特征见表 2-2。

表 2-2　常见自然元素矿物特征表

矿物名称及化学成分	矿物形态	矿物性质	鉴定特征	用　途
（1）自然金 Au。常含有 Ag、Bi、Pt、Cu、Pd 等，当银的质量分数达 10%～15%时称为银金矿	等轴晶系。晶体以八面体为主，其次是菱形十二面体。通常呈分散粒状或不规则树枝状集合体。偶尔成较大块体	金黄色，含银时颜色变浅。条痕为光亮的金黄色。金属光泽。无解理。断口锯齿状。硬度 2.5～3。相对密度 15.6～18.3（纯金 19.3）。具有延展性。热和电的良导体。化学性质稳定，不溶于酸，只溶于王水	以金黄色、强金属光泽、富延展性、硬度低、相对密度大、化学性质稳定为特征。与黄铁矿、黄铜矿易混淆，但黄铁矿、黄铜矿均具脆性，条痕均为黑带绿色。矿粉在硝酸中加热能溶解，而自然金既不溶解也不起变化	金矿石的有用矿物。纯金用于电子工业及尖端技术

续表 2-2

矿物名称及化学成分	矿物形态	矿物性质	鉴定特征	用　途
（2）自然铜 Cu。常含有少量的 Au、Ag、Fe 等。次生自然铜较为纯净	等轴晶系。晶体少见。通常呈不规则树枝状、片状、粒状等集合体	铜红色，表面常有蓝、绿、黑等锖色。条痕为光亮的铜红色。金属光泽。无解理。断口锯齿状。硬度 2.5～3。相对密度 8.5～8.95。富延展性。热和电的良导体	以铜红色、表面常带锖色、富延展性、易溶于稀硝酸以及经常与孔雀石和蓝铜矿伴生为特征。矿粉溶于稀硝酸中使溶液呈绿色，加过量的氨水则使溶液变成深蓝色	铜矿石的有用矿物。用于电气工业、机械工业及国防工业
（3）金刚石 C。带色和不透明者常含有 Al、Si、Ca、Mg、Ti、Fe 等杂质。金刚石晶体常含有石墨、铬铁矿等包裹体	等轴晶系。晶体通常呈八面体、菱形十二面体。晶面、晶棱常弯曲，棱角呈浑圆状，晶面上常有三角形、四边形、锥形等蚀象	质纯的金刚石为无色、透明，但由于微量元素的混入使金刚石呈不同的颜色，含铬呈天蓝色；含铝呈黄色，还有呈褐色、烟灰色者。标准金刚光泽。解理中等。断口贝壳状。硬度 10。相对密度 3.51～3.52。性脆。具发光性	极高的硬度、标准的金刚光泽、晶体轮廓呈浑圆状、具发光性等特征。与石英易混淆，但石英在荧光灯照射下不发光，此外二者的光泽、硬度、相对密度也都有明显的差别	用于切削工具材料、研磨材料等。晶体完美、色彩鲜艳者可作宝石
（4）石墨 C。成分纯净的很少，常含有 Si、Al、Fe、Mg、Cu 等氧化物以及水、沥青、黏土等杂质	六方晶系。晶体呈六方板状、片状。通常呈鳞片状、块状或土状集合体	铁黑至钢灰色。条痕为光亮的黑色。金属光泽至半金属光泽。隐晶质集合体则光泽暗淡。不透明。极完全解理。硬度 1～2。相对密度 2.09～2.26。薄片具挠性。有滑感，易污手。电的良导体	以铁黑色、条痕亮黑色、一组极完全解理、硬度低、相对密度小、有滑感为特征。和辉钼矿相似，但辉钼矿用针扎后留有小圆孔，而石墨用针一扎即破	用于制造高温坩埚、电极、电刷、润滑剂、铅笔芯等。高碳石墨可作原子能反应堆中的中子减速剂
（5）自然硫 S。成分一般不纯净，沉积的自然硫常混杂有机质、泥质和沥青质。火山成因的 S 往往含有少量的 As、Se、Te 等类质同象混入物	斜方晶系。晶体呈双锥状或厚板状。通常呈致密块状、粉末状、被膜状、钟乳状等集合体	带有各种色调的黄色，也有呈蜜黄色或黄棕色。条痕白色至浅黄色。晶面金刚光泽，断口油脂光泽。透明至半透明。解理不完全。硬度 1～2。相对密度 2.05～2.08。性脆。溶点低。有臭味	以黄色、光泽、硬度小、性脆、易燃（燃烧时生成二氧化硫的蓝色火焰，发出硫臭味）及易熔为特征	用于生产硫酸、造纸、橡胶、炸药、农肥等

2.3　硫化物及其类似化合物矿物

硫化物是金属或半金属元素与硫结合而成的天然化合物。硫化物矿物已发现的有300多种，其重量约占地壳总重量的0.15%。尽管它们的分布量是如此有限，却可以富集成具有工业意义的矿床。

自然界形成硫化物矿物的化学元素及其在周期表中的位置，见表2-3。

表2-3　形成硫化物及其类似化合物的元素

	Ⅰa	Ⅱa	Ⅲb	Ⅳb	Ⅴb	Ⅵb	Ⅶb	Ⅷ			Ⅰb	Ⅱb	Ⅲa	Ⅳa	Ⅴa	Ⅵa	Ⅶa	0
1																		
2																		
3																S		
4					V		Mn	Fe	Co	Ni	Cu	Zn	Ca	Ge	As	Se		
5						Mo		Ru	Rh	Pd	Ag	Cd	In	Sn	Sb	Te		
6						W	Re	Os	Ir	Pt	Au	Hg	Tl	Pb	Bi			
7																		

硫化物的化学组成中，阴离子主要是S，有少量Se、Te、As等。阳离子主要是铜型离子以及过渡型离子，其中主要是Cu、Pb、Zn、Ag、Hg、Fe、Co、Ni等，它们与S、Se、Te、As等有明显的亲和力，形成硫化物以及硒化物、碲化物、砷化物等类似化合物。在硫化物中As、Sb、Bi既可作阳离子又可充当阴离子，起双重作用。

硫化物中阴离子硫可以具有不同的价态，大部分硫以S^{2-}的形式与阳离子结合，形成简单硫化物，也可以对硫$[S_2]^{2-}$的形式与阳离子结合，形成对硫化合物（复硫化合物），还可以与As、Sb等组成络阴离子团$[AsS_3]^{2-}$、$[SbS_3]^{2-}$等形式与阳离子结合，形成硫盐。

该类矿物类质同象现象很广泛，有完全类质同象代替，如方铅矿中，Se代替S可以形成方铅矿（PbS）-硒铅矿（PbSe）的完全类质同象系列；不完全类质同象代替，如闪锌矿（Zn、Fe)S中Fe的质量分数不超过26%。特别是一些稀有分散元素，常以类质同象混入物的形式存在于金属硫化物中，如辉钼矿中含Re、闪锌矿中含Cd等。

硫化物矿物的晶体中，阳离子的配位多面体主要为八面体和四面体。少数为三角形、柱状或其他的多面体形态。属于八面体配位结构的矿物有方铅矿、磁黄铁矿、红砷镍矿、辰砂、黄铁矿等；属于四面体配位结构的矿物有闪锌矿、纤锌矿、黄铜矿等。如在闪锌矿晶体结构中，硫离子呈立方最紧密堆积，锌离子充填了它的半数四面体，Zn^{2+}和S^{2-}的配位数均为4。此外，还有呈链状和层状结构的硫化物，前者如辉锑矿、辉铋矿等，后者如辉钼矿、雌黄等。

从化合物类型看，硫化物应属离子化合物，但它的一系列物理性质却与具有典型离子晶格的晶体有明显的差别。这是由于在硫化物的化学组成中，其阳离子半径较小，电荷较高，极化力强，而阴离子半径大，易被极化，因而致使化学键的性质具有明显的过渡性，如有些硫化物表现出离子键向共价键的过渡（如闪锌矿、辰砂等）；而有的则为离子键向金属键的过渡（如方铅矿、黄铜矿等）。此外，在硫化物矿物中，还存在有多键型晶格，例如具有链状和层状结构的硫化物中，链与链、层与层之间主要由分子键力联结。

硫化物矿物晶格中的键型，是决定此类矿物一些主要物理性质的重要因素。键型具有明显金属键性质的矿物，都呈现金属光泽、金属色；而键型具有明显共价键性质的矿物，则为金刚光泽、呈彩色、透明或半透明、不导电；具有分子键的链状或层状矿物，常沿链或层的方向发育一组完全解理。此外，大多数硫化物密度较大，一般在 4 以上；硬度较低，一般在 5 以下；易产生解理。

金属硫化物的疏水性较好，其中向共价键过渡的硫化物比向金属键过渡的硫化物的疏水性弱，故硫化物的可浮性与其内部晶格类型也有密切关系。

硫化物矿物形成的范围很广，从内生到外生都有它的产出。

在内生的岩浆作用的晚期，可以形成 Fe、Ni、Cu 的硫化物；在伟晶岩作用中，可以形成少量的硫化物；绝大部分硫化物是热液作用的产物。

在表生的风化作用过程中，在次生硫化富集带中可以形成铜的次生硫化物，如辉铜矿、铜蓝、斑铜矿等；在沉积作用中，一些硫化物如黄铁矿和白铁矿形成于硫化氢存在的还原条件下。

硫化物矿物在水中溶解度很小或不溶解，在地表的氧化条件下，不稳定易于分解，并形成新矿物；大部分硫化物矿物可在硝酸中分解，并析出硫黄。

硫化物矿物是提取有色金属和部分分散元素的主要原料。随着科学技术的发展，在半导体、红外技术、激光等方面越来越显示出重要作用。

根据阴离子特点可分为以下 3 类：

（1）简单硫化物。硫呈阴离子 S^{2-} 与阳离子结合成简单硫化物，如方铅矿（PbS）、闪锌矿（ZnS）等。

（2）复硫化物。阴离子呈哑铃状对硫 $[S_2]^{2-}$、对砷 $[As_2]^{2-}$ 以及 $[AsS]^{2-}$、$[SbS]^{2-}$ 等与阳离子结合成复硫化物，如黄铁矿（FeS_2）、毒砂（FeAsS）等。

（3）硫盐。硫与半金属元素 As、Sb、Bi 结合组成络阴离子团，如 $[AsS_3]^{3-}$、$[SbS_3]^{3-}$ 等形式，然后再与阳离子结合成硫盐，如硫砷银矿（Ag_3AsS_3）、黝铜矿（$Cu_{12}As_4S_{13}$）等。

常见硫化物矿物及其类似化合物矿物特征见表 2-4。

表 2-4　常见硫化物矿物及其类似化合物矿物特征表

矿物名称及化学成分	矿物形态	矿物性质	鉴定特征	用　途
（1）方铅矿 PbS。$w(Pb) = 86.6\%$，$w(S) = 13.4\%$。混入物中 Ag 最为常见，其次是 Cu、Zn，有时含有 Fe、Bi 等	等轴晶系。晶体常呈立方体或立方体与八面体的聚形。集合体通常呈粒状、致密块状	铅灰色。条痕灰黑色。金属光泽。不透明。立方体解理完全。硬度 2～3。相对密度 7.4～7.6。具弱导电性，良检波性	以铅灰色、强金属光泽、立方体完全解理、相对密度大、硬度小为特征。若矿物呈细粒状肉眼难识别时，可加 KI 和 $KHSO_4$ 与矿粉一起研磨，若显黄色者为方铅矿	铅矿石的有用矿物

续表 2-4

矿物名称及化学成分	矿物形态	矿物性质	鉴定特征	用　途
（2）闪锌矿 ZnS。w（Zn）= 67.1%，w(S) = 32.9%。若含铁质量分数超过 10%时称为铁闪锌矿。此外常含有 Mn、In、Cd 等类质同象混入物	等轴晶系。晶体常呈四面体或与立方体，菱形十二面体组成聚形，在四面体的晶面上常有三角形聚形纹。通常呈粒状集合体，有时呈同心圆状	颜色、条痕、光泽和透明度随含铁量而变化，含铁量由少到多，颜色由浅黄、棕黄直至黑色。条痕由白色到褐色，光泽由金刚光泽到半金属光泽。透明到半透明。菱形十二面体解理完全。硬度 3.5~4。相对密度 3.9~4.2。不导电	以晶形、光泽、完全解理、硬度低为特征。与石榴石相似，但石榴石硬度大，小刀刻不动。解理极差。与黑钨矿相似，但黑钨矿常呈板状晶形。一组完全解理。相对密度大	锌矿石的重要有用矿物
（3）辰砂 HgS。w(Hg)= 86.2%，w(S)= 13.8%。常含有少量的机械混入物 Fe、Se 等	三方晶系。晶体常呈菱面体或厚板状。通常集合体呈分散粒状，有时呈致密块状、粉末状、皮壳状等	暗红色到鲜红色，有时带铅灰色的锖色。条痕鲜红色。金刚光泽，暗色者显金属—半金属光泽。晶体薄片半透明。六方柱解理完全。硬度 2~2.5。性脆。相对密度 8.05。不导电	以鲜红的颜色和条痕、相对密度大为特征。与雄黄相似，但雄黄的颜色和条痕都是橘红色	用于制造药品、雷管和物理仪器等。单晶可作激光调制晶体
（4）辉铜矿 Cu_2S。w（Cu）= 79.86%，w(S)= 20.14%。常含 Ag，有时含 Fe、Co、Ni 等混入物	斜方晶系。晶体少见。晶形呈短柱状或厚板状。集合体通常呈致密块状、粉末状（与煤烟灰相似）	铅灰色，表面常带锖色。粉末状辉铜矿为黑色。条痕暗灰色。金属光泽（但风化后不久即变为黑色无光彩）。不透明。解理不完全。硬度 2~3。相对密度 5.5~5.8，略具延展性。电的良导体	以铅灰色、硬度小、弱延展性、小刀刻划时留下光亮的沟痕为特征。在硝酸中溶解，呈绿色。将小刀置于溶液中可镀上金属铜	含铜量高，是重要的铜矿石的有用矿物
（5）磁黄铁矿 Fe_{1-x}。S 化学成分近似于 FeS。式中 x=0~0.2。一般理论值 w(Fe)=63.53%，w(S)=36.47%。但实际含硫质量分数可达 39%~40%。有时含 Ni、Cu、Co 等类质同象混入物	六方晶系。晶体呈六方板状、柱状或桶状，但很少见。通常呈致密块状或粒状集合体	暗青铜黄色，表面常呈暗褐锖色。条痕灰黑色。金属光泽。不透明。解理不完全。硬度 4。相对密度 4.58~4.70。具弱磁性和导电性	青铜黄色，硬度低，吹管火焰烧之熔成磁性的黑色块体	用于提取硫，制作硫酸等

续表 2-4

矿物名称及化学成分	矿物形态	矿物性质	鉴定特征	用　途
（6）镍黄铁矿 $(Fe,Ni)_9S_8$。当 Fe : Ni = 1 时，$w(Fe) = 32.55\%$，$w(Ni) = 34.22\%$，$w(S) = 33.23\%$，常含有少量的类质同象混入物 Co，有时含 Se、Te 等	等轴晶系。晶体少见。多呈不规则粒状或粒状集合体；常呈叶片状或火焰状规则连生于磁黄铁矿中，也常呈微粒或细脉被包裹在其他矿物中的颗粒中	古铜黄色，条痕绿黑色。金属光泽。八面体解理完全。硬度 3～4。相对密度 4.5～5。无磁性	通常呈极细的析出体，连生在磁黄铁矿中，肉眼难以识别；只有颗粒粗大时，可据较淡的色调，完全的八面体解理和不具磁性与磁黄铁矿相区别。进一步鉴定用试镍反应将矿粉放在玻璃片上用硝酸加热溶解，再加氨水使铁沉淀，移液到瓷板上，加一滴二甲乙醛二肟酒精溶液，若显桃红色表示有镍反应	是提取镍的主要矿石矿物
（7）铜蓝 CuS。$w(Cu) = 66.48\%$，$w(S) = 33.52\%$。通常含有 Fe 和少量的 Se、Ag、Pb 等混入物	六方晶系。晶体呈细薄的六方板状或片状。通常呈粉末状、煤烟状或被膜状集合体	靛青蓝色，遇水后稍带紫色。条痕灰黑色。暗淡至金属光泽。不透明。一组解理完全。硬度 1.5～2。相对密度 4.59～4.67。薄片稍具弹性。性脆。当薄片极薄时透绿光	靛青蓝色和硬度低为特征。有时容易与表面呈蓝色锖色的斑铜矿混淆，但只要用小刀刻划一下，使其露出新鲜面，如仍呈蓝色则为铜蓝，如呈现古铜红色则为斑铜矿	含铜很高通常与其他铜矿物一起作为铜矿石利用
（8）黄铜矿 $CuFeS_2$。$w(Cu) = 34.56\%$，$w(Fe) = 30.52\%$，$w(S) = 34.92\%$。常含有少量的 Au、Ag、Se、Te 等混入物	四方晶系。晶体少见。通常呈致密块状或分散粒状集合体。有时呈脉状	铜黄色、绿黄色。表面常呈暗黄、蓝、紫等斑状锖色。条痕绿黑色。金属光泽。不透明。贝壳状至不平坦状断口。硬度 3～4。相对密度 4.1～4.3。性脆。导电性良好	颜色、条痕、硬度小于刀为特征。与黄铁矿相似，但当矿物颗粒较大时，以硬度和较深的黄铜色，可与黄铁矿区别。当矿物颗粒细小时，将矿物颗粒置于锌板上加盐酸，如表面被染成褐黑色则为黄铜矿，黄铁矿不染色	铜矿石的有用矿物
（9）斑铜矿 Cu_5FeS_4。$w(Cu) = 63.33\%$，$w(Fe) = 11.12\%$，$w(S) = 25.55\%$。常含有 Ag，并经常含有黄铜矿、辉铜矿、铜蓝等显微包裹体	等轴晶系。晶体少见。可见有立方体，立方体和八面体聚形。通常呈致密块状或不规则粒状集合体	暗铜红色，表面常呈暗紫或暗蓝色斑状锖色。条痕灰黑色。金属光泽。无解理。不透明。硬度 3。相对密度 4.9～5.0。性脆。具导电性	特有的暗铜红色。蓝紫斑状锖色。硬度低为特征。溶于硝酸和有铜的绿色或蓝色的焰色反应	含铜量较高，是炼铜的重要矿物原料

续表 2-4

矿物名称及化学成分	矿物形态	矿物性质	鉴定特征	用途
（10）雌黄 As_2S_3。$w(As)=61.91\%$，$w(S)=39.09\%$。含 Sb 质量分数可达 2.7%，含 Se 质量分数达 0.04%，有时含微量的 V、Hg 等类质同象混入物	单斜晶系。晶体呈短柱状或板状。晶面常弯曲，有平行柱面的纵纹。通常呈片状、梳状、放射状、肾状、皮壳状、粉末状集合体	柠檬黄色或绿黄色。条痕鲜黄色。油脂光泽至金刚光泽，解理面上呈珍珠光泽。半透明。一组极完全解理。薄片具挠性。硬度 1~2。相对密度 3.4~3.5。熔点低（320℃）。烧时发蒜臭味	柠檬黄色，硬度低，一组完全解理为特征。与自然硫相似，但自然硫解理不完全，条痕黄白色，相对密度较小，故可区别	砷矿石的重要有用矿物
（11）雄黄 AsS。$w(As)=70.1\%$，$w(S)=29.9\%$。成分较纯	单斜晶系。晶体少见。通常呈细小的柱状或针状。柱面有细的纵纹。集合体呈粒状、致密块状、土状块体、粉末状、皮壳状等	橘红色、暗红色、表面有时有铅灰色锖色。条痕淡橘红色。晶面金刚光泽，断口呈树脂光泽。一组完全解理。透明至半透明。硬度 1~2。相对密度 3.4~3.6。阳光久照发生破坏，转变为淡橘红色粉末	以橘红色、条痕淡橘红色及硬度低为特征。与辰砂相似，但辰砂的条痕为鲜红色，相对密度大。此外，雄黄以吹管烧之产生白烟，并发出蒜臭味	为提取砷的主要矿石矿物
（12）辉锑矿 Sb_2S_3。$w(Sb)=71.4\%$，$w(S)=28.6\%$。含少量的 As、Bi、Pb、Fe、Cu 等杂质，有时也含有 Au 和 Ag，其中绝大部分元素为机械混入物	斜方晶系。晶体呈柱状、针状，柱面上有纵纹。晶体常弯曲。通常呈柱状、针状、放射状集合体	铅灰色或钢灰色。表面常有蓝色的锖色。条痕灰黑色。金属光泽。柱面解理完全。解理面上常有横纹（聚片双晶纹）。硬度 2~2.5。相对密度 4.5~4.6。性脆	铅灰色。柱面上有纵纹，解理面上有横纹。将 KOH 滴在辉锑矿上可呈橘黄色，随后变成橘红色	锑矿石的有用矿物
（13）辉钼矿 MoS_2。$w(Mo)=59.94\%$，$w(S)=40.06\%$。常含有 Re、Se 类质同象混入物	六方晶系。晶体呈六方板状或片状。在底面上常见到彼此以 60° 相交的晶面条纹。通常呈片状或鳞片状集合体	铅灰色。条痕在紫瓷板上为亮灰色，在涂釉瓷板上为黄绿色（根据这一特征可与石墨相区别）。金属光泽。一组极完全解理。不透明。硬度 1。相对密度 4.7~5.0。薄片具挠性。有滑感。不导电	以颜色、条痕、光泽、一组极完全解理、硬度低为特征。辉钼矿以其片状、极完全解理可与方铅矿、辉锑矿区别。以相对密度大、光泽强、颜色较浅以及条痕可与石墨相区别。在酸中很难溶解，但完全溶于王水	钼矿石的重要有用矿物

续表 2-4

矿物名称及化学成分	矿物形态	矿物性质	鉴定特征	用　途
(14) 辉铋矿 Bi_2S_3。$w(Bi)=81.30\%$, $w(S)=18.7\%$。常含有少量的 Pb、Cu、Fe、Sb、Se 等类质同象混入物	斜方晶系。晶体呈柱状或针状。晶面大多具有纵纹。通常呈柱状、针状、放射状、粒状、致密块状集合体	略带铅灰的锡白色。表面常有黄色和蓝色的锖色。条痕灰黑到铅灰色。金属光泽。一组完全解理。不透明。硬度 2~2.5。相对密度 6.4~6.8	以颜色、较强的金属光泽、解理面上无横纹、与 KOH 不起反应等可与辉锑矿区分。辉铋矿与辉锑矿不共生	铋矿石的重要有用矿物
(15) 黄铁矿 FeS_2。$w(Fe)=46.55\%$, $w(S)=53.45\%$。常含有 Co、Ni 等类质同象混入物和 Au、Ag、Cu 等杂质	等轴晶系。晶体常呈立方体、五角十二面体，呈八面体者少见。在立方体或五角十二面体相邻晶面上常见有相互垂直的晶面条纹。集合体常呈粒状、致密块状、结核状	浅铜黄色。表面常有黄褐色锖色。条痕绿黑色。强金属光泽。不透明。断口参差状。硬度 6~6.5。相对密度4.9~5.2。性脆	以晶形、晶面条纹、硬度大于刀等特征可与黄铜矿、磁黄铁矿区别	制取硫酸的原料
(16) 白铁矿 FeS_2。白铁矿与黄铁矿为 FeS_2 的同质二象变体。$w(Fe)=46.55\%$, $w(S)=53.45\%$。常含有 As、Sb、Bi、Ni、Co、Cu 等混入物	斜方晶系。晶体通常呈板状，较少呈短柱状。有时呈锥状、矛头状、鸡冠状。晶面常弯曲，并有细条纹集合体，呈球状、结核状、肾状、钟乳状等	淡黄铜色、微带浅灰或淡绿色调，新鲜面近于锡白色（较黄铁矿色浅）。条痕暗灰绿色。金属光泽。不透明。断口不平坦。硬度 6~6.5。相对密度 4.85~4.9	白铁矿与黄铁矿相似。晶形好时可据晶形、颜色相区别。但颗粒细小时则需将白铁矿小块置于3%（质量分数）的 $AgNO_3$ 溶液内煮沸，开始呈烟草棕色，后成棕红色，最后变成蓝色锖色，而黄铁矿就只变成浅棕色	制取硫酸的主要原料
(17) 毒砂 FeAsS。$w(Fe)=34.30\%$, $w(As)=46\%$, $w(S)=19.7\%$。常含有 Co、Ni 等类质同象混入物。有时含微量的 Au、Ag 等机械混入物	单斜晶系。晶体常呈柱状、短柱状。晶面有纵纹。集合体呈柱状或致密块状	银白、锡白到钢灰色。表面常带浅黄的锖色。条痕灰黑色。金属光泽。不透明。解理不完全。硬度 5.5~6。相对密度 5.9~6.2。性脆。敲击时发出 As 的蒜臭味	以锡白色、晶面纵纹、较高的硬度、锤击时发出蒜臭味为特征	提取砷或各种砷化物的矿物原料

2.4 氧化物和氢氧化物矿物

氧化物和氢氧化物是一系列金属阳离子和某些非金属阳离子（如 Si 等）与 O^{2-} 或 $(OH)^-$ 形成的化合物。与 O^{2-} 和 $(OH)^-$ 组成化合物的元素有 40 多种（见表 2-5），其中 Fe、Mn、Al、Cr、Ti、Sn、Nb、Ta、U、Th、TR 等的主要矿石矿物均为氧化物和氢氧化物。氧化物和氢氧化物的种数已发现有 200 多种。它们在地壳中分布广泛，占地壳总重量的 17%左右，其中石英族矿物就占 12.6%，铁的氧化物和氢氧化物占 3.9%。其次是铝、锰、钛、铬的氧化物或氢氧化物。

表 2-5 形成氧化物和氢氧化物矿物的主要元素

	Ⅰa	Ⅱa	Ⅲb	Ⅳb	Ⅴb	Ⅵb	Ⅶb	Ⅷ			Ⅰb	Ⅱb	Ⅲa	Ⅳa	Ⅴa	Ⅵa	Ⅶa	0
1	H																	
2		Be														O		
3	Na	Mg											Al	Si				
4	K	Ca		Ti	V	Cr	Mn	Fe		Ni	Cu	Zn			As	Se		
5			Y	Zr	Nb	Mo					Ag	Cd		Sn	Sb	Te		
6		Ba	La		Ta	W						Hg	Tl	Pb	Bi			
7				Tn	U	Ce												

阴离子 O^{2-} 和 $(OH)^-$ 具有几乎相同的离子半径，一般为 0.132nm，远大于一般阳离子。在晶体结构中，常呈立方或六方最紧密堆积，而阳离子充填其四面体或八面体空隙中，即阳离子为四次或六次配位，这种情况是比较多见的。氧化物中的化学键以离子键为主，在二价金属氧化物中比较典型。随着阳离子电价的增加，即三价及四价金属氧化物，其键型有向共价键过渡的趋势。在氢氧化物结构中，由 $(OH)^-$ 或 O^{2-} 共同形成紧密堆积，在后一种情况下 $(OH)^-$ 和 O^{2-} 通常成互层分布。氢氧化物的晶体结构主要是层状或链状，在氢氧化物晶体结构中，层内、链内为离子键，层间、键间则为分子键或氢键。由于分子键或氢键的存在，以及 $(OH)^-$ 的电价较 O^{2-} 的低而导致阳离子与阴离子间键力的减弱，因此与相应的氧化物比较，其相对密度和硬度都减小。

氧化物的类质同象现象很普遍，不仅有等价的而且也有异价的类质同象，化学性质相近的元素往往在矿物的类质同象中成组出现。

等价的类质同象离子主要有：Mg^{2+}—Fe^{2+}—Mn^{2+}，Al^{3+}—Cr^{3+}—V^{3+}—Fe^{3+}—Mn^{3+}，La^{3+}—Ce^{3+}—Y^{3+}，Th^{4+}—U^{4+}，Nb^{5+}—Ta^{5+}。

异价的类质同象离子主要有：Ti^{4+}—Nb^{5+}，Sn^{4+}—Nb^{5+}，Fe^{2+}—Ti^{4+}，Fe^{3+}—Ti^{4+}，Na^+—Ca^{2+}—Y^{3+}—Ce^{3+}。异价类质同象所导致的电价不平衡，主要通过另一对异价离子替换来补偿，如金红石中的 Ti^{4+} 被 Nb^{5+} 替换引起电价不平衡，而由 Fe^{2+} 同时替换 Ti^{4+} 来平衡，即 1 个 Fe^{2+} 和 2 个 Nb^{5+} 同时替换 3 个 Ti^{4+}，它们替换前后总的电价不变。

氧化物中普遍存在的类质同象混入物，若是有益元素则有利于综合利用；若为有害元素则会造成某些精矿中有害杂质增高，以及所含金属之间不能分选而造成的金属损失。

本类矿物的晶形一般较发育，氧化物多呈粒状，氢氧化物多呈针状、柱状、鳞片状，其集合体多为块状、土状及胶状出现。氧化物的物理性质以硬度最为突出，一般均在 5.5 以上。由 Mg、Al、Si 等惰性气体型离子组成的氧化物和氢氧化物，通常呈浅色或无色半透明至透明，以玻璃光泽为主。而由 Fe、Mn、Cr、Ti 等过渡型离子组成的氧化物和氢氧化物，则颜色深暗，各矿物的条痕具有明显的鉴别意义，矿物微透明或不透明，表现出半金属光泽，具有强弱不等的磁性。氧化物的熔点高，溶解度低，其物理性质和化学性质是比较稳定的。

对于变价元素而言，低价氧化物多在内生作用下形成，高价氧化物多在外生条件下形成；氢氧化物主要是岩石和矿床的风化产物。氢氧化物形成后，经过变质作用或脱水，可转变为无水的氧化物，如纤铁矿转变为赤铁矿、一水铝石转变后为刚玉。

由于氧化物矿物的化学性质稳定，因而也常出现于各种砂矿床中。

由 Si、Al、Mg 等阳离子组成的矿物，可以形成重要的非金属矿产。由 Fe、Mn、Cr、Ti、V、Nb、Ta、U 和 Sn 等阳离子组成的矿物，可形成重要的金属矿产。

本大类矿物按阴离子种类可分为两类：

（1）氧化物。阴离子为 O^{2-}形成的矿物。

（2）氢氧化物。阴离子为（OH）$^-$形成的矿物。

常见氧化物矿物及氢氧化物矿物特征见表 2-6。

表 2-6　氧化物矿物和氢氧化物矿物特征表

矿物名称及化学成分	矿物形态	矿物性质	鉴定特征	用　　途
（1）刚玉 Al_2O_3。$w(Al)=53.2\%$，$w(O)=46.8\%$。有时含有微量 Cr^{3+}、Ti^{4+}、Fe^{2+}、Fe^{3+}、Mn 等类质同象混入物	三方晶系。晶体常呈桶状或短柱状。在柱面双锥面、板面上常有聚片双晶形成的斜条纹或横纹。集合体呈粒状、致密块状	通常为蓝色、黄灰色或带不同色调的黄色，因含杂质可呈现各种颜色，如含 Cr 呈红色，含 Ni 呈黄色，含 Fe^{2+} 和 Fe^{3+} 呈黑色。金刚光泽至玻璃光泽。透明至半透明。无解理。断口不平坦至贝壳状。硬度 9。相对密度 3.95~4.10	以晶形、高硬度、光泽、相对密度、双晶纹为特征	利用高硬度做研磨材料及轴承。色彩美观的晶体可做为贵重宝石
（2）赤铁矿 Fe_2O_3。$w(Fe)=70\%$，$w(O)=30\%$。常含有 Ti、Al、Mn、Fe^{2+}、Ca、Mg 等类质同象混入物。在隐晶质致密块体中常含有 SiO_2、Al_2O_3 等机械混入物	三方晶系。晶体呈板状习性的菱面体，底面上可见三角形双晶纹。集合体呈片状、鳞片状、鲕状、肾状、粉末状。呈鲕状者称为鲕状赤铁矿	结晶质赤铁矿呈铁黑色至钢灰色；隐晶质或粉末状呈暗红色至鲜红色。条痕樱红色或红棕色。金属光泽至半金属光泽。无解理。硬度 5.5~6.5；土状者硬度显著降低。相对密度 5~5.3	以樱红色或红棕色条痕为特征。此外，各种形态特征和无磁性可与相似的磁铁矿、钛铁矿相区别。在还原焰中加热具有强磁性。缓慢溶于盐酸中；溶液加铁氰化钾产生暗蓝色沉淀（Fe^{3+}）	炼铁的主要矿物原料

续表 2-6

矿物名称及化学成分	矿物形态	矿物性质	鉴定特征	用途
(3) 金红石 TiO_2。$w(Ti)=60\%$，$w(O)=40\%$。常含 Fe、Sn、Cr、Nb、Ta 等混入物	四方晶系。晶体呈柱状、针状。柱面上有纵纹。集合体呈粒状、致密块状	暗红色、褐红色；富铁及铌、钽变种为黑色；铬的变种为绿色至黑色。条痕浅黄至浅褐色，浅灰色或绿黑色(黑色者为铌钽变种)。金刚光泽至半金刚光泽。柱面解理完全。硬度 6。相对密度 4.2~4.3；含铁者 4.2~4.4；含铌钽者 4.2~5.6	以带红的褐色，四方柱状晶形，膝状双晶，柱面解理完全为特征。溶于热磷酸，冷却稀释后加入 Na_2O_2 可使溶液变成黄褐色（钛反应）。以较低的硬度区别于锆石（7~8）；以较小的相对密度区别于锡石（6.8~7）	提炼钛的重要矿物原料
(4) 锡石 SnO_2。$w(Sn)=78.8\%$，$w(O)=21.2\%$。常含有 Fe、Nb、Ta 等类质同象混入物	四方晶系。晶体常呈双锥状有时呈针状，并呈膝状双晶。集合体呈不规则粒状或致密块状	褐色或黑色；黄色或无色者少见，条痕白色至浅褐色。金刚光泽；断口油脂光泽。半透明至不透明。不完全解理。硬度 6~7。断口贝壳状。相对密度 6.8~7	以条痕、光泽、高相对密度为特征。若颗粒过小时可将细小的锡石颗粒放置在锌板上加一滴盐酸，数分钟后，则在锡石表面形成一层锡白色的金属薄膜。这是锡石区别于金红石、锆石等相似矿物的特征	提取锡的主要矿物原料
(5) 软锰矿 MnO_2。$w(Mn)=63.2\%$，$w(O)=36.8\%$。常含有 Fe_2O_3、SiO_2 等机械混入物	四方晶系。晶体呈柱状、针状。通常呈肾状、结核状、块状或粉末状集合体	黑色、钢灰色，有时带蓝色。条痕黑色或带蓝的黑色。金属光泽、半金属光泽以至暗淡光泽。不透明。柱面完全解理。断口不平坦。硬度视结晶程度而异从 6 可到 2。相对密度4.7~5.0。常污手。性脆	以晶形、解理、条痕和硬度与其他黑色锰矿物相区分。加 H_2O_2 剧烈起泡。缓慢地溶于盐酸中，放出氯气，并使溶液呈淡绿色。硬锰矿和锰土的粉末与 1∶1 硫酸溶液煮沸时，溶液呈现从玫瑰色到紫红色，而软锰矿则不产生这种溶液的颜色	锰矿石的重要矿石矿物
(6) 石英 SiO_2。$w(Si)=46.7\%$，$w(O)=53.3\%$。常含有气态、液态和固态的机械混入物	三方晶系。晶体常为六方柱和菱面体等组成的聚形。柱面常具横纹。集合体多呈粒状、块状或晶簇状	常为白色，含杂质时可呈紫、玫瑰、黄、烟黑等各种颜色。晶面玻璃光泽。断口油脂光泽。无解理。贝壳状断口。硬度 7。相对密度 2.65。隐晶质的石英称为石髓。具不同颜色而呈带状或同心带状分布的石髓称为玛瑙	以晶形、无解理、硬度较高等与方解石、长石、萤石等区别	一般石英可作玻璃、磨料等；优质晶体可作光学仪器；色美者可作宝石

续表 2-6

矿物名称及化学成分	矿物形态	矿物性质	鉴定特征	用　途
(7) 蛋白石 $SiO_2 \cdot nH_2O$。含水质量分数不一定，常为 1%～2%，少数可达 34%。有时含 MgO、CaO、Al_2O_3、Fe_2O_3 等杂质	非晶质二氧化硅，无一定外形，常为致密块状、钟乳状、结核状、皮壳状等	无色、白色，由于成分不纯可呈现暗淡的黄色、红色、褐色、绿色、灰色与蓝色等各种颜色。玻璃光泽，有时具树脂光泽（多孔块体则呈蜡状光泽或无光泽）。透明至半透明。贝壳状断口。硬度 5～5.5。相对密度 1.9～2.5	因含水而硬度低，相对密度小，可与隐晶质石英（石髓）区别。可溶于热的强碱性溶液和氢氟酸	具乳光变彩的贵蛋白石等可作贵重工艺雕刻材料
(8) 钛铁矿 $FeTiO_3$。$w(Fe)=36.8\%$，$w(Ti)=31.6\%$，$w(O)=31.6\%$。常含有类质同象混入物 Mg 和 Mn	三方晶系。晶体呈厚板状，但少见。通常呈致密块状、不规则粒状集合体	铁黑色至钢灰色。条痕黑色，含赤铁矿者带褐色。金属光泽至半金属光泽。不透明。无解理。相对密度 4.0～5.0。具弱磁性。硬度 5～6	以条痕与赤铁矿区别。以无强磁性与磁铁矿区别。难溶。加热具磁性。将钛铁矿粉溶于磷酸中稀释后，加 Na_2O_2 或 H_2O_2 溶液变成黄褐色，即钛的反应	为提炼钛的主要矿物原料
(9) 磁铁矿 Fe_3O_4。$w(Fe)=72.4\%$，$w(O)=27.6\%$。常含 Ti、V、Cr、Ni 等类质同象混入物	等轴晶系。晶体呈八面体、菱形十二面体。菱形晶面上常具有平行于对角线的条纹。集合体为致密块状或粒状	铁黑色。条痕黑色。半金属光泽。不透明。性脆。无解理。硬度 5.5～6。相对密度4.9～5.2。具强磁性	以铁黑色、条痕黑色、强磁性为主要特征。可与钛铁矿、铬铁矿相区别	为提炼铁的主要矿物原料
(10) 铬铁矿 $FeCr_2O_4$。$w(FeO)=32.09\%$，$w(Cr_2O_3)=67.91\%$。常含有 Mn、Ti、V 和 Zn 的类质同象混入物	等轴晶系。晶体呈八面体，但细小而少见。通常呈粒状或致密块状集合体	黑色至带褐的黑色。条痕暗褐色。金属光泽至半金属光泽。硬度 5.5。相对密度 4～4.8。无解理。具弱磁性。不透明	以黑色、条痕褐色、硬度大、弱磁性及产于超基性岩为特征，将矿物粉末放入磷酸中加热煮沸，如溶液呈鲜艳的翠绿色，证明含铬	提铬的矿物原料
(11) 铌铁矿—钽铁矿 $(Fe, Mn)(Nb, Ta)_2O_6$。$w(Nb_2O_5)=1.97\%～78.88\%$，$w(Ta_2O_5)=5.56\%～83.57\%$，$w(FeO)=1.89\%～16.25\%$，$w(MnO)=1.20\%～16.25\%$。有时含 Ti、Zr、W、TR、U 等类质同象混入物	斜方晶系。晶体常呈板状或片状，有时具短柱状。集合体呈块状、放射状、晶簇状	铁黑色至褐黑色。条痕暗红至黑色。半金属光泽至金属光泽。不透明。解理中等。断口参差状，有的呈贝壳状。性脆。硬度变化大自 4.2（铌铁矿）至 7（钽铁矿）。相对密度 5.15～8.20（随 Ta 含量增高而增大）	以晶形、颜色、条痕和高相对密度为特征。以较低的相对密度和不显著的解理区别于黑钨矿。难熔，与硼砂一起熔融，珠球溶解于盐酸，溶液煮沸加入 Sn，呈蓝色（Nb）	为提炼铌和钽的矿物原料

续表 2-6

矿物名称及化学成分	矿物形态	矿物性质	鉴定特征	用途
(12) 硬锰矿 $m\mathrm{MnO}\cdot\mathrm{MnO_2}\cdot n\mathrm{H_2O}$。成分变化很大，$w(\mathrm{MnO_2})=60\%\sim80\%$，$w(\mathrm{MnO})=8\%\sim25\%$，$w(\mathrm{H_2O})=4\%\sim6\%$。常含有 BaO、$K_2O$、CaO、ZnO 等混入物	通常呈隐晶质和胶状体，晶体少见。最常见的形态是钟乳状、肾状、葡萄状、树枝状、致密块状和土状。土状者称锰土	灰色至褐黑色。条痕褐黑至黑色。半金属光泽至暗淡光泽。不透明。无解理。硬度4~6。相对密度 4.4~4.7	以黑色、胶体形态、硬度大为特征。溶于盐酸放出氯气。加 H_2O_2 剧烈起泡并放出氧气。可与类似黑色矿物相区别	炼锰的重要矿物原料
(13) 褐铁矿 $\mathrm{Fe_2O_3}\cdot n\mathrm{H_2O}$。它是含水氧化铁被氧化锰、二氧化硅、黏土等杂质胶结所形成的矿物混合体的总称	呈非晶质或稳晶质或胶状体。通常呈致密土状块体、疏松多孔状体，也有呈钟乳状、结核状等集合体	黄褐、暗褐到褐黑色。条痕黄褐色。光泽暗淡。不透明。硬度 1~4。土状者硬度为 1。相对密度 3.3~4	以颜色、条痕、形态等特征与赤铁矿、磁铁矿相区别。在闭管中加热放水	当含铁质量分数达 35%~40% 时可作炼铁原料
(14) 铝土矿 $\mathrm{Al_2O_3}\cdot n\mathrm{H_2O}$。它是由一水硬铝石 $\mathrm{HAlO_2}$、一水软铝石 AlO(OH)、三水铝石 $\mathrm{Al(OH)_3}$ 等三种矿物为褐铁矿、赤铁矿、高岭土、蛋白石等胶结形成的一种细分散相多种矿物集合体的总称	通常为鲕状、豆状、多孔状、土状及致密块状之隐晶质胶状集合体	因胶结物不同，颜色变化很大，自淡灰白、青灰、灰褐、紫红至灰黑色。条痕白色至黄褐色。土状光泽。硬度随成分和形态而异（三水铝石硬度低 2.5，一水铝石硬度高 6.5），一般为 3~4。具贝壳状断口。性脆。相对密度 2.5~3.5	常具有 2~15mm 的鲕状、豆状构造。豆体常具同心圆状；有的成致密块状，外表与石灰岩、页岩相似。但铝土矿硬度较大，页理不明显。在新鲜面上，用口呵气后有强烈的土臭味。此外，铝土矿加盐酸不起泡，以此可与石灰岩相区别	当 $w(\mathrm{Al_2O_3})>40\%$，$\mathrm{Al_2O_3}:\mathrm{SiO_2}>2:1$ 时，可作提取铝的铝矿开采
(15) 赭石为各种华类矿物的统称。根据其中元素的不同又分为锑华、铋华、钨华、砷华、钼华、铅华等	一般晶形少见。多呈细分散土状集合体或隐晶质致密块状、皮壳状或被覆在原生矿物的表面	为原生金属硫化物及其类似化合物（以及部分含氧盐和钨酸盐等），在氧化带中常被氧化，而生成多种矿物混合而成的土状集合体。颜色主要为黄色、黄褐、浅黄、黄绿等。土状光泽。常与同种的其他氧化物相共生	由于矿物多呈细分散状态，颜色又类似，故肉眼不能精确鉴定，必须根据产状、共生、伴生矿物以及简易化学试验鉴定才能初步肯定。精确鉴定时需用 X 射线或差热分析等	

2.5 含氧盐矿物

含氧盐是各种含氧的络阴离子与金属阳离子所组成的盐类化合物。它们约占已知矿物种数的2/3，是地壳中分布最广泛、最常见的一大类矿物。国民经济中许多重要的矿物原料，特别是非金属矿物原料，如化工、建材、耐火材料、冶金辅助原料以及许多贵重的宝（玉）石原料，主要都来自含氧盐矿物。

自然界含氧盐矿物中最主要的络阴离子有 $[SiO_4]^{4-}$、$[SO_4]^{4-}$、$[PO_4]^{3-}$ 和 $[CO_3]^{2-}$ 等。这些络阴离子具有比一般简单化合物的阴离子（O^{2-}、S^{2-}、Cl^- 等）大得多的离子半径，并以一个独立的单位存在，只有与半径较大的阳离子相结合，才能形成稳定的化合物。

络阴离子与外部阳离子的结合以离子键为主，因而含氧盐矿物具有离子晶格的性质。如常表现为玻璃光泽，少数为金刚光泽、半金属光泽，不导电，导热性差。无水的含氧盐一般具有较高的硬度和熔点，一般不溶于水。

根据络阴离子种类的不同，本书将含氧盐矿物分为下列各类：

（1）第一类，硅酸盐。

（2）第二类，碳酸盐。

（3）第三类，硫酸盐、磷酸盐、钨酸盐、硼酸盐。

2.5.1 硅酸盐矿物

硅酸盐矿物在自然界分布极为广泛。已知硅酸盐矿物有800余种，约占已知矿物种的1/3。其重量约占地壳岩石圈总重量的85%。它们不仅是三大类岩石（岩浆岩、沉积岩、变质岩）的主要造岩矿物，而且也是许多非金属矿产和稀有金属矿产的来源，如云母、石棉、滑石、高岭石、硅灰石、沸石以及Be、Li、Zr、Rb、Cs等。

组成硅酸盐矿物的离子主要是惰性气体型离子和部分过渡型离子，如O、Si、Al、Fe、Ca、Mg、Na、K及Mn、Ti、B、Be、Zr、Li等，而铜型离子则少见。在硅酸盐矿物中，除去主要由Si和O组成的络阴离子外，还可以出现附加阴离子 O^{2-}、OH^-、Cl^-、F^- 以及 S^{2-}、$[CO_3]^{2-}$、$[SO_4]^{2-}$ 等。此外，还可以有 H_2O 分子参加。

硅酸盐矿物中，类质同象代替现象极为普遍而多样，既有等价的又有异价的类质同象。广泛的类质同象代替造成了硅酸盐矿物化学成分的复杂性。

在硅酸盐结构中，每个Si一般被4个O所包围，构成 $[SiO_4]^{4-}$ 四面体，它是硅酸盐的基本构造单位。由于 Si^{4+} 离子的化合价为4价，配位数为4，它赋予每个氧离子的电价为1，即等于氧离子电价的一半，氧离子另一半电价可以用来联系其他阳离子，也可以与另一个 $[SiO_4]^{4-}$ 四面体共用角顶连接成各种形式的硅氧骨干。

在形态上，具岛状硅氧骨干的硅酸盐晶体常呈三向等长的粒状，如石榴石、橄榄石等；具环状硅氧骨干的硅酸盐晶体常呈柱状习性，柱的延长方向垂直于环状硅氧骨干的平面，如绿柱石、电气石等；具链状硅氧骨干的硅酸盐晶体常呈柱状或针状，晶体延长的方向平行于链状硅氧骨干延长的方向，如辉石、角闪石等；具层状硅氧骨干的硅酸盐晶体呈板状、片状或鳞片状。延展方向平行于硅氧骨干层，如云母等；对于具有架状硅氧骨干的硅酸盐，其形态取决于架内化学键的分布状况，或呈三向等长的粒状，或呈一向延长的柱状。

在矿物的光学性质方面，由于硅氧骨干与其外部的阳离子以离子键相维系，一般具有离子晶格的特性。所以矿物一般为透明，玻璃-金刚光泽，浅色或无色。

硅酸盐矿物的解理也与其硅氧骨干的形式有关。具层状骨干者常平行层面有极完全解理，如云母、滑石等；具链状骨干者常平行链延长的方向产生解理，如辉石、角闪石等；具架状骨干者，解理取决于架中化学键的分布，其完全程度视键力情况而定；具岛状、环状骨干的硅酸盐矿物一般解理不发育。

硅酸盐矿物的硬度一般均较高，大多在5以上。但层状硅酸盐矿物例外，大部分矿物的硬度小于3。

硅酸盐矿物的相对密度与构造形式和化学成分有关。一般具孤立 $[SiO_4]^{4-}$ 四面体骨干的硅酸盐有较大的相对密度，而具层状、架状构造的硅酸盐相对密度较小。含水的硅酸盐相对密度也较小。

内生、外生和变质作用都可能生成硅酸盐矿物。

在岩浆作用中，随着结晶分异作用的发展，硅酸盐矿物的结晶顺序有自岛状、经链状向层状及架状过渡的趋势。在伟晶岩作用中，也有大量硅酸盐矿物形成，如长石、云母、绿柱石等。在气化热液作用中，热液和围岩蚀变都可能有硅酸盐矿物生成。

接触变质和区域变质作用中有大量的硅酸盐矿物形成。

外力地质作用所形成的硅酸盐矿物也很广泛，它们多为层状构造的硅酸盐。

硅酸盐矿物按硅氧骨干的形式分为4个亚类：岛状结构硅酸盐、链状结构硅酸盐、层状结构的硅酸盐和架状结构的硅酸盐。

常见硅酸盐矿物特征见表2-7。

表2-7　常见硅酸盐矿物特征表

矿物名称及化学成分	矿物形态	矿物性质	鉴定特征	用　途
(1) 橄榄石 $(Mg, Fe)_2[SiO_4]$。它是指镁橄榄石 $Mg_2[SiO_4]$ 与铁橄榄石 $Fe_2[SiO_4]$ 类质同象系列的中间产物。并常含有Mo、Ni、Co等元素	斜方晶系。晶体呈厚板状或短柱状，但少见。通常呈粒状集合体	橄榄绿色或黄绿色。随含 Fe^{2+} 的增加颜色加深成带褐的绿色。玻璃光泽或油脂光泽。解理不完全。贝壳状断口。性脆。硬度6.5~7。相对密度3.2~4.3（随含铁量的增加而增加）	通常以粒状、玻璃光泽、贝壳状断口、绿色及黄绿色为特征。缓慢的溶于盐酸，蒸干后产生凝胶状二氧化硅	富镁的橄榄石以及变化的产物蛇纹石，可用作耐火材料。透明晶体可作宝石
(2) 锆石 $Zr[SiO_4]$。$w(ZrO_2)=67.1\%$，$w(SiO_2)=32.9\%$。常含一定数量的Hf以及少量Th、U和稀土元素	四方晶系。晶体常呈柱状和由四方柱与四方双锥组成聚形	无色、浅黄色、灰色、绿色及红色等。金刚光泽。断口油脂光泽。解理不完全。透明至半透明。硬度7~8。性脆。相对密度4.6~4.71。有时具放射性（如变种水锆石等）	以四方柱状、四方双锥状晶形、金刚光泽、硬度大为特征。以较高的硬度区别于金红石，以较低的相对密度和无锡膜反应区别于锡石	锆的主要来源。透明美观者可作宝石

续表 2-7

矿物名称及化学成分	矿物形态	矿物性质	鉴定特征	用途
(3) 石榴石 $A_3B_2[SiO_4]_3$。A 代表二价阳离子，主要为 Mn^{2+}、Fe^{2+}、Mg^{2+}、Ca^{2+} 等，B 代表三价阳离子，主要为 Al^{3+}、Fe^{3+}、Cr^{3+} 等。由于相似阳离子可以互相替换形成类质同象，划分为铝榴石和钙榴石两个系列	等轴晶系。晶体常呈完好的菱形十二面体、四角三八面体或两者的聚形。集合体呈粒状或致密块状等	颜色随成分不同而有变化，铝榴石系列以红色为主，钙榴石系列以绿、黑为主。玻璃光泽。断口油脂光泽。无解理。参差状断口。硬度 6.5~7.5。相对密度 3.5~4.2	以晶形、颜色、高硬度无解理为特征	利用高硬度可作研磨材料。红色透明者可作宝石
(4) 蓝晶石（二硬石）$Al_2[SiO_4]O$。$w(SiO_2)=36.9\%$，$w(Al_2O_3)=63.1\%$。常含 Fe、Ca、Cr、Mn 等类质同象混入物	三斜晶系。晶体呈扁平的柱状晶形。集合体呈叶片状，有时呈放射状	蓝灰色、浅蓝色。玻璃光泽。解理面上珍珠光泽。硬度因方向而异，平行柱的方向为 4.5，垂直柱的方向为 6。柱面解理完全。相对密度 3.53~3.63。性脆	浅蓝色，扁平柱状晶体，明显的硬度异向性以及产于结晶片岩中为主要特征。难溶。难溶碎片以硝酸钴溶液沾湿灼烧呈蓝色（Al 的反应）	用于制作高级耐火材料
(5) 红柱石 $Al_2[SiO_4]O$。$w(Al_2O_3)=63.1\%$，$w(SiO_2)=36.9\%$。常含 Fe、Mn 等。含炭质包裹体的红柱石，炭质在其中呈十字形的定向排列者称为空晶石	斜方晶系。晶体呈柱状，横切面近于成正方形。集合体为粒状或放射状。形似菊花的放射状集合体称为菊花石	通常为白色、灰色、肉红色、红褐色及橄榄绿色等。玻璃光泽。透明至半透明。柱面解理完全。硬度 6.5~7.5。相对密度 3.13~3.16。不溶于酸	近似四方柱状（横断面近正方形）和硬度大为其特征。空晶石有呈独特构造的碳质包裹物。硝酸钴试验呈 Al 反应	用于制作耐火材料
(6) 夕线石 $Al[AlSiO_5]$。$w(Al_2O_3)=63.1\%$，$w(SiO_2)=36.9\%$。常含少量的类质同象 Fe^{3+}	斜方晶系。晶体呈针状、柱状。集合体呈放射状、纤维状。有时在石英、长石晶体中呈毛发状	通常为灰白色，也有褐色、浅绿色等。玻璃光泽。透明至半透明。一组柱面解理完全。硬度 7。相对密度 3.23~3.27。不溶于酸	以柱状、针状、毛发状晶体和一个方向的解理为特征。难溶。矿物碾成细粉后加硝酸钴溶液一起加热变成蓝色（Al 的反应）	用于制作耐火材料
(7) 黄玉 $Al_2[SiO_4]F_2$。成分不很固定，并常含有气体、液体包裹物。部分的 F 可被 OH 代替，$w(F):w(OH)$ 等于 1∶3~1∶1。其比值随黄玉的生成条件而异	斜方晶系。晶体呈短柱状，柱面具纵条纹。通常呈不规则粒状、块状集合体	无色、黄色、粉红色、浅蓝及浅绿色。透明至半透明。玻璃光泽。一组解理完全。非解理方向呈贝壳状断口。相对密度 3.52~3.57。硬度 8	以柱状晶形、横断面为菱形、柱面有纵纹、一起完全解理、硬度高为特征。呈柱状者与石英相似，但黄玉有完全解理可与石英区别	可作研磨材料。透明色美者可作宝石

续表 2-7

矿物名称及化学成分	矿物形态	矿物性质	鉴定特征	用　途
（8）绿帘石 $Ca_2FeAl_2[Si_2O_7][SiO_4]O(OH)$。$w(SiO_2)$ = 38.92% ~ 37.04%，$w(Al_2O_3)$ = 30.49% ~ 20.32%，$w(Fe_2O_3)$ = 4.44% ~ 17.75%，$w(CaO)$ = 24.21% ~ 23.04%，$w(H_2O)$ = 1.94% ~ 1.85%。其中 Fe^{3+} 可被 Al^{3+} 完全类质同象代替逐渐过渡为斜黝帘石	单斜晶系。晶体呈柱状、针状，柱面有纵纹。集合体呈纤维状、放射状、粒状或块状	灰色、黄色、黄绿色、绿褐色，或近于黑色（含铁越多色越深）。少量 Mn 的类质同象替换使颜色呈不同程度的粉红色。玻璃光泽。透明。一组完全解理。硬度 6~6.5。相对密度 3.38~3.49（随含 Fe 增加而变大）	以黄绿色、晶形及一组完全解理为特征	暂无实用价值
（9）榍石 $CaTi[SiO_4]O$。$w(CaO)$ = 28.6%，$w(TiO_2)$ = 40.8%，$w(SiO_3)$ = 30.6%。常含 Tr、Nb、Zr 等元素的混入物	单斜晶系。晶体呈扁平信封状的柱体或楔形状。横断面呈菱形。有时呈板状、柱状、针状集合体	黄色、灰色、绿色及黑色等。玻璃光泽至金刚光泽。透明至半透明。中等解理。硬度 5~6。相对密度 3.29~3.56	以信封状或楔状晶形、菱形断面及金刚光泽为特征	可作为提炼钛的矿物原料
（10）绿柱石 $Be_3Al_2[Si_6O_{18}]$。$w(BeO)$ = 14.1%，$w(Al_2O_3)$ = 19%，$w(SiO_2)$ = 66.9%。有时含 K、Na、Li、Rb 等	六方晶系。晶体呈六方柱状。柱面上有纵纹。集合体呈晶簇状、柱状、针状和放射状，少数为粒状和致密块状	绿色、黄色、黄绿色，也有呈白色、浅蓝色、玫瑰色等。玻璃光泽。硬度 7.5~8。相对密度 2.6~2.9。解理不清楚。性脆。断口参差状	以浅绿色、六方柱状晶形、硬度大为特征。以较高的硬度区别于磷灰石；以高的相对密度和较大的硬度区别于石英	提炼铍的矿物原料
（11）电气石 $(Na,Ca)(Mg,Fe,Al)_3Al_6[Si_6O_{18}](BO_3)_3(OH)_4$。成分复杂，按其化学组成有锂电气石、黑电气石、镁电气石三个端员组分构成，三者之间均可形成类质同象	三方晶系。晶体呈柱状。柱面有纵纹。横断面呈球面三角形。集合体呈放射状、针状、粒状或致密块状及隐晶质致密块体	随成分不同颜色多种多样，黑色（最常见、富铁、黑电气石），褐色（富镁、镁电气石），淡蓝色（富锂、锂电气石）及其他淡色如淡绿色和淡红色，还有白色及无色。玻璃光泽。无解理。参差状断口。硬度 7~7.5。相对密度 2.9~3.25。具热电性和压电性	以柱状、柱面纵纹、横断面呈球面三角形、无解理、硬度高为特征。与硼的助熔剂或硫酸一起熔融，呈现硼的瞬时绿色火焰	压电性好的晶体可作无线电工业材料

续表 2-7

矿物名称及化学成分	矿物形态	矿物性质	鉴定特征	用　途
（12）透辉石 $CaMg[Si_2O_6]$。$w(CaO)$ = 25.9%，$w(MgO)$ = 18.5%，$w(SiO_2)$ = 55.6%。有时含有 Mn、Cr、V 等混入物。当其中 Mg^{2+} 被 Fe^{2+} 完全置换则形成钙铁辉石 $CaFe[Si_2O_6]$	单斜晶系。晶体呈短柱状。横断面呈假正方形或八边形。集合体为粒状、放射状、块状等	白色至淡绿色，颜色随含铁量增加而加深，钙铁辉石因含铁多呈深绿色至墨绿色。玻璃光泽。两组柱面解理中等，交角为 87°和 93°。透明至半透明。硬度 5.6~6。相对密度3.27~3.38	短柱状晶形，横断面呈假正方形（有四个边明显地大于另四个边），颜色较浅与普通辉石区别	暂无实用价值
（13）硅灰石 $Ca[SiO_3]$。$w(CaO)$ = 48.25%，$w(SiO_2)$ = 51.75%，Ca 常被 Fe、Mn 或 Mg 所替换	三斜晶系。晶体呈板状或片状，但少见。常呈纤维状、放射状或块状集合体	白色至灰白色。或带浅灰、浅绿、浅红的白色。玻璃光泽。解理面上为珍珠光泽。纤维状者为丝绢光泽。两组解理交角为 74°。硬度 4.5 ~ 5。相对密度 2.75~3.10。易溶于酸	以形态、颜色、两组成 74°夹角的解理并常与石榴石、透辉石、符山石和绿帘石在接触变质带共生为特征。与透闪石的区别是以解理夹角和遇浓盐酸可分解成絮状物相区别	用于制造陶瓷的矿物原料
（14）普通辉石 $Ca(Mg, Fe, Al)[(Si, Al)_2O_6]$。$w(CaSiO_3)$ = 25%~45%，$w(MgSiO_3)$ = 10%~65%，$w(FeSiO_3)$ = 10%~65%，$w(Al_2O_3)$ = 2.5%~4%。次要成分有 Ti、Na、Cr、Ni、Mn 等	单斜晶系。晶体呈短柱状。横断面呈八边形。集合体呈致密块状	绿黑色至黑色，少数为暗绿色或褐色。条痕灰绿。玻璃光泽。两组解理交角为 87°。硬度为 5 ~ 6。相对密度 3.2~3.6	以颜色、短柱状晶形、正八边形横断面、两组解理交角为主要特征	暂无实用价值
（15）普通角闪石 $Ca_2Na(Mg, Fe)_4(Al, Fe^{3+})[(Si, Al)_4O_{11}]_2(OH)_2$。成分复杂，类质同象代替现象普遍	单斜晶系。晶体常呈长柱状。横断面呈假六边形。集合体呈柱状、纤维状、粒状	浅绿、深绿至黑色。玻璃光泽，纤维状变种为丝绢光泽。半透明。两组解理夹角为 56°与 124°。硬度为 5.5 ~ 6。相对密度 3.1~3.3，含铁量越高相对密度越大	以颜色、长柱状晶形、二组完全柱状解理为特征。由晶形和解理夹角区别于辉石，由深色区别于其他角闪石	暂无实用价值

续表 2-7

矿物名称及化学成分	矿物形态	矿物性质	鉴定特征	用　途
(16) 透闪石 $Ca_2Mg_5[Si_4O_{11}]_2(OH)_2$。$w(CaO)=13.8\%$，$w(MgO)=24.6\%$，$w(SiO_2)=58.8\%$，$w(H_2O)=2.8\%$，$w(Al_2O_3)<2\%$，$w(FeO)<3\%$。纯者不含铁或含铁甚微	单斜晶系。晶体呈针状、柱状。集合体呈放射状、纤维状，若呈丝状、纤维状者称为透闪石石棉	白色或灰色。玻璃光泽。两组解理交角为56°与124°。硬度为5.5~6。相对密度2.9~3.0	浅色，柱状或针状晶形。两组解理为特征。与阳起石的区别是颜色浅、相对密度小	暂无实用价值
(17) 阳起石 $Ca_2(Mg,Fe^{2+})_5[Si_4O_{11}]_2(OH)_2$。当透闪石中的 Mg^{2+} 被 Fe^{2+} 代替了一部分时，若成分中含 $Ca_2Fe_5[Si_4O_{11}]_2(OH)_2$ 分子在20%~80%者定为阳起石	晶系和形态与透闪石相同。FeO质量分数通常为6%~13%。在形态上以放射状集合体为特征。若隐晶质致密块体者称为软玉。呈丝状纤维者称为阳起石石棉	颜色较深，呈深浅不同的各种绿色。玻璃光泽或丝绢光泽。两组解理交角124°和56°。相对密度较大，一般为3.1~3.3。硬度5.5~6	以颜色较深，细长的柱状晶形，放射状的集合体形态为特征。以解理区别于辉石；以较浅的颜色区别于普通角闪石；以相对密度大、颜色较深呈各种不同的绿色区别于透闪石	一般无实用价值。软玉可作装饰用
(18) 滑石 $Mg_3[Si_4O_{10}](OH)_2$。$w(SiO_2)=63.12\%$，$w(MgO)=31.72\%$，$w(H_2O)=4.76\%$。Si有时被Al或Ti所代替[$w(Al)=2\%$，$w(Ti)=0.1\%$]；Mg有时经常被Fe及少量Mn、Ni所代替[$w(FeO)=5\%$，$w(Fe_2O_3)=4.2\%$]	单斜晶系。晶体少见。通常呈菱形或六边形轮廓的板状、片状和放射状、叶片状集合体。致密块状者称为块滑石或皂石	苹果绿色、灰色、白色或银白色。皂石为暗灰色或绿色。半透明。玻璃光泽。致密块体蜡状光泽。解理面上呈珍珠光泽。底面解理完全。薄片微具挠性。可切割。硬度1。具滑感。相对密度2.58~2.83。耐热、耐酸性能高。导热导电性能差	以低硬度、片状、解理和油脂状滑感为特征。与叶蜡石的区别是将碎片用硝酸钴潮湿后强热，若为滑石则呈浅紫色；若为叶蜡石则呈蓝色	为造纸、香料、药品、耐火材料的重要矿物原料
(19) 蛇纹石 $Mg_6[Si_4O_{10}](OH)_8$。$w(MgO)=43.0\%$，$w(SiO_2)=44.1\%$，$w(H_2O)=12.9\%$。常含有Fe、Ni等混入物	单斜晶系。晶体呈致密块状或片状集合体。呈纤维状者称为蛇纹石石棉	颜色常呈斑驳状，表现为由浅绿色渐变为深绿色斑点状（颜色不均匀）。半透明。油脂光泽，块状者为蜡状光泽，纤维状者为丝绢光泽。底面解理完全。硬度2~3.5。相对密度2.5~2.7。具滑感	各种色调的绿色，蜡状光泽，硬度较低为其主要特征。蛇纹石石棉易溶于盐酸，研磨后黏合成薄片；而角闪石石棉不溶于酸，研磨后易成粉末	用于耐火材料。作细工石材

续表 2-7

矿物名称及化学成分	矿物形态	矿物性质	鉴定特征	用途
(20) 高岭石 $Al_4[Si_4O_{10}](OH)_8$。$w(Al_2O_3)=39.5\%$，$w(SiO_2)=46.5\%$，$w(H_2O)=14.0\%$。常含有Fe、Mg、Ca、Na等杂质	三斜晶系。多呈隐晶质致密块状或土状集合体，粒度细小，通常大小在0.2～5μm。厚度0.05～2μm	白色，因含有杂质可呈各种颜色，如浅黄、浅褐、蓝等各种色调。土状光泽。细鳞片可呈珍珠光泽。底面解理极完全。相对密度2.6～2.63。土状块体具粗糙感，干燥者粘舌（具吸水性），潮湿后具可塑性。易捏碎，在水中呈悬浮体	以颜色、形态、粘舌和加水具可塑性为主要特征。灼烧后与硝酸钴作用呈Al反应（蓝色）	主要用于陶瓷原料
(21) 黑云母 $K(Mg,Fe)_3[AlSi_3O_{10}](OH,F)_2$。成分复杂，变化幅度较大，$w(Mg):w(Fe)<2:1$。常混有Na、Ca、Ba、Pb、Cs、Mn、Ti、Li等	单斜晶系。晶体呈假六方板状或短柱状。集合体为片状或鳞片状	常为黑色、棕色、褐色，有时呈绿色。玻璃光泽。解理面上呈珍珠光泽。底面解理极完全。薄片具弹性。硬度2～3。相对密度3.02～3.12	以板状、片状形态，黑色、深褐色，一组极完全解理，薄片具有弹性为主要特征。被沸腾的浓硫酸分解后呈乳状溶液	暂无实用价值
(22) 金云母 $KMg_3[AlSi_3O_{10}](OH,F)_2$。成分不稳定变化幅度较大，$w(Mg):w(Fe)>2:1$。常含$Na_2O$、FeO等混入物	单斜晶系。晶体呈假六方、板状短柱状或角锥状。集合体呈片状、板状或鳞片状	纯者无色，但往往有黄褐色、红棕色、绿色。呈厚板状时暗黑色。玻璃光泽。解理面珍珠光泽。底面解理极完全。薄片具有弹性。硬度2～3。相对密度2.7～2.85。不导电	金云母较黑云母色浅，较白云母色深。浅色金云母与白云母相似，但金云母溶于酸，尤其可溶于硫酸，而白云母不溶于酸	用于电气工业作绝缘材料
(23) 白云母 $KAl_2[AlSi_3O_{10}](OH)_2$。$w(K_2O)=11.8\%$，$w(Al_2O_3)=38.5\%$，$w(SiO_2)=45.2\%$，$w(H_2O)=4.5\%$。常含Fe、Ti、Cr等杂质	单斜晶系。晶体呈板状、片状，外形为假六边形或菱形，有时单体呈锥形粒状。柱面有横条纹。集合体呈片状或鳞片状。具丝绢光泽的极细小鳞片状集合体称绢云母	无色透明。因含杂质常呈浅绿、浅黄等色。玻璃光泽。解理面珍珠光泽，绢云母呈丝绢光泽。底面极完全解理。硬度2～3。相对密度2.77～2.88。薄片具有弹性。绝缘隔热性特好	以形态、极完全解理、薄片具弹性和浅色为特征。在硫酸中不分解，可区别于金云母；在火焰中无紫红色（或深红色）火焰区别于锂云母	用于电气工业中的绝缘材料、建筑材料、耐火材料、橡胶工业等
(24) 锂云母 $KLiAl_{1.5}[AlSi_3O_{10}](OH,F)_2$。成分不固定。其中$w(Li_2O)=3.3\%\sim7\%$，且常含有$Rb_2O$和CaO	单斜晶系。晶体常呈细小的片状或具六方轮廓的柱状。通常呈粗粒至细粒的鳞片状集合体，故也称鳞云母	粉红色或淡紫色至带灰的白色。含Mn时呈桃红色，风化后呈暗褐色。玻璃光泽。解理面珍珠光泽。底面解理极完全。薄片具弹性。硬度2～3。相对密度2.8～2.9	常见的紫红至粉红的颜色，细鳞片状集合体为特征。小碎片在酒精灯焰中易熔化并染火焰为紫红色（或深红色，Li的反应）。不溶于酸	制作耐热玻璃。提炼锂的矿物原料

续表 2-7

矿物名称及化学成分	矿物形态	矿物性质	鉴定特征	用　途
(25) 绿泥石 $X_mY_4O_{10}(OH)_8$。X = Li^+、Al^{3+}、Fe^{3+}、Fe^{2+}、Mg^{2+}、Mn^{2+}、Cr^{3+}、Mn^{3+}。$m = 5 \sim 6$。Y = Al、Si。成分复杂，类质同象广泛，为一族矿物的总称	单斜晶系。晶体呈假六方片状或板状。有少数呈桶状者，但晶体少见。集合体呈鳞片状	呈各种色调的绿色，含 Fe 多者加深。透明至半透明。玻璃光泽。解理面珍珠光泽。底面解理极完全。薄片具挠性。硬度 2~2.5，随含铁量的增加，硬度随之增大可以达到 3。相对密度 2.68~3.40	以颜色、一组极完全解理、硬度低、薄片具挠性为主要特征。能被浓硫酸分解并使溶液呈乳状	暂无实用价值
(26) 硅孔雀石 $CuSiO_3 \cdot 2H_2O$。$w(CuO) = 45.2\%$，$w(SiO_2) = 34.3\%$，$w(H_2O) = 20.5\%$。常含有 Fe_2O_3、Al_2O_3 及 P_2O_5 和黑色氧化铜等混入物	斜方晶系。通常呈皮壳状。薄膜状、钟乳状和土状集合体	浅蓝绿色、蓝色或天青色。含杂质多时则为褐色，甚至黑色。条痕白至浅绿色。玻璃光泽，土状者暗淡无光泽。硬度 2~4。断口不平坦。相对密度 2~2.3。性脆	以颜色、形态、硬度较低、产于铜矿床氧化带为特征。常与孔雀石、蓝铜矿共生。与相似的孔雀石的区别是加盐酸不起泡	大量富集时可作为炼铜的矿物原料
(27) 正长石 $K[AlSi_3O_8]$。$w(K_2O) = 16.9\%$，$w(Al_2O_3) = 18.4\%$，$w(SiO_2) = 64.7\%$。并常含有少量的 Na、Ba、Rb、Cs 等混入物	单斜晶系。晶体短柱状、厚板状。常见的双晶为卡斯巴双晶。对着光线转动标本时光线将一个晶体分为两半，一半明亮，一半暗淡。集合体为粒状、致密块状	通常呈肉红色，有时呈白色、灰色，黄色或绿色者较少见。玻璃光泽。两组完全解理，交角呈 90°。硬度 6。相对密度为 2.57	以肉红色、硬度、两组完全解理交角 90°、卡斯巴双晶等为特征。将小块正长石置于氢氟酸中浸蚀 1~3min，再在 60% 的亚硝酸钴钠浸液中浸蚀 5~10min，用水冲洗，正长石显檬檬黄色	用于玻璃、陶瓷工业
(28) 钾微斜长石 $K[AlSi_3O_8]$。化学组成与正长石相似，但常含有 Na_2O，当 $w(Na_2O) > w(K_2O)$ 时称为钠微斜长石。若含 Rb、Cs 多的绿色变种称为天河石	三斜晶系。晶体呈短柱状、厚板状。常见格子状双晶。通常呈粒状、致密块状	白色至浅黄色、肉红色，有时呈绿色。少数无色透明。玻璃光泽。半透明至透明。两组解理夹角为 89°30′。硬度 6。相对密度 2.54~2.57	微斜长石与正长石十分相似，可借助偏光显微镜区别	用于玻璃、陶瓷工业
(29) 斜长石 $(100-n)Na[AlSi_3O_8]nCa[Al_2Si_2O_8]$。其中 $n = 0 \sim 100$，是由钠长石和钙长石及它们的中间矿物组成的类质同象系列	三斜晶系。晶体常呈板状。厚板状。聚片双晶发育。对光转动标本出现明亮、暗淡相间的平行双晶纹。集合体呈粒状或块状	一般为无色、白色、灰色；浅绿、浅黄及肉红色不常见。玻璃光泽。透明至半透明。两组完全解理，交角为 86.5°。硬度 6~6.5。相对密度 2.61（钠长石）~2.76（钙长石）	以灰白色、聚片双晶、解理等为主要特征。将小块斜长石置于氢氟酸中浸蚀 1~3min，再在 60% 的亚硝酸钴钠浸液中浸蚀 5~10min，用水冲洗斜长石不染色或呈浅灰色	用于陶瓷工业

续表 2-7

矿物名称及化学成分	矿物形态	矿物性质	鉴定特征	用　途
(30) 霞石 $KNa_3[AlSiO_4]_4$ 或简写作 $Na[AlSiO_4]$。一般含 $w(SiO_2)$ = 44%，$w(Al_2O_3)$ = 33%，$w(Na_2O)$ = 16%，$w(K_2O)$ = 5% ~ 6%。有时含少量的 Mg、Mn、Ti 等	六方晶系。晶体呈六方短柱状或厚板状，但很少见。集合体为粒状或块状	无色、白色或灰色，有时为浅黄、浅褐、浅绿、浅红等色。透明至半透明。晶面玻璃光泽。断口油脂光泽。解理不完全。贝壳状断口。硬度 5~6。相对密度 2.55~2.66。性脆	易溶于盐酸，经蒸发后形成二氧化硅冻胶。块状变种以其油脂光泽为特征。以较低的硬度区别于石英；以在酸中成胶状区别于长石	用于玻璃、陶瓷工业
(31) 白榴石 $K[AlSi_2O_6]$。$w(K_2O)$ = 21.58%，$w(Al_2O_3)$ = 23.45%，$w(SiO_2)$ = 55.02%。并常含有微量的 Na、Ca 和 H_2O	在 605℃ 以上时为等轴晶系。晶体呈四角三八面体形态。当低于 605℃ 时转变为四方晶系，但仍保留原有外形。集合体常呈粒状块体	常呈白色、灰色或灰白色，有时带有浅黄色调。半透明。晶面光泽暗淡。断口呈玻璃光泽或油脂光泽。硬度 5.5~6。相对密度 2.4~2.5	以四角三八面体的形态和较浅的颜色为主要特征	用于提炼钾和铝的矿物原料

2.5.2　碳酸盐矿物

碳酸盐是金属阳离子与碳酸根 $[CO_3]^{2-}$ 相化合而成的盐类。目前已知的碳酸盐矿物已逾 100 种，广泛分布于地壳中，它们占地壳总重量的 1.7%左右。其中分布最广的是钙和镁的碳酸盐，能形成很厚的海相沉积地层。碳酸盐矿物是重要的非金属矿物原料，也是提取 Fe、Mg、Mn、Zn、Cu 等金属元素及放射性元素 Th、U 和稀土元素的重要矿物原料来源，具有重要的经济意义。

碳酸盐矿物中的阳离子存在着广泛的类质同象。根据离子大小及极化性质差异的程度，可以形成等价或异价、完全或不完全的类质同象系列。

碳酸盐矿物中常出现复盐，如白云石 $CaMg[CO_3]$，其阳离子有固定的比例，在结构中呈有序分布，与无序的含镁方解石比较，对称性相对降低。

碳酸盐矿物晶体结构中存在明显的晶变现象，其突出表现在二价阳离子的无水碳酸盐矿物。比 Ca^{2+} 半径小的 Zn^{2+}、Mg^{2+}、Fe^{2+} 等的碳酸盐形成方解石型结构；比 Ca^{2+} 半径大的 Sr^{2+}、Pb^{2+}、Ba^{2+} 碳酸盐形成文石型结构；而 Ca^{2+} 的碳酸盐 $Ca[CO_3]$ 既可形成方解石型，又可形成文石型结构。

碳酸盐矿物多数结晶成三方晶系及单斜晶系和斜方晶系。一些碳酸盐具有晶形完好的单晶体，也可呈块状、粒状、放射状、土状等集合体形态。

碳酸盐矿物的物理性质特征是硬度不大，均小于 4.5，一般在 3 左右。非金属光泽，多数为无色或白色，含色素离子者，可呈鲜艳的色彩，如含 Cu 者呈鲜绿或鲜蓝色、含 Mn 者呈玫瑰红色等。密度中等，而 Ba、Ph 的碳酸盐密度大。

所有的碳酸盐矿物在盐酸或硝酸中都能不同程度地被溶解，并放出 CO_2，反应的难易是肉眼区分一些碳酸盐矿物的重要标志之一。

常见碳酸盐矿物特征见表 2-8。

表 2-8 常见碳酸盐矿物特征表

矿物名称及化学成分	矿物形态	矿物性质	鉴定特征	用途
(1) 方解石 Ca[CO_3]。w(CaO) = 56%, w(CO_2) = 44%。常含有 Mg、Fe、Mn 的类质同象混入物	三方晶系。晶体通常呈柱状、板状、菱面体、复三方偏三角面体。集合体常呈晶簇状、粒状、块状、多孔状、钟乳状、鲕状等	无色或白色，有时被 Fe、Mn、Cu 等元素染成浅黄、浅红、紫、褐黑色。透明至半透明。玻璃光泽。完全的菱面体解理。硬度 3。相对密度 2.6~2.9。遇稀盐酸起泡。无色透明的方解石称为冰洲石	以晶形，硬度，完全菱面体解理，滴稀盐酸剧烈起泡为特征。矿物的细粒在冷三氯化铁溶液中，表面染成褐色，加热后矿物表面染成褐红色	用于烧石灰、制水泥、冶炼矿石的溶剂等
(2) 菱铁矿 Fe[CO_3]。w(FeO) = 62.01%, w(CO_2) = 37.99%。常含有 Mn、Mg、Ca 等类质同象混入物	三方晶系。晶体常呈菱面体。晶面常弯曲。有时呈短柱状或复三方偏三角面体。集合体呈粒状、致密块状、土状结核状、葡萄状等	浅灰、浅黄至浅褐色，氧化后呈深褐色至褐黑色。玻璃光泽。菱面体解理完全。硬度 3.5~4.5。相对密度 3.96。随 Mn、Ca、Mg 含量的增高而相对密度下降。性脆	氧化后呈褐色，菱面体完全解理。加热盐酸起泡，加冷盐酸时作用缓慢，形成黄绿色的 $FeCl_3$ 薄膜。碎块烧后变红，并显磁性，区别于其他碳酸盐矿物	铁矿石的有用矿物
(3) 菱镁矿 Mg[CO_3]。w(MgO) = 47.81%, w(CO_2) = 52.19%。常含有 Fe，有时含有 Mn、Ca、Ni、Si 等混入物	三方晶系。晶体呈菱面体，通常呈显晶质粒状或隐晶质块状。在风化带中常呈隐晶质偏胶体的陶瓷状块体	白色、浅黄、浅灰等色，含 Fe 者呈黄至褐色。含 Co 者呈淡红色。玻璃光泽。菱面体完全解理。致密陶瓷状块体者具贝壳状断口。硬度 3.5~4.5。相对密度 2.9~3.1。含 Fe 者相对密度增大	以白色、致密粒状、菱面体完全解理为特征。与方解石的区别在于菱镁矿的粉末与冷稀盐酸不起反应，只有与热稀盐酸或冷浓盐酸才起反应。矿物细粒在冷或热三氯化铁溶液中均不染色	用于耐火材料和提取镁的矿物原料
(4) 白云石 CaMg[CO_3]$_2$。w(CaO) = 30.41%, w(CO_2) = 47.73%, w(MgO) = 21.86%。常含有 Fe、Mn，有时含 Zn、Co 类质同象混入物	三方晶系。晶体呈菱面体，晶面弯曲成马鞍形。有时呈粒状或板状。集合体常呈粒状、致密块状	无色、白色或灰色，含铁者为黄褐或褐色；含锰者为浅红色。玻璃光泽。菱面体解理完全。解理面常弯曲。硬度 3.5~4。相对密度 2.85，随成分中 Fe、Mn 含量的增加而增加。性脆	以弯曲的晶面（马鞍形晶体）为特征。它与方解石、菱镁矿相似。但白云石矿物粉末与冷盐酸作用起泡。矿物细粒在冷的三氯化铁溶液中，表面不染色，加热后则染成褐色	用于耐火材料，炼钢和铁合金的熔剂
(5) 菱锌矿 Zn[CO_3]。w(ZnO) = 64.8, w(CO_2) = 35.2%。常含 Fe^{2+}，有时含少量的 Co、Mn、Ca、Cu、Mg、Cd、Pb 等类质同象混入物	三方晶系。晶体呈菱面体及复三方偏三角面体和六方柱的聚形。集合体常呈肾状、钟乳状、皮壳状、土状等	灰白、暗灰、浅绿或浅褐色。玻璃光泽。透明至半透明。菱面体解理完全。硬度 4.5~5。相对密度 4.0~4.5。性脆	以形态、解理及较大的硬度和相对密度、遇稀冷盐酸起泡为特征。将矿物小块在氧化焰中吹烧，加一滴硝酸钴溶液，再用氧化焰吹烧则呈绿色（Zn 的反应）	锌矿石的有用矿物

续表 2-8

矿物名称及化学成分	矿物形态	矿物性质	鉴定特征	用　途
(6) 菱锰矿 $Mn[CO_3]$。$w(MnO)=61.71\%$，$w(CO_2)=38.29\%$。通常含有Fe、Mg、Ca等类质同象混入物	三方晶系。晶体呈菱面体，晶面弯曲，但不常见。热液成因者多呈显晶质粒状或柱状集合体；沉积成因者多呈隐晶质块状、鲕状、肾状、土状集合体	淡玫瑰色或紫红色，颜色随含Ca量的增加而变浅；含Fe高者呈黄色至褐色。氧化后表面变成褐黑色。玻璃光泽。菱面体解理完全。硬度3.5~4.5。相对密度3.6~3.7。性脆	以玫瑰红色、氧化后矿物表面呈褐黑色、菱面体解理完全、硬度不大为特征。以其硬度低和遇热稀盐酸起泡可与蔷薇辉石相区别	提炼锰的重要矿物原料
(7) 孔雀石 $Cu_2[CO_3](OH)_2$。$w(CuO)=71.9\%$，$w(CO_2)=19.9\%$，$w(H_2O)=8.2\%$。常含有微量的CaO、Fe_2O_3、SiO_2等机械混入物	单斜晶系。晶体呈柱状或针状。通常呈钟乳状、结核状、皮壳状、纤维状、粉末状或晶簇状	深绿至鲜绿色。条痕绿色。玻璃光泽至金刚光泽，纤维状集合体呈丝绢光泽，结核状者光泽暗淡。一组完全解理。硬度3.5~4。相对密度4.0~4.5。性脆	以鲜绿的颜色、常呈肾状、钟乳状的形态、遇盐酸起泡、呈铜的焰色反应为特征。以其加盐酸起泡可与矽孔雀石相区别	量多时可作炼铜的矿物原料。粉末可作绿色颜料
(8) 蓝铜矿 $Cu_3[CO_3]_2(OH)_2$。$w(CuO)=69.24\%$，$w(CO_2)=25.53\%$，$w(H_2O)=5.23\%$。一般不含杂质	单斜晶系。晶体呈短柱状或厚板状。集合体通常呈晶簇状、粒状、放射状、土状及皮壳状	深蓝色，钟乳状或土状者呈浅蓝色。条痕浅蓝色。玻璃光泽，土状块体呈土状光泽。透明至半透明。一组完全解理。硬度3.5~4。相对密度3.7~3.9。性脆	以深蓝色、加盐酸起泡、具铜的焰色反应、与孔雀石共生为特征	铜矿石的有用矿物

2.5.3　其他含氧盐矿物

其他含氧盐矿物，本书根据需要只介绍在选矿工作中较常见的硫酸盐矿物、磷酸盐矿物和钨酸盐矿物。其他不常见的硼酸盐、砷酸盐、钒酸盐、硝酸盐矿物等从略。

2.5.3.1　*硫酸盐矿物*

硫酸盐矿物是络阴离子 $[SO_4]^{2-}$ 与某些金属阳离子结合而成的化合物。目前已知的硫酸盐矿物有180多种，占地壳总重量的0.1%。其中常见和具有工业意义的矿物不多，主要是作为非金属矿物原料，如石膏、重晶石、明矾石等。

在硫酸盐矿物中，由于络阴离子 $[SO_4]^{2-}$ 的半径很大（2.95Å），因此，只有与半径大的两价金属阳离子 Ba^{2+}、Pb^{2+}、Sr^{2+} 相结合才能形成稳定的化合物；当与半径较小的两价阳离子 Mg^{2+}、Fe^{2+}、Cu^{2+}、Ni^{2+} 等结合时则形成含水硫酸盐，如胆矾 $CuSO_4 \cdot 5H_2O$。因此，半径中等的 Ca^{2+} 与 $[SO_4]^{2-}$ 结合既可形成无水硫酸盐硬石膏 $CaSO_4$，也可形成更稳定的含水硫酸盐石膏 $CaSO_4 \cdot 2H_2O$。某些半径较小的三价阳离子 Fe^{3+}、Al^{3+}，则只有与一价碱金属阳离子 K^+、Na^+同时参加晶格，形成一些含附加阴离子 $(OH)^-$的硫酸盐，如明矾石 $KAl_3[SO_4]_2(OH)_6$。

硫酸盐矿物的颜色一般较浅，呈无色或白色，含铁呈黄褐或蓝绿色；含铜者呈蓝绿色；含锰或钴者呈红色。玻璃光泽，少数呈金刚光泽。透明至半透明。硬度不大，小于 3.5，含结晶水时硬度更低，甚至降至 1~2。相对密度一般不大，在 2~4 左右，含钡和铅的矿物可达 4 以上。矿物普遍具有较完好的解理。化学性质不稳定和易溶于水。

常见硫酸盐矿物特征见表 2-9。

表 2-9 常见硫酸盐矿物特征表

矿物名称及化学成分	矿物形态	矿物性质	鉴定特征	用途
(1) 石膏 $Ca[SO_4] \cdot 2H_2O$。$w(CaO)$ = 32.5%，$w(SO_3)$ = 46.6%，$w(H_2O)$ = 20.9%。常含黏土和有机质等机械混入物	单斜晶系。晶体呈板状，少数呈柱状。通常呈块状、粒状、纤维状、晶簇状集合体	无色、白色，因含杂质而染成灰、浅黄、浅褐等色。玻璃光泽，解理面珍珠光泽，纤维状集合体呈丝绢光泽。一组极完全解理。硬度 2。相对密度 2.3。性脆	以板状晶体、硬度低、一组极完全解理为特征。致密块状石膏以硬度低和盐酸作用不起泡可与碳酸盐矿物相区别	用于水泥、造纸等
(2) 重晶石 $Ba[SO_4]$。$w(BaO)$ = 65.7%，$w(SO_3)$ = 34.3%。常含有 Sr、Pb 和 Ca 的类质同象混入物	斜方晶系。晶体呈板状，有时为柱状。集合体呈粒状、纤维状、致密块状。晶簇状、结核状或钟乳状	无色透明，一般呈白色、灰白色、浅黄、浅褐色。玻璃光泽，解理面珍珠光泽。三组解理（一组完全）。硬度 3~3.5。相对密度 4.3~4.5。性脆。用火烧时有噼啪响声	以板状晶形、相对密度大、三组解理为特征。遇盐酸不起作用可与碳酸盐矿物区别。以硬度小、相对密度大与长石区别	用于钻井的加重剂，也用于提取金属钡

2.5.3.2 *磷酸盐矿物*

磷酸盐矿物是络阴离子 $[PO_4]^{3-}$与某些金属阳离子结合而成的化合物。这类矿物是提取磷、稀土、铀等矿物原料的重要来源。

在磷酸盐矿物中，由于 $[PO_4]^{3-}$具有较高的电价和较大的离子半径，因此 $[PO_4]^{3-}$与稀土等离子半径大的三价阳离子结合时形成稳定的无水化合物，如独居石（Ce、La、Y、…）$[PO_4]$。若与半径较大的二价阳离子 Ca^{2+}、Sr^{2+}、Pb^{2+}化合时，则常有附加阴离子 OH^-、F^-、Cl^-等加入，形成磷灰石 $Ca_5[PO_4]_3(F, Cl)$ 等化合物。

磷酸盐矿物一般颜色较浅，但含色素离子（Fe、Mn、Ni、Cu、U）的矿物具有较鲜艳的颜色。多数矿物具有玻璃光泽，硬度 4 以上。无水磷酸盐矿物的硬度大于含水磷酸盐矿物。相对密度中等。多为非磁性和亲水性矿物。

常见磷酸盐矿物特征见表 2-10。

表 2-10　常见磷酸盐矿物特征表

矿物名称及化学成分	矿物形态	矿物性质	鉴定特征	用　途
(1) 独居石 (Ce, La,…) [PO_4]。$w(Ce_2O_3)$ = 34.99%，$w(La_2O_3)$ = 34.74%，$w(P_2O_5)$ = 30.27%。常含有 Th、Y、Zr 等类质同象混入物	单斜晶系。晶体呈板状，少数呈柱状或锥状。晶面常带条纹。通常呈细小的分散单体出现	黄褐色至红褐色，有时呈黄绿色。树脂光泽或玻璃光泽。半透明。中等解理。硬度 5～5.5。相对密度 4.9～5.5。因含有 Th、U 等元素故具有放射性	板状晶形，黄褐至红褐色。强玻璃光泽或树脂光泽。以及在紫外线照射下呈鲜绿色的萤光为特征	提取铈、镧、钇的矿物原料
(2) 磷灰石 $Ca_5[PO_4]_3(F_2Cl,OH)$。$w(CaO)$ = 54.58%，$w(P_2O_5)$ = 41.36%，$w(F)$ = 1.23%，$w(Cl)$ = 2.27%，$w(H_2O)$ = 0.56%	六方晶系。晶体呈六方柱状。集合体为粒状、致密块状、土状和结核状	灰白、淡绿、黄绿、黄、褐等色。玻璃光泽，断口油脂光泽。不完全解理。断口参差状。硬度 5。相对密度 3.18～3.21。加热后常出现磷光	当晶体较大时以晶形、光泽、解理不发育、硬度 5 为特征。若颗粒小时或呈粉末状者，可将钼酸胺粉末置于矿物上，加一滴硝酸，则生成黄色磷钼酸胺沉淀，表示有磷的存在	制造磷肥和提取磷的重要矿物原料

2.5.3.3　钨酸盐矿物

钨酸盐矿物是由钨酸根 $[WO_4]^{2-}$ 和 Fe^{2+}、Mn^{2+}、Ca^{2+} 及 Cu^{2+}、Pb^{2+}、Zn^{2+} 等二价金属阳离子结合而成的稳定化合物。钨酸盐矿物种类不多，但它是提取钨的主要矿物原料。

钨酸盐矿物的颜色随阳离子种类不同而异。硬度中等。相对密度很大，一般在 6～7 之间。具亲水性。常见钨酸盐矿物特征见表 2-11。

表 2-11　常见钨酸盐矿物特征表

矿物名称及化学成分	矿物形态	矿物性质	鉴定特征	用　途
黑钨矿 (Fe, Mn)[WO_4]。它为钨铁矿 $FeWO_4$—钨锰矿 $MnWO_4$ 完全类质同象系列的中间成员，WO_3 质量分数约 75%。常含有 Mg、Ca、Nb、Ta、Zn 等混入物	单斜晶系。晶体呈厚板状或短柱状，柱面有纵纹。集合体呈刃片状、板状或粒状	红褐色至黑色。条痕黄褐至褐黑色。它们随含铁量的增加而变深。树脂光泽至半金属光泽。一组完全解理。硬度 4～5.5。相对密度 7.12～7.51。富铁的黑钨矿具弱磁性。性脆	以板状晶体、褐黑色、一组完全解理、相对密度大为特征。有时易与铁闪锌矿相混淆，但铁闪锌矿为粒状集合体，多组完全解理以及中等相对密度可与黑钨矿区别	提取钨的主要矿物原料

含氧盐矿物中的阴离子为各种含氧根如 $[SiO_4]^{4-}$、$[SO_4]^{2-}$、$[PO_4]^{2-}$、$[CO_3]^{2-}$、$[WO_4]^{2-}$等络阴离子。此外有时还存在 OH^-、Cl^-、F^-等附加阴离子。由于络阴离子较简单的阴离子有着较大的差别，它们均具有较大的离子半径（大于 2.5Å），因此只能与离子半径较大的阳离子相结合，才能形成稳定的化合物。常见的阳离子主要有 K^+、Na^+、Li^+、Ca^{2+}、Al^{3+}、Mg^{2+}、Sr^{2+}、Ba^{2+}等。当阳离子半径较小或电价不平衡时，则由附加阴离子 OH^-、Cl^-、F^-或 H_2O 等来补偿。

在含氧盐矿物的结晶构造中，络阴离子是作为一个独立构造单位而存在，正如上述各大类矿物中的简单阴离子在结晶构造中存在一样。络阴离子中的阳离子具有较高的电荷和较小的半径，因此其中的氧离子与中心的阳离子之间以共价键结合，键力很牢固。络阴离子与其外部的阳离子结合时，主要为离子键，大多数含氧盐矿物属于这种类型。络阴离子作层状构造者。矿物晶格具分子键。因此，含氧盐矿物具有多种键性。

绝大多数的含氧盐矿物属于离子化合物，因而表现出离子晶格的性质。绝大多数矿物的颜色较浅、透明至半透明、玻璃光泽、相对密度小、硬度较大、不导电、难传热、难溶解和不易熔融，但少数向共价键过渡者则具金刚光泽、硬度更大、化学性质更稳定；具分子键或含水者则透明度很差，呈土状光泽、硬度也小，并易脱水分解。

从选矿工艺而言，绝大多数含氧盐矿物在金属矿石中均为脉石矿物，少数为矿石矿物。它们的多数表面亲水性较强，仅少数疏水性较好，如滑石。多数矿物的物理化学性质稳定，除含 Fe、Mn 的少数矿物外。绝大多数矿物色浅，与属矿物颜色差异大，一般不具磁性和导电、传热性。有的矿物还具有特殊的发光性，如白钨矿。这些性质与氧化物、硫化物和金属自然元素矿物有较大的差别。

2.6 卤化物矿物大类

卤化物矿物是卤族元素氟（F）、氯（Cl）、溴（Br）、碘（I）与惰性气体型离子 K^+、Na^+、Ca^{2+}、Mg^{2+}等组成的化合物，此外，还有部分铜型离子 Ag、Cu、Ph、Hg 等元素，不过它们组成的卤化物在自然界极为少见，只有在特殊的地质条件下才能形成。某些卤化物还含有 $(OH)^-$或 H_2O 分子。目前已知的卤化物矿物约有一百余种，其中主要是氟化物和氯化物，而溴化物和碘化物少见。

由惰性气体型离子所组成的卤化物，一般透明无色、呈玻璃光泽、硬度低、密度小、熔点和沸点低、易溶于水、导电性差；而由铜型离子所组成的卤化物，一般显浅色，透明度降低、金刚光泽、硬度较大、密度增大，熔点和沸点高，不溶于水，导电性增强。

卤化物主要在热液作用和外生作用中形成。在热液过程中往往形成大量的萤石。外生作用下，在干旱的内陆盆地、泻湖海湾环境中，形成大量氯化物矿物的沉淀和聚积。现今绝大部分的 Cl、Br、I 集中于海水中。

本大类矿物在自然界以氯化物矿物分布最广，分布有限的是氟化物矿物，而溴化物矿物和碘化物矿物在自然界少见。常见的卤化物矿物见表 2-12。

表 2-12　常见卤化物矿物特征表

矿物名称及化学成分	矿物形态	矿物性质	鉴定特征	用　途
（1）萤石 CaF_2。w（Ca）= 51.1%，w（F）= 48.9%。有时含 Y 和 Ce 类质同象混入物	等轴晶系。晶体呈立方体，其次是八面体、菱形十二面体。集合体为粒状或块状	颜色变化大，常见的为绿色、玫瑰色、蓝色、褐色。玻璃光泽。八面体解理完全。硬度 4。相对密度 3.18。性脆。具荧光性。某些变种有热光性，阳光照射后可发磷光	以立方体晶形、八面体解理、硬度和各种浅色为鉴定特征。此外进行荧光、热光试验也可作辅助鉴别	冶金工业用作熔剂。化学工业用来制取氢氟酸
（2）石盐 NaCl。w（Na）= 39.4%，w（Cl）= 60.6%。常含卤水、气泡、泥质和有机质等机械混入物	等轴晶系。晶体常呈立方体。集合体呈粒状或致密块状	无色或白色。当含有杂质时可呈各种颜色，如黄色（氢氧化铁）、红色（氧化铁）、灰色（泥质细点）。玻璃光泽。半透明至透明。立方体完全解理。性脆。硬度 2。相对密度 2.1 ~ 2.2。味咸。易溶于水。烧之火焰呈黄色（Na）	以立方体解理、味咸、易溶于水为特征。烧之呈黄色火焰、无苦味区别于钾盐	作为食用的防腐剂。制取金属钠、盐酸及其他化工产品的原料

复习思考题

2-1　常见矿物按科学分类方法可分为哪几类？

2-2　矿物按不同性质和用途进行分类可分为哪几类？

2-3　常见的有色金属矿物有哪些？

2-4　常见的稀有金属矿物有哪些？

2-5　常见的非金属矿物有哪几大类？

2-6　从成因的角度可将矿物分为哪几大类？

2-7　按晶体化学分类法如何划分矿物？

2-8　阐述矿物的命名依据及命名方法。

3 矿石的形成

3.1 矿　　石

3.1.1 地壳的物质组成

元素周期表中的元素，除了人造元素外，都能在地壳中发现。然而元素在地壳中的质量分数极不一致，如质量分数最高的氧为 46%左右，而质量分数最低的氡仅为 $1.6\times10^{-9}\%$。元素在地壳中的丰度值称为克拉克值，以此纪念美国学者克拉克 1924 年首次提出化学元素在地壳中的平均含量。

地壳主要由 10 种元素组成，它们是氧、硅、铝、铁、钙、钠、钾、镁、钛和氢。这 10 种元素占地壳的 99%以上，其中氧约占一半，硅占 1/4 左右，见表 3-1。

表 3-1　地壳中 10 种主要化学元素的丰度值　　（质量分数/%）

元　素	克拉克、华盛顿（1924 年）	费尔斯曼（1933~1939 年）	泰勒（1964 年）	苗松（1966 年）
O	49.52	49.13	46.40	46.60
Si	25.75	26.00	28.15	27.72
Al	7.51	7.45	8.23	8.13
Fe	4.70	4.20	5.63	5.00
Ca	3.39	3.25	4.15	3.63
Na	2.64	2.40	2.36	2.83
K	2.40	2.35	2.09	2.59
Mg	1.94	2.35	2.33	2.09
Ti	0.58	0.61	0.57	0.44
H	0.88	1.00	—	0.14
合　计	99.31	98.74	99.91	99.17

地壳的矿物成分十分复杂，目前已发现有 3000 多种矿物。和元素一样，矿物在质量分数上的差异也很大。地壳中质量分数最高的 4 种矿物是斜长石、钾长石、石英和辉石，这 4 种矿物约占地壳的 3/4，其中长石占 1/2 左右。组成地壳的主要矿物质量分数见表 3-2。

3.1.2 矿石及其相关概念

矿石是由矿物组成的，矿物又是由元素组成的。矿石的自然聚集便构成矿体，若干矿体组成矿床。此外，矿石与岩石之间也存在密切联系。如前所述，矿石是具有经济价值的特殊岩石。矿石与元素、矿物、矿体、矿床以及岩石等概念之间的关系可用图 3-1 表示。

有关矿物和岩石前面已分别作了讨论，下面主要论述矿石、矿体和矿床 3 个基本概念及相关内容。

表 3-2　组成地壳的主要矿物质量分数

矿物类别	矿物名称	质量分数/%	分类质量分数/%
硅酸盐类	斜长石	39	79.6
	钾长石	12	
	辉石	11	
	角闪石	5	
	云母	5	
	黏土矿物	4.6	
	橄榄石	3	
氧化物类	石英	12	13.5
	磁铁矿、钛铁矿	1.5	
碳酸盐类	方解石	1.5	2.4
	白云石	0.9	
其他矿物		4.5	4.5

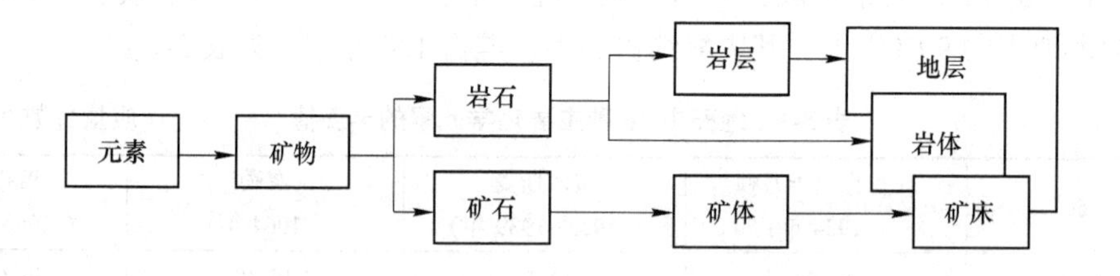

图 3-1　矿石与相关概念的关系示意图

3.1.2.1　*矿石的概念*

矿石是从矿体中开采出来的满足以下两个要求之一的矿物集合体。对矿石的一个要求是从中可提取有用组分（元素、化合物或矿物）。如从金矿石中提取 Au（元素），从盐矿石中提取 NaCl（化合物），从金刚石矿石中提取金刚石（矿物）等。对矿石的另一个要求是它必须具有某种可被利用的性能，或者说可用作某种材料或原料。如煤具有燃烧性能，可用作燃料；优质的大理石或花岗石具有装饰性能，可用作建筑材料；硅藻土具有吸附等性能，可用作过滤材料等。因此，煤、优质大理石和花岗石以及硅藻土也都是矿石。

矿石一般由矿石矿物和脉石矿物两部分组成。矿石矿物也称有用矿物，是指可被利用的金属或非金属矿物。矿石中可以只有一种矿石矿物，如铬矿石中的铬铁矿，也可以有几种矿石矿物，如铜矿石中的黄铜矿、斑铜矿和孔雀石等。脉石矿物是指矿石中不能利用的矿物，故也称无用矿物。脉石矿物通常多于一种，如铬矿石中的橄榄石和辉石，铜矿石中的石英、绢云母和绿泥石等。脉石矿物主要是非金属矿物，有时也包括一些金属矿物，如金矿石中的黄铁矿，又如铜矿石中含量极低的方铅矿和闪锌矿，因无回收价值而被视作脉石矿物。可见，矿石矿物和脉石矿物的划分是相对的。随着迅速发展的工艺技术水平以及人类对新矿物原料的需求，当前不能利用的脉石矿物将来有可能成为矿石矿物。

3.1.2.2 矿石的品位

矿石中有用组分的单位含量称为品位，它是衡量矿石质量的最主要标准。品位可以分为边界品位、工业品位和矿区平均品位等类型。边界品位是圈定工业矿体与围岩界限的最低品位；工业品位是指工业上可利用的矿段或矿体的最低平均品位，只有当矿段或矿体的平均品位达到工业品位时，才具有开采价值；矿区平均品位是指整个矿区工业矿石的总平均品位，用以衡量整个矿区矿石的贫富程度。

品位是矿床开采的重要工业指标。对于不同的矿种，品位差异悬殊。如富铁矿石一般要求 Fe 品位高于 50%，而金矿石若品位达到 0.0005%（5g/t）就可算富矿石了，两者品位相差十万倍。可见，不同的矿种需要不同的品位表示方法，通常有 5 种情况。

（1）普通金属矿石的品位是用金属元素（如 Fe、Cu）或金属氧化物（如 WO_3、V_2O_5）的质量百分比表示。如某铁矿石的品位为 50%就表示 100kg 矿石中含有 50kg 铁。

（2）贵金属矿石的品位一般用 1t（m^3）矿石中含多少克有用成分表示，如某金矿石的品位为 5g/t，则表示 1t 金矿石中有 5g 金。

（3）非金属矿物原料的品位一般是以矿石中有用矿物或化合物的质量百分比表示。如萤石矿、明矾石矿及重晶石矿等矿石以矿物的质量百分比表示品位；盐类等矿石以化合物的质量百分比表示品位。

（4）砂矿的品位一般以每立方米含有用矿物的质量表示。如某砂锡矿锡石的品位为 1000g/m^3表示每立方米砂矿中有 1kg 锡石。

（5）宝石矿常以每吨矿石含多少克拉宝石表示。如某金刚石矿石品位为 2ct/t，表示 1t 矿石中含有 2ct 金刚石。

必须指出，并非所有的矿石都需要品位指标，如装饰用的花岗石矿，主要以颜色、花纹、强度和块度等作指标，而没有品位的概念。

3.1.2.3 矿石的结构构造

矿石的结构是指矿石中矿物结晶颗粒的形状、大小及空间相互结合关系等特征，强调的是矿物的结晶颗粒。矿石的构造指矿石中矿物集合体的形状、大小及空间相互结合关系等特征，强调的是矿物集合体的特点。因此，结构是相对微观的特征，主要在显微镜下和手标本上观察，在显微镜下还可观察矿物的解理、双晶和环带等晶粒内部结构；构造是相对宏观的特征，主要在手标本和露头上观察。

研究矿石的结构构造具有地质和矿物加工两方面的意义。矿石的结构构造是在一定的地质环境和物理化学条件下形成的，通过研究可以提供成矿作用、矿床成因及找矿方面的信息。另一方面，通过研究有用组分在矿石中的赋存状态、有用矿物的粒度、形态和嵌布关系等特征，可为矿石的工业评价、选择最合理的技术加工工艺提供重要的基础资料。

常见的矿石结构见表 3-3。下面仅对最常见的几种结构作一简介。

（1）粒状结构。矿石中可以区分出单个晶粒。多数晶粒有完整的结晶外形时，称自形粒状结构，如图 3-2 所示；多数晶粒形态不规则，无固定结晶外形时称他形粒状结构；界于以上两种情况之间者称为半自形粒状结构。

表 3-3　矿石的常见结构类型

成因划分	结构类型
熔体和溶液的结晶结构	自形粒状结构、半自形粒状结构、他形粒状结构、海绵陨铁结构、共结边结构
溶液的交代结构	半自形粒状结构、他形粒状结构、文象结构、残余结构、骸晶结构、镶边结构、反应边结构、假象结构、网状结构
固溶体分离结构	乳浊状结构、叶片状结构、格状结构、结状结构、文象结构
胶体物质重结晶结构	自形变晶结构、半自形变晶结构、不等粒变晶结构、花岗变晶结构、放射状变晶结构
沉积结构	碎屑结构、草莓结构、各种生物结构
结晶物质重结晶和动力结构	压碎结构、揉皱结构、花岗变晶结构、定向变晶结构

（2）交代结构。已结晶矿物的一部分被后期晶出的矿物替代，使其晶形残缺不全，形状复杂而不规则，如图 3-3 所示。

（3）固溶体分离结构。固溶体俗称固体溶液，指在高温时为两种或两种以上的组分呈类质同象的混合物。温度下降时，这种混合物不稳定，会分解成两种或几种矿物。由此形成的结构称为固溶体分离结构，如乳浊状（见图 3-4）、叶片状、格状和结状等结构。

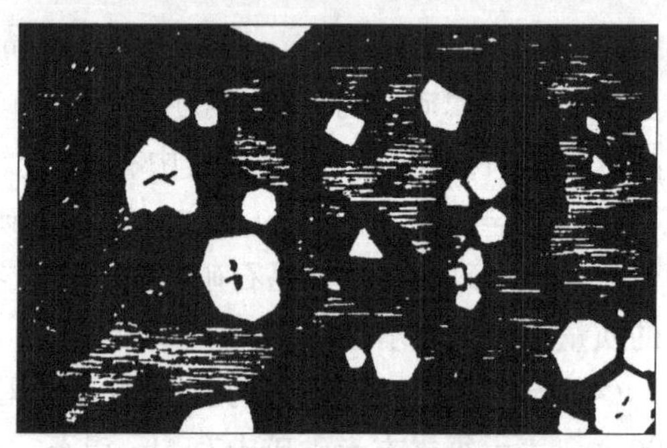

图 3-2　磁铁矿的自然粒状结构

图 3-3　柱状锡石被黄铜矿替代

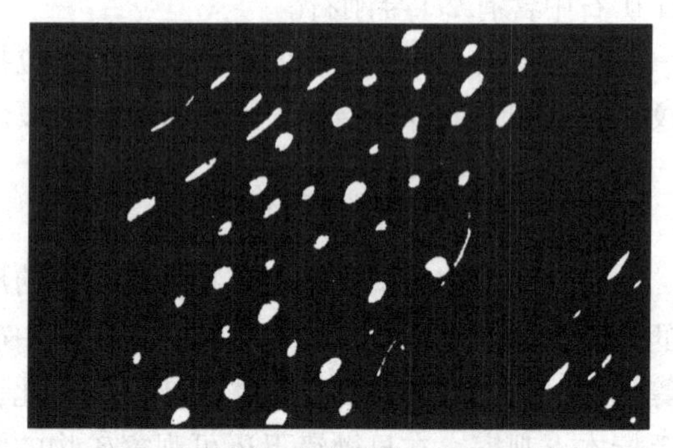

图 3-4　铁闪锌矿中的乳浊状雌黄铁矿

（4）动力结构，或称压力结构。指矿石形成后，受动力作用而使矿物发生变形或破碎而成的结构。塑性矿物常形成揉皱结构［见图 3-5（a）］，脆性矿物则易形成压碎结构［见图 3-5（b）］。

常见的矿石构造见表 3-4。从表 3-3 和表 3-4 可以看出，不同的地质环境可以形成相同的矿石结构和构造，但多数结构构造能反映和指示生成环境，具有成因意义。下面介绍几种最常见的矿石构造。

（1）浸染状构造。矿石中矿物以脉石矿物为主。少量的矿石矿物呈较均匀的星点状分布在脉石矿物的基质中，如图 3-6 所示。矿石矿物质量分数很低时称为稀疏浸染状，质量分数大于30%为稠密浸染状构造。

(a)

(b)

图3-5 方铅矿的揉皱结构和黄铁矿的压碎结构
(a)揉皱结构;(b)压碎结构

表3-4 矿石的常见构造类型

成因划分		构造类型
岩浆矿石构造	岩浆分异的矿石构造	浸染状构造、斑点状构造、斑杂状构造、块状构造、条带状构造、豆状构造
	喷出岩浆的矿石构造	气孔状构造、杏仁状构造、绳状构造、流纹状构造、块状构造、角砾状构造
气水热液矿石构造	充填矿石构造	脉状构造、网脉状构造、晶洞状构造、梳状构造、块状构造、角砾状构造
	交代矿石构造	浸染状构造、块状构造、条带状构造、脉状构造、网脉状构造、细脉浸染状构造
沉积矿石构造	胶体化学沉积矿石构造	鲕状构造、肾状构造、豆状构造、胶状构造
	生物化学沉积矿石构造	迭层石构造、纹层状构造、浸染状构造、块状构造
	火山沉积矿石构造	纹层状构造、条带状构造、角砾状构造、团块状构造
风化矿石构造		多孔状构造、蜂窝状构造、胶状构造、葡萄状构造、钟乳状构造、结核状构造、皮壳状构造、网脉状构造
变质矿石构造		片状构造、片麻状构造、皱纹状构造、条带状构造、眼球状构造、鳞片状构造、块状构造、变余构造

(2)块状构造。矿石矿物质量分数大于80%,颗粒大小较均匀,排列无方向性,组成无孔隙的致密块状集合体,这种矿石称为块状构造。

(3)条带状构造。矿石矿物集合体和脉石矿物集合体分别作单向延长,呈条带状相间出现,如图3-7所示。

(4)脉状构造。矿石矿物集合体作两向延伸,呈脉状分布于脉石矿物基质中,组成

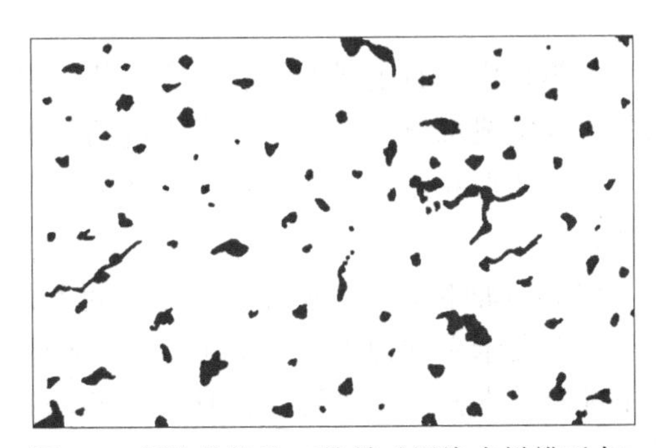

图3-6 浸染状构造(铬铁矿浸染在橄榄石中)

脉的矿物可以是一种或数种。两组脉相互交切时称交错脉状构造，几组不规则的细脉交切成网状时称网脉状构造，如图 3-8 所示。

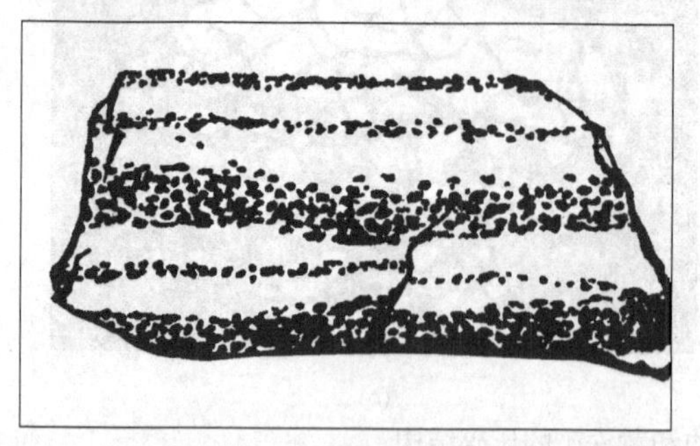

图 3-7　条带状构造（铬铁矿呈条带分布在橄榄石中）

图 3-8　网脉状构造（铬铁矿呈网脉分布在橄榄石中）

（5）角砾状构造。先形成的矿石或岩石破碎成角砾，被后形成的另一种矿物集合体胶结而成的构造。矿石矿物可以含在角砾中，也可以含在胶结物中，如图 3-9 所示。

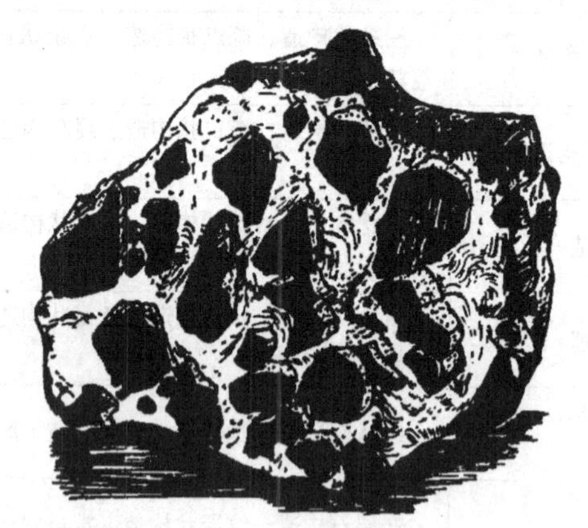

图 3-9　角砾状构造（磁铁矿呈角砾被泥质胶结）

（6）胶状构造。矿物集合体主要为隐晶质或非晶质，形态复杂，表面具球状或瘤状凸起，断面呈弯曲同心环带，各环带界限不清，常为渐变关系。

3.1.3　矿体和矿床

3.1.3.1　*矿体*

矿体是由矿石组成的具有一定形状、规模和产状的地质体。矿体是采矿的对象，是矿床的主要组成部分。一个矿床通常包括数个甚至上百个矿体。

矿体的形状复杂多变。根据矿体在三维空间的长度比例，可将其形状分为 3 种基本类型。

（1）等轴状矿体。矿体在三维空间上大致均衡延伸。直径在数十米以上者称为矿瘤，直径只有几米者称为矿巢，更小的称为矿囊或矿袋。当矿体有一个方向较短，而且中间厚边上薄时，常被称为透镜状矿体或扁豆状矿体，它们属于等轴状矿体与板状矿体的过渡类型。

（2）板状矿体。当矿体作两向延伸，即长度和宽度很大，而厚度较小时称为板状矿体。板状矿体可分为矿脉和矿层两种情况。矿脉是产在各种岩石的断裂或裂隙中的板状矿体，属典型的后生矿床。矿层一般是指沉积成矿作用形成的矿体，与周围的岩层是在统一的地质作用下同时形成的，属于同生矿床。一般说来，矿层的产状比矿脉稳定，规模也比矿脉大。

（3）柱状矿体。它指矿体在三维空间上作一向延长，大多是垂直方向延伸很大，呈柱状者称柱状矿体。此外，还有筒状矿体和管状矿体之称。如金刚石矿体常呈筒状或管状。

自然界很多矿体是不规则的，有的界于等轴状与板状之间，有的界于板状与柱状之间。

矿体的产状是指矿体的产出空间位置和地质环境。矿体的空间位置一般是由其走向、倾向和倾角来确定的，称为矿体的产状要素。对于透镜状、扁豆状和柱状等形态的矿体，除了走向、倾向和倾角外，还需测量侧伏角和倾伏角，才能准确地判定它们的空间位置。有关名词的含义如下（见图 3-10）。

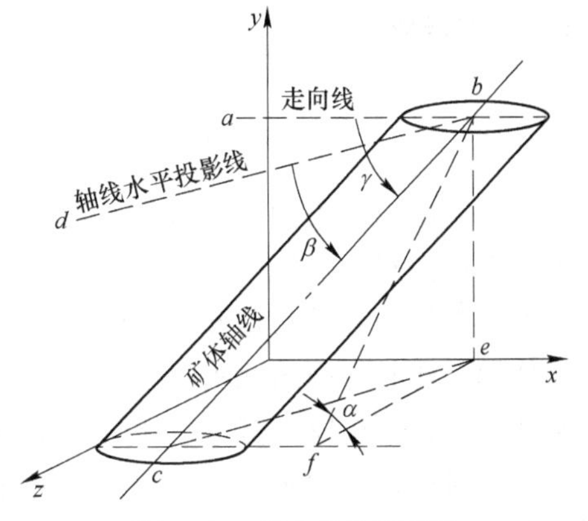

图 3-10　矿体产状示意图

α—倾角；β—倾伏角；γ—侧伏角

（1）走向。用一假想水平面与矿体相切，便可得到矿体周边线围成的封闭图形，该图形的长轴方向就是矿体的走向。若是层状矿体，显然走向就是层面与水平面的交线方向。

（2）倾向。与走向垂直并沿矿体倾斜面向下的线条（*bf*）称为倾斜线，倾斜线在水平面上的投影所指的方向即是倾向。

（3）倾角。倾斜线与水平面的最小夹角（$\angle efb$）称为倾角。倾角可在 0°～90°之间变化。

（4）侧伏角。它是矿体最大延伸方向（即矿体轴线）与走向之间的夹角（$\angle abc$）。

（5）倾伏角。它是矿体最大延伸方向（*bc*）与其水平投影线（曲）之间的夹角（$\angle dbc$）。

必须指出，同一矿体的空间位置常是有变化的，不同部位可以有不同的方位。所以，确定一个矿体的空间位置往往需要许多组产状数据。

与矿体产状有关的地质环境还包括矿体的埋藏情况、矿体与岩浆岩的空间关系、矿体与围岩的层理和片理之间的关系，以及矿体与地质构造的空间关系等内容。

与矿体有关的概念还有围岩、夹石和最小可采厚度等。围岩是指矿体周围包围矿体的各种岩石，它与矿体之间的界限有时是明显的，有时则是过渡不清的，这时就需要用品位来圈定矿体。开采过程中，若有大量围岩混入矿石中，就会使开采出来的矿石发生品位贫化。夹石是指矿体内部不符合工业要求的岩石，它的厚度超过了允许的范围时，就必须从矿体中剔除。不同的矿种有不同的夹石剔除厚度规定，它是矿产工业指标之一。最小可采厚度简称可采厚度，指在一定的经济和技术条件下，可以开采出来的矿体的最小厚度，它也是一个工业指标。如果矿体的厚度小于该指标，则没有开采价值。

3.1.3.2 矿床

矿床是一个地质学专业术语，是指地壳中由地质作用形成的，由有用矿产资源和相关地质要素构成的地质体，其中的有用矿产资源必须在一定的经济技术条件下，在质和量两方面都具有开采利用价值。

构成矿床的前提是要有矿体，此外，矿床也应包括矿区的围岩、与成矿有关的岩浆岩、提供成矿物质的母岩以及矿体和围岩中的各种地质构造等内容。

对于一定的矿种，决定矿床经济价值的最重要因素就是矿产的储量，即矿产在地下的埋藏量。

3.1.4 矿岩形成

3.1.4.1 成岩、成矿作用

在一定的自然条件下，形成岩石的地质作用称为成岩作用。如果形成岩石的过程中，伴随有矿产的形成，则称为成矿作用。可见，成岩作用和成矿作用是统一地质作用中的两个方面，即岩石和矿石是统一地质作用的两种产物。成岩作用是非常普遍的地质现象，而成矿作用是比较特殊的地质现象。在地球的演化过程中，只有当分散在地壳和上地幔中的元素在迁移过程中发生富集，才有可能形成矿石。所以，自然界矿石比岩石少得多。

下面对成矿作用做一介绍。按作用的性质和能量来源，成矿作用可划分为内生成矿作用、外生成矿作用和变质成矿作用三大类，每一类成矿作用都可形成相应的矿产。

A 内生成矿作用

内生成矿作用是指主要由地球内部热能导致矿床形成的各种地质作用。地球内部热能包括放射性元素的蜕变能、地幔及岩浆的热能以及重力场引起的物质调整过程中释放出的位能等。除了火山喷发和到达地表的温泉外，内生成矿作用都是在地下不同深度、压力、温度和地质构造条件下进行的。因此，这种作用既复杂多样，又不能被人们直接观察到。总的说来，内生成矿作用多数是在较高的温度和较大的压力下，在地壳深处进行着。

按物理化学条件的差异，内生成矿作用可分为岩浆成矿作用、伟晶岩成矿作用及气化—热液成矿作用等类型。

B 外生成矿作用

在以太阳能为主要能量的影响下，在岩石圈上部、水圈、大气圈和生物圈的互相作用过程中，导致在地壳表层形成矿床的各种地质作用称为外生成矿作用。除了太阳辐射能外，外生成矿作用也有部分生物能和化学能的参与。

外生成矿作用基本上是在常温常压下进行的，其成矿物质主要来源于地表岩石和矿石的风化物、生物有机体及火山喷发物。如铝硅酸盐风化分解可形成黏土矿物和盐类矿物；铁硅酸盐风化分解可形成铁矿床。生物是形成某些外生矿床的重要原因，生物吸收了土壤、水和空气中的各种无机盐类、CO_2和H_2O等，并把这些物质转化为生物有机体中的碳氢化合物，在生物的骨骼、甲壳、鳞片及排泄物中也富集有某些元素。生物死亡后，在一定的环境中，大量聚集的生物遗体便可形成各种矿产，如煤、石油和磷块岩等。

根据成矿环境的不同，可将外生成矿作用分为风化成矿作用和沉积成矿作用两大类。

C　变质成矿作用

因地质环境的改变，尤其是经过深埋或其他热动力作用，原先形成的岩石或矿石会发生各种变化，表现为矿物成分、化学成分、结构构造以及物理性质等方面的改变，发生某种有用物质的富集或岩石性质的优化，从而形成矿床；或者强烈改造原来的矿床，使其成为具有另一种工艺性质的矿床，这种地质作用称为变质成矿作用。变质成矿作用的能量主要来自地球内部。所以，从本质上说，变质成矿作用仍属于内生成矿作用的范畴。

变质成矿作用一般是在较高温度和压力的地质环境中进行，并伴随有化学活动性流体的参与。变质成矿作用形成的矿石的一个重要特征就是具有新生变质矿物和典型变质构造。

按发生变质成矿作用的地质环境，可将变质成矿作用分为三种类型，分别是接触变质成矿作用、区域变质成矿作用和混合岩化成矿作用。

3.1.4.2　岩石的类型

岩石是在各种不同的地质作用下，由造岩矿物形成的集合体。岩石可以由一种矿物形成，如纯度高的大理岩由方解石组成。但多数岩石是由两种以上的矿物组成的，如花岗岩主要由长石、石英和云母等矿物组成。有的岩石组分很复杂，如矽卡岩中可含有几十种矿物。

岩石是地壳的主要组成部分。在地壳中各种各样的岩石可根据其形成作用分为三大类，即沉积岩、岩浆岩和变质岩。

A　沉积岩

沉积岩是在地表形成的一种地质体，是在常温常压下由风化作用、生物作用和火山作用形成的物质经过沉积与石化等作用而成的岩石。

沉积岩主要由以下六类（种）矿物组成，按含量由高到低依次为石英和玉髓、碳酸盐、云母和绿泥石、长石、高岭石等黏土矿物、氧化铁矿物。以上矿物约占沉积岩平均矿物含量的97%，其中石英约占30%，碳酸盐约占20%，云母和绿泥石接近20%。除了成分上的特征外，沉积岩还有两个典型的特征：一是沉积岩中常含有生物化石；二是常具有各种各样的成层构造和层面构造。如层理构造是沉积岩的基本构造特征；波痕、干裂和足迹等层面构造则是沉积岩特有的构造。

最常见的沉积岩如下：

（1）砾岩和角砾岩。直径大于2mm的岩石碎屑称为角砾，如角砾经流水长期搬运磨蚀或波浪的往返搬运磨蚀，被磨去了棱角则称为砾石。角砾被硅质、钙质、铁质或泥质等物质胶结在一起时就成为角砾岩，而砾石被胶结时称为砾岩。沉积岩中，砾岩比角砾岩更普遍。

（2）砂岩和粉砂岩。沉积岩中，将粒度为2~0.0625mm的碎屑物含量占50%以上的岩石称为砂岩，将粒度为0.0625~0.0039mm的碎屑物含量占50%以上的岩石称为粉砂岩。砂岩的主要成分是石英，次为长石和岩屑；粉砂岩的主要成分仍为石英，其次是长石和云母，岩屑极少见。自然界砂岩比粉砂岩更常见。

（3）页岩和泥岩。页岩和泥岩属于黏土岩类，指直径小于0.01mm的极细颗粒组成的岩石。如果岩石显现很薄的层理，即页理，就称为页岩，否则称为泥岩。黏土岩类是沉积岩中分布最广的一类岩石，约占沉积岩总体的60%，其中页岩和泥岩是黏土岩的主要岩石类型，它们的成分以黏土矿物和粉砂（石英、长石、云母等）为主。

（4）石灰岩和白云岩。属于碳酸盐岩，以方解石为主的沉积岩称为石灰岩，以白云石为主时称为白云岩。在自然界中，也常见两种岩石的过渡类型，如白云质灰岩。碳酸盐岩在地壳中的分布仅次于黏土岩和砂岩，约占沉积岩总面积的20%。在我国碳酸盐岩特别发育，约占沉积岩总面积的55%。

B　岩浆岩

由岩浆冷凝结晶而成的岩石称为岩浆岩，或称火成岩。

岩浆岩中最主要的矿物成分是长石、石英、普通辉石和云母。这4种矿物约占岩浆岩总成分的90%，其中长石约占50%，石英约占20%。

按生成环境，岩浆岩可以分为两大类。岩浆侵入在地下一定深度内形成的岩石称为侵入岩，它又可分为深成岩和浅成岩两个亚类；岩浆喷到地表冷凝结晶而成的岩石则称为喷出岩，或称火山岩。根据岩浆中SiO_2的质量分数，岩浆岩又可分为超基性岩［$w(SiO_2) < 45\%$］、基性岩［$w(SiO_2) = 45\% \sim 52\%$］、中性岩［$w(SiO_2) = 52\% \sim 65\%$］和酸性岩［$w(SiO_2) > 65\%$］。岩浆岩还具有不同的产状，即根据岩体的大小和形状等特征，将岩浆岩体分为岩床、岩株、岩盘、岩盆、岩脉、岩被等一系列类型。

岩浆岩常具有粒状结构（侵入岩）、斑状结构（超浅成岩）以及各种流动构造和气孔构造（喷出岩）等结构构造。

最常见的岩浆岩如下：

（1）花岗岩和流纹岩。属于酸性岩。为同类岩浆在不同环境下形成的两种岩石，花岗岩为深成岩，流纹岩为喷出岩。矿物成分以石英、正长石和酸性斜长石为主，次为云母和角闪石。与花岗岩有关的矿产较多，如Au、Ag、W、Sn、Fe、Cu、Pb、Zn、Mo、Bi、Be、Hg、Sb、Nb、Ta和稀土元素、宝石等。花岗岩在大陆地壳中分布极广，几乎占陆壳所有岩浆岩的一半以上。

（2）闪长岩和安山岩。属于中性岩。为同种岩浆的两种产物，闪长岩是深成岩，安山岩为喷出岩。矿物成分以斜长石和角闪石为主，其次是辉石和黑云母。

（3）辉长岩和玄武岩。属于基性岩。两种岩石由同种岩浆形成，辉长岩为深成岩，玄武岩为喷出岩。两者之间还有一种浅成相岩石，称为辉绿岩。矿物成分以基性斜长石和辉石为主，次为黑云母和角闪石。玄武岩是分布最广、体积最大的一类喷出岩，其中可产铜、铁、钴及玛瑙、冰洲石等矿产，玄武岩还是铸石的理想原料。

（4）橄榄岩。属于超基性岩。新鲜岩石呈橄榄绿色，但易变成黑色。矿物成分以橄榄石和辉石为主，并有少量角闪石。橄榄岩属于深成岩，形成这类岩石的岩浆通常不喷出地表。

以上4类岩石，从花岗岩到橄榄岩，由于浅色矿物逐渐减少，暗色矿物不断增加，使岩石的颜色依次变深，从灰白色向绿黑色过渡。

C　变质岩

变质岩是地壳发展过程中，原先已存在的各种岩石在特定的地质和物理化学条件下所形成的具有新的矿物组合和结构构造的岩石。

变质岩的矿物成分比沉积岩或岩浆岩复杂得多。这是因为变质岩在继承原岩矿物成分的基础上，又形成了许多新生变质矿物，如硅灰石、符山石、蓝晶石、红柱石、矽线石、刚玉、堇青石、十字石、方柱石等。变质岩常具有特征的结构构造，如各种变余结构和变晶结构，以及变余构造和变成构造等。

最常见的变质岩如下：

(1) 板岩。它指原岩矿物成分基本没有重结晶的泥质或粉砂质变质岩以及部分中酸性凝灰质岩石的变质产物，属于低级变质岩。岩性较致密，常有密集的劈理，具特征的板状构造。新生矿物较少。根据颜色或所含杂质的不同可进一步分为碳质板岩、钙质板岩、硅质板岩及凝灰质板岩等。

(2) 千枚岩。它指原岩矿物成分普遍发生重结晶的泥质或粉砂质变质岩以及部分中基性火山岩经低级区域变质而成的岩石。千枚岩的变质程度比板岩深，出现较多的新生矿物具千枚状构造。典型矿物组合为：绢云母+石英+钠长石+绿泥石。绢云母细片常使岩石呈现出丝绢光泽。

(3) 片岩。它是一种有明显片理构造的中等变质程度的岩石。原岩类型多样，可以是超基性岩、基性岩、火山凝灰岩、含杂质的砂岩、泥灰岩或泥质岩等。片岩主要由云母、绿泥石和滑石等片状矿物平行排列而成，并有一定量的柱状矿物（阳起石、透闪石、普通角闪石）和粒状矿物（石英、长石等）。

(4) 片麻岩。它是指具有中粗粒鳞片粒状变晶结构，片麻状、条带状或条痕状构造的较深变质程度的岩石。组成矿物以长石、石英和云母为主，且长石多于石英，长英质矿物含量大于50%。

(5) 石英岩。乳白-灰白色，是一种由石英砂岩变质而成的岩石。以石英为主要矿物，岩石致密坚硬。质纯时可作玻璃原料。

(6) 大理岩。由石灰岩经区域变质或接触变质作用而成。主要矿物是方解石。与原岩石灰岩相比，主要表现为矿物的重结晶，而成分基本无变化。白色细粒的大理岩称为汉白玉。

3.2 内 生 矿 床

3.2.1 概述

3.2.1.1 *岩浆的性质*

内生矿床和岩浆及其演化产生的气水热液有着密切的成因联系：矿床中的有用组分多来自于岩浆，并且是在其演化过程中与其余组分分离开而集中富集成矿的。

岩浆在地下深处时呈熔融状态。它的组成除作为主体的硅酸盐类物质外，还含有一些挥发性组分以及少量的金属元素或其化合物。与成矿作用关系最大的是这些挥发性组分。挥发性组分包括水、碳酸、盐酸、硫酸根、硫化氢、氟、氯、磷、硫、硼、氮、氢等。这些挥发分的特点是：熔点低，挥发性高，在岩浆活动过程中可以降低矿物的结晶温度，从而延缓其结晶时间；尤其重要的是，它们可以和重金属结合成为挥发性化合物，使这些重金属具有较大的活动性，这就大大地有助于它们的迁移、分离和富集。

岩浆按化学成分和性质有四大类：

（1）超基性岩浆。主要来自上地幔。如地幔物质通过地壳最薄的洋中脊直接侵入，常生成未分熔或分熔程度低的超基性岩浆。金伯利岩浆也是直接来自地幔的一种超基性岩浆。

（2）玄武质岩浆（基性岩浆）。为地幔岩石的分熔产物。根据地幔岩（主要成分相当于橄榄岩）的分熔实验，不同深度的地幔岩在高温下（大于1100 ℃）分成易熔和难熔两部分。难熔部分为橄榄石、部分辉石。易熔部分为玄武质岩浆，可沿地壳不同部位侵入或喷出。

（3）安山质岩浆（中性岩浆）。它是洋壳俯冲的产物，常分布于岛弧和安第斯型板块边界。在板块碰撞地带，下插的洋壳（相当于玄武岩成分）升温（1150℃左右）增压发生分熔。难熔部分为榴辉岩，而易熔部分为安山质岩浆。

（4）花岗质岩浆（酸性岩浆）。花岗质岩浆的成因较复杂，有3种可能来源：

1）下地壳岩石的选择性重熔，较低熔点的矿物（石英、钾长石等）首先熔化，形成重熔岩浆。

2）下地壳岩石的混合岩化、花岗岩化使岩石进一步熔化形成再熔岩浆。

3）玄武质岩浆、安山质岩浆的进一步分异产生花岗质岩浆，这部分数量较少。

3.2.1.2　成矿作用

岩浆侵入的成矿作用可分为正岩浆期、残浆期和气液期3种。

（1）正岩浆期。这个阶段是以硅酸盐类矿物成分从岩浆中结晶析出形成岩浆岩为主的阶段；此时，挥发性组分相对数量很少并且是均匀地“溶”于硅酸盐熔浆之中，只在本阶段末期，大部分硅酸盐类矿物已经结晶析出之后才开始活动，在矿床形成上起显著作用。总之，这个阶段是以成岩为主、成矿为辅的阶段。

（2）残浆期。这是大部分硅酸盐类矿物已从岩浆中结晶析出成为固体岩浆岩之后，残余下来的那部分岩浆——残浆进行活动的时期。这个阶段的特点是：挥发性组分的相对数量已大大增加，并和硅酸盐类熔浆混溶在一起进行活动。挥发性组分相对集中而产生的内应力，有助于残余的硅酸盐熔浆侵入到周围已固结岩石的裂隙之中，并在挥发性组分的作用之下，形成了伟晶岩脉。伟晶岩脉本身常常具有一定的工业意义，其中又往往含有由挥发性组分所形成的有用矿物，所以伟晶岩脉可以认为同时具有既是岩石又是矿床的双重意义，因而这个阶段也可以说是成岩、成矿平行活动时期。

（3）气液期。在上述两个阶段之后，岩浆中大部分造岩组分已固结成为岩石，造岩阶段已经过去，从而进入到岩浆期后阶段。这个阶段的特点是：在岩浆结晶过程中陆续以蒸馏方式从岩浆中析出的挥发性组分开始进入独立活动时期。随着温度的降低，挥发性组分在物态上将由气体，或超临界流体状态，转化为热液；这个时期称为气水热液期，是形成矽卡岩矿床和岩浆热液矿床的时期。当气液从母岩中分离出来向外流动时，由于温度、压力、气液成分以及围岩性质等的改变，气液中有用组分就可在母岩或围岩的裂隙或接触带中沉淀富集成为气水热液矿床。含矿热液也可来自变质作用、地下水环流和海底热卤水。

当岩浆直接喷出地表或海水中时，由于温度和压力的急剧降低，其阶段划分就不十分明显了，所以在火山活动中所形成的矿床要比在侵入活动中所形成的情况复杂，有其独立的特殊性，而另成为一类火山成因矿床。

岩浆在活动的各个演化期都可形成矿床，侵入活动中形成的矿床有正岩浆期形成岩浆矿床、残浆期形成伟晶岩矿床、气液期形成气液矿床（包括矽卡岩矿床和热液矿床）；火山活动中形成的矿床是火山成因矿床。

3.2.2 岩浆矿床

3.2.2.1 岩浆矿床成矿作用

岩浆矿床是在正岩浆期内形成的。在正岩浆期，岩浆中硅酸盐类组分和矿床中的成矿组分原是混溶在一起的，导致它们互相分离，分别形成岩浆岩和岩浆矿床的岩浆分异作用。主要有以下两种方式。

A 结晶分异作用

在岩浆冷凝结晶过程中，岩浆中各种矿物组分是按其熔点高低及浓度等物理化学条件依次从岩浆中结晶出来的。因而在正岩浆阶段同时存在着成分都在不断变化的固体和熔体两部分，也就是说由于不同时结晶把岩浆一分为二了。这种分异作用称为结晶分异作用。

岩浆中某些熔点很高的有用矿物，例如铬铁矿等，可在最先结晶的橄榄石、辉石等硅酸盐类矿物之前或与之同时就在岩浆中开始结晶，由于密度较大等原因，可以沉坠到熔体的底部，或富集于熔体的某部位。如果这些早期结晶的有用矿物，在熔体底部或其他部位相对富集达到工业上可利用的标准时，就成为矿床——早期岩浆矿床。

另外，残余在熔浆中的尚未结晶的某些金属矿物，在相对数量越来越增加的挥发性组分的作用之下，熔点降低了，结晶的时间延缓了，它们可以在大部分硅酸盐类组分都已结晶成为岩石之后，仍以熔体存在，并具有很大的活动性。它们可以在正岩浆阶段晚期，在动力或因挥发性组分集中所产生的内应力的作用下，以贯入等方式在母岩或其围岩的裂隙等构造之中形成矿床——晚期岩浆矿床。

B 液态分异作用

熔离作用：在高温条件下（例如大于1500℃时），特别是有挥发性组分存在时，原始岩浆中可混溶有一定量的金属硫化物。随着温度的降低，硫化物的混溶度逐渐减小，终于从原始岩浆中熔离出来，把原始岩浆分裂成硫化物熔体和硅酸盐熔体两部分，即熔离作用。熔离作用虽然在岩浆演化中最先发生，但由于挥发性组分的作用，硫化物熔体冷固成矿（熔离矿床），却在硅酸盐熔体成岩之后。

在熔离作用的初期，硫化物先呈小球珠状分离出来散布在硅酸盐熔体之中，球珠逐渐汇合形成条带状或囊状熔体，由于相对密度较大而下沉到岩浆槽底部，冷凝后形成主要由浸染状矿石组成的熔离矿床的底部矿体。这些熔离出来的硫化物熔体也可以在大部分硅酸盐类矿物结晶凝固之后，在动力作用（其中也包括由挥发性组分集中而产生的内应力）下，贯入到母岩或其围岩裂隙中去，冷凝后形成主要由块状矿石组成的熔离矿床的脉状矿体。

上述两种分异作用是岩浆矿床中早期岩浆矿床、晚期岩浆矿床和熔离矿床的主要形成过程。这 3 种矿床的成矿作用是互相联系的，例如结晶分异作用进行得越完全，则越有利于成矿物质和挥发性组分的集中，也就是越有利于晚期岩浆矿床和熔离矿床的形成；但并非同一岩体都有这 3 种矿体的形成。

3.2.2.2 各类岩浆矿床的特征

A 早期岩浆矿床

这种类型矿床是有用组分在岩浆结晶早期阶段，先于硅酸盐类矿物或与之同时结晶出来，经过富集而形成的矿床。这类矿床具有下列特点：

（1）产在一定的岩浆岩母岩体中。如铬铁矿矿床产在超基性岩（纯橄榄岩、橄榄岩、辉石岩、蛇纹岩等）中，稀土元素矿床（独居石、锆英石、铈铌钙钛矿等矿床）产在碱性岩中。

（2）早期形成的有用矿物，由于重力作用，可富集在岩体底部成为底部矿体；也可在动力作用之下，富集在岩体边部成为边缘矿体。总之，它们很少超出母岩体之外。

（3）矿体和围岩（母岩）基本上是同时生成的，所以这类矿床只是岩体中金属矿物含量较高的部分（例如纯橄榄岩中铬铁矿一般平均质量分数为 2%，而富集成矿地段可增高至 10%以上）。因此，矿体和围岩的界线是逐渐过渡的，其具体边界线是根据样品分析数据来定的，从而矿体形状也是各式各样的，常呈矿瘤、矿巢和透镜体状，也有构成矿条近似于层状者。然而矿床的规模并不大。

（4）矿石矿物先结晶，一般多呈自形晶、半自形晶，被硅酸盐类矿物包围。矿石构造以浸染状为主，致密块状者较少。

早期岩浆矿床的工业价值一般都不甚大。

B 晚期岩浆矿床

这类矿床的基本特点和早期岩浆矿床相似，但由于有用组分晚于硅酸盐矿物结晶，所以矿石中的有用矿物多呈它形晶；矿石中有富含挥发性组分矿物如磷灰石、铬电气石、铬符山石等的出现；矿体附近围岩也出现蚀变现象（如绿泥石化）。

残余含矿熔体在动力作用或由挥发性组分集中而产生的内应力的作用之下，可贯入到围岩裂隙中，形成脉状矿体。这种矿体与围岩界线一般比较清楚，矿石构造多成致密块状。但晚期岩浆矿床的矿体也有非贯入成因的，常呈矿条和具有条带状构造的似层状或巢状。这种矿体与围岩界线往往是逐渐过渡的，矿石构造也以浸染状为主。

晚期岩浆矿床中的金属矿床，主要类型有：超基性岩中的铬铁矿及铂族金属矿床，基性岩中的含钒、钛磁铁矿矿床等。这类矿床的工业价值一般都很大。

C 熔离矿床

由于熔离矿床也是在大部分硅酸盐类矿物冷却凝固成为岩石之后形成的，所以在各种特征方面和晚期岩浆矿床有很多相似之处。例如在动力影响之下，也可发生贯入作用，从而出现脉状矿体；有用矿物也多比硅酸盐类矿物结晶晚，从而矿石也具有典型的海绵陨铁结构等。但熔离矿床也有其自身的特点，例如一些矿石中雨滴状和球状硫化物矿物集合体的存在，矿巢、矿瘤以及岩体底部似层状矿体等的存在，都反映着熔离矿床的特定成因。

在我国，最主要的熔离矿床是超基性岩、基性岩之中的铜、镍硫化物矿床。

3.2.2.3 岩浆矿床的共同特征

岩浆矿床的共同特征如下：

(1) 围岩特点。岩浆矿床的围岩都是岩浆岩，而且围岩即母岩。每一类金属岩浆矿床各有其一定的岩浆岩围岩，即有明显的专属性。

(2) 矿体形状和产状特点。产在侵入体底部的矿体多呈似层状、矿瘤或矿巢状，与围岩呈渐变接触关系。产在岩体边缘或其他部位的矿体，多呈平行排列的矿条状或扁豆状，其延展方向常与原生流动构造一致；矿体与围岩也多呈过渡渐变关系。产在岩浆岩内沿一定方向延伸断裂带中的矿体，多呈脉状、透镜状；大部分矿体与围岩接触明显；矿体周围常有绿泥石化等围岩蚀变现象。

(3) 矿石特点。矿石的矿物组成与围岩相似，除有用矿物含量较高以外，矿体与围岩在成分上无质的差异，因而随着有用矿物含量的逐渐减少，矿体就逐渐过渡成为围岩，界线不明显；而由块状矿石组成的矿体，往往受岩体中断裂控制，与围岩界线清楚。

矿石矿物多为密度大、熔点高的金属氧化物和自然元素及某些硫化物，常见的有铬铁矿、钛铁矿、磁铁矿、铜—镍硫化物类矿物以及铂族元素矿物等。它们的结晶时期基本上与围岩中造岩矿物的结晶时期相接近。

脉石矿物一般都是围岩中的造岩矿物，主要有橄榄石、辉石、角闪石、斜长石、磷灰石、绿泥石等。

3.2.3 伟晶岩矿床

3.2.3.1 伟晶岩矿床的特征

伟晶岩是一种矿物晶体巨大，常含有许多气成矿物和稀有、稀土金属矿物的脉状岩体；其中有用组分达到工业要求时，就成为伟晶岩矿床。各种成分的岩浆均可产生相应的伟晶岩，而与花岗岩浆有关的伟晶岩最为重要，也最为普遍；一般所说的伟晶岩，多数是指花岗伟晶岩。

伟晶岩矿床是稀有金属如铌、钽、铯、铷、铪、铍等的重要来源，也是放射性元素如铀、钍的重要来源；同时，某些伟晶岩矿床还可因产有长石、水晶、云母、宝石以及压电石英等巨大晶体，易采易选，从而成为具有重大工业意义的非金属矿床。近年来，在基性伟晶岩边缘还发现了铂族元素矿床。

伟晶岩矿床的重要特征如下。

A 产状和形状

伟晶岩多产于古老结晶片岩地区，其成因往往与巨大的花岗岩质侵入体有关，并常分布在侵入体上部及其顶盖围岩中。矿体与围岩界线一般比较清楚，但也有呈渐变关系的。

伟晶岩矿床明显地受构造控制，常常沿大构造带成群出现构成伟晶岩带。有时整个伟晶岩带可长达几十至几百公里。其中的每一个矿脉群常为次一级构造裂隙所控制，各矿脉按一组主要裂隙平行排列。

由于矿体主要受裂隙控制，因而形态和产状也直接与裂隙有关，常呈脉状、透镜状等。在裂隙交叉处，也可出现囊状或筒状矿体。有时也有膨胀、收缩、分枝、复合现象。

B　矿石的矿物成分和结构、构造

矿石的成分既与相应岩浆岩相似，又具有岩浆期后矿床的某些特点，故在矿物成分上除石英、长石、云母外，还有由交代作用生成的气相、热液相矿物，如绿柱石、锡石、黑钨矿、辉钼矿及其他硫化物矿物、稀有元素矿物等。

伟晶岩矿石的伟晶结构是矿床最突出的特征，例如云母片直径可达1m，水晶晶体可长1m多，某天河石矿床的整个采矿场就在一个晶体之中。但并非整个伟晶岩矿石都是伟晶结构。一般的情况是，自边部向中心部位，粒度逐步增大，而矿物成分也随之有所变化，这样就使伟晶岩矿床由两侧向中心具有明显的带状构造，显示了伟晶岩先后发展的不同阶段。一般的伟晶岩矿床，由两侧向中心，可以分出四个带（见图3-11）：

图3-11　花岗伟晶岩脉内部构造

1—花岗岩；2—边缘带；3—外侧带；4—中间带；5—内核

(1) 边缘带（细粒花岗岩带）。晶体细小，主要由长石、石英组成。厚度一般不大，不过几厘米。形状不规则，有时不连续。与围岩的界线一般是清楚的，但也有时呈渐变关系。

(2) 外侧带（文象花岗岩带）。矿物颗粒较粗，主要由斜长石、钾微斜长石、石英和白云母组成；有时有绿柱石等稀有元素矿物出现。此带比边缘带厚度大，但变化也大，有时呈对称或不连续状出现。

(3) 中间带（中粗粒伟晶岩带）。矿物颗粒比外侧带更大，主要由块状长石、石英组成，有时有绿柱石、锂辉石等稀有元素矿物出现。此带的连续性和对称性也较前两带明显。

(4) 内核（单矿物带）。有巨大的长石或石英晶体，并常发育有晶洞构造。其中发育完整的晶簇，为压电石英和贵重宝石的来源，稀有、稀土金属元素矿物常富集此带。

上述分带现象并非所有伟晶岩都相同，具体矿床的分带变化很大，或分带不明显，或分带不齐全；每因矿体形态、成分、交代强弱的不同而显示出千变万化。

3.2.3.2　伟晶岩矿床的形成

伟晶岩矿床的分类就是根据分异作用和交代作用的交织情况。例如，首先根据分异作用的好坏，可把矿床分成带状构造伟晶岩矿床和非带状构造伟晶岩矿床两大类；然后再根据交代作用的情况，把每一类伟晶岩矿床进一步分成交代型的（交代作用强烈的）和一般型的（交代作用不甚强烈的）两个亚类。交代型的通常称为复杂伟晶岩，常发生强烈的稀有元素矿化作用，因而成为开采稀有矿物的主要对象。一般型的通常称为简单伟晶岩，稀有矿物一般很少，但可成为开采长石、石英、云母等非金属矿产的主要对象。其分带不清、交代作用又不强烈者一般无工业意义。

3.2.3.3 伟晶岩矿床主要类型

现以新疆阿尔泰含锂伟晶岩矿床为例，说明伟晶岩矿床的类型。

矿区位于一古老结晶片岩区，区内岩浆活动频繁，从基性到酸性岩石都有出露。伟晶岩主要发育在辉长岩中，主要脉体呈特殊的岩株状产出。根据近年来的勘探证明，其形态是世界所罕见的，上部岩体呈一椭圆柱状（长轴约 250m ，短轴约 150m ，走向北北西，倾角陡近于直立)，往下延深一定程度后突然向外扩展并平底收敛，纵观整体似一平放的大草帽。该脉体无论分异作用或交代作用均极发育。从外向内可分为 10 个带，呈现非常特征的环带状构造，如图 3-12 所示。

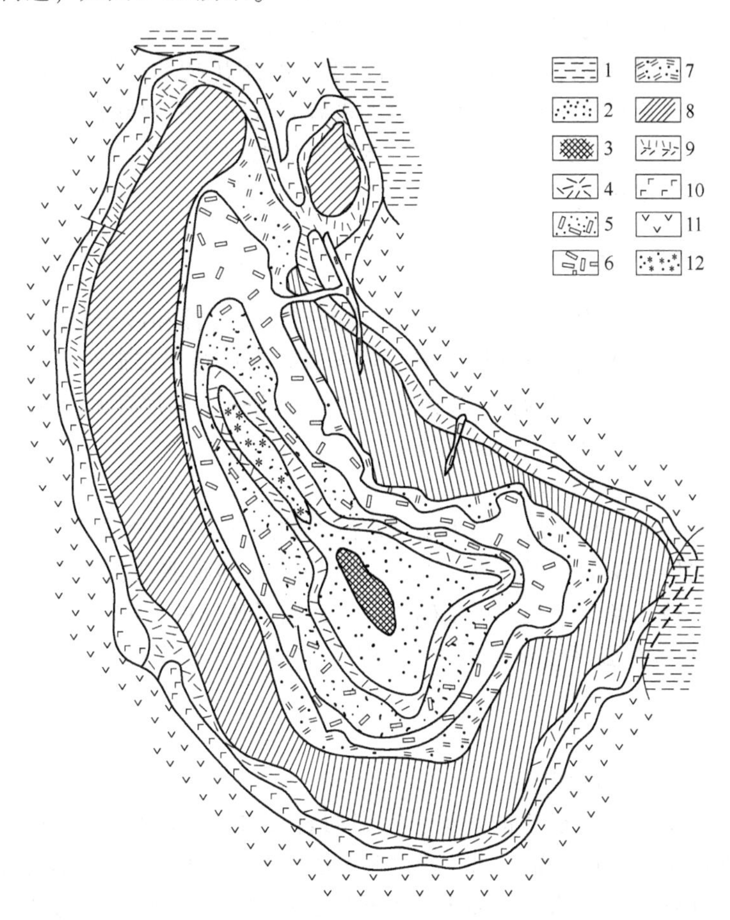

图 3-12 新疆三号伟晶岩体平面图（上部）

1—浮土；2—块状石英带；3—块状微斜长石带；4—薄板状钠长石带；5—石英—锂辉石带；6—叶钠长石—锂辉石带；7—石英白云母带；8—巨厚块状微斜长石带；9—细粒钠长石带；10—文象石英—微斜长石带；11—辉长岩；12—锂云母带

可以看出，本矿床的矿物成分是十分复杂的，除微斜长石和石英外，常见矿物有锂辉石、钠长石、锂云母等，副矿物主要有磷灰石、电气石、石榴石、白云母、绿柱石、钽铁矿等。

本矿床主要特点是分异作用明显，带状构造清楚，而且交代作用强烈（表现在微斜长石以及绿柱石等多被糖晶状钠长石所强烈交代）。由于含有大量含锂矿物，本矿床成为稀有金属锂伟晶岩矿床。

3.2.4　气液矿床

气液矿床的形成经历了很长时期，在形成过程中地质构造条件和热液体系物理化学变化导致不同的矿物组合。从不同角度出发，对本类矿床可以进行不同的分类。例如，可按成矿物质的来源进行分类，也可按成矿作用方式进行分类等。按照在一定地质环境下主要成矿作用的分类方案，划分为以下两类：

（1）矽卡岩矿床。和矽卡岩化围岩蚀变密切伴生，与之有成因联系；是在中等深度，含矿气水溶液中的有用组分以化学交代作用而形成的矿床。

（2）热液矿床。不伴生有矽卡岩化围岩蚀变，有用矿物的沉淀既可有化学交代作用又可有充填作用；这类矿床根据其成矿溶液的来源和成因，可划分为：岩浆热液矿床、地下水热液矿床和变质热液矿床。岩浆热液矿床以形成的地质环境不同，又可分为侵入岩浆热液矿床和火山热液矿床。

3.2.4.1　*矽卡岩矿床*

这是产在中-酸性侵入体和碳酸盐岩围岩接触带中，直接和矽卡岩化有成因联系的矿床，所以称为矽卡岩矿床或接触交代矿床。矽卡岩矿床包括很多矿种，主要的有铁、钼、铜、钨、铅、锌、锡等，并常为富矿；规模以中小型为主，也常有大型的。这类矿床在我国地下资源储量比重中占有极重要的地位。

A　*矽卡岩矿床的形成过程*

矽卡岩矿床的形成过程是从分泌大量气水溶液的酸性、中酸性岩浆侵入碳酸盐类围岩开始。岩浆侵入时所带来的大量热能，为化学性质活泼的碳酸盐类围岩与气-液中某些组分进行交代反应创造了条件。在这个基础之上，开始了矿床的形成过程。这个过程，主要是向围岩渗滤的气-液在温度逐步降低中与围岩交代反应，改变物态，并沉淀出各种组分的过程。

B　*矽卡岩矿床的赋存条件*

矽卡岩矿床的赋存条件如下：

（1）根据我国矽卡岩型矿床的资料，一定的岩浆岩侵入体有一定的专属矿种。据统计，较酸性的花岗岩类与钨、钼、锡、铅、锌等矿床关系密切；中酸性花岗闪长岩类和石英闪长岩常与铜（铁）矿床有关；而中性闪长岩正长岩侵入体则主要与铁矿床关系密切。这种专属性显然是由于一定岩浆富于某些成矿物质而贫于另外一些成矿物质所致。

（2）根据资料的统计，这些侵入体多是属于中深成的（1.5~3km 深的范围内）。这可能和碳酸盐类岩石受热分解的条件有关。碳酸盐类岩石在热的作用下要分解出 CO_2，对磁铁矿、赤铁矿和某些金属硫化物的形成起着重大的作用。然而，CO_2 在很深的地质条件下，因外压力太大，碳酸盐类不易分解而无从产生；在外压力太低的条件下则易于散失。太深太浅均不利于矿物的沉淀，因而侵入体一般是中深程度的。

（3）矽卡岩矿床的最有利的围岩是碳酸盐类岩石。但实际上，岩层厚、质地纯的碳酸盐类岩石并不利于形成工业矿体，因交代作用普遍，矿液大面积散开，不利于成矿物质的富集集中。质地不纯的含有泥质夹层的碳酸盐类岩石最有利于成矿，因气水溶液有选择地只和碳酸盐类岩石进行交代，在上覆泥质岩层的隔挡之下，矿化集中，交代彻底，易于形成工业矿体。

(4) 矿体形状变化很大，呈各种不规则形状，如似层状、透镜状、囊状、柱状、脉状等。

(5) 矿物成分复杂，金属氧化物有磁铁矿、赤铁矿、锡石以及含氧盐类白钨矿等；金属硫化物有黄铜矿、黄铁矿、辉钼矿、方铅矿、闪锌矿等。脉石矿物，除矽卡岩矿物外，还有萤石、黄晶、电气石、绢云母、石英及碳酸盐类矿物等。

C 矽卡岩矿床的主要类型

矽卡岩型金属矿床种类很多，常为以一种金属为主的多金属矿床。其具有工业意义者，在我国有矽卡岩型铁、铜矿床（如安徽铜官山铜矿，湖北大冶铁矿），矽卡岩型铜、铅、锌矿床（如广西德保铜矿、湖南水口山铅锌矿），矽卡岩型钨、钼、锡矿床（如湖南瑶岗仙白钨矿），矽卡岩型钼、铅、锌矿床（如辽宁杨家杖子钼矿）等。此外，还有矽卡岩-热液综合型锡矿床（如云南个旧锡矿）。

3.2.4.2 热液矿床

热液矿床是指由各种成因的含矿气水溶液，在一定的物理化学条件下，在有利的构造或围岩中，以充填或交代成矿方式所形成的有用矿物堆积体。它与矽卡岩矿床的主要区别是不伴生有矽卡岩化围岩蚀变，而且不一定产出于岩浆岩与碳酸盐岩石的接触带。

热液矿床的矿种类型繁多，价值巨大。其中包括大部分有色金属矿产（铜、铅、锌、汞、锑、钨、锡、钼、铋等），一些对尖端科学有特殊意义的稀有和分散元素矿产（镓、锗、铟、镉等），以及放射性元素（铀）。此外，还有铁、钴和许多非金属矿产（硫、石棉、重晶石、萤石、水晶、明矾石、菱镁矿、冰洲石等）。这些矿产在我国国民经济和国防工业中都是很重要的原料。

A 侵入岩浆热液矿床

与岩浆中分泌出来的含矿气水溶液有关，是由其中有用组分在侵入岩体内或其附近围岩中富集而形成的。这类矿床与侵入岩体（主要是酸性、中性、中酸性或中碱性侵入岩体）在时间上、空间上和成因上有密切的联系，侵入岩就是其成矿母岩，而且一定类型的矿床与一定成分的岩浆岩有关。例如，钨、锡、钼、铋矿床常与花岗岩有关，铜、铁等矿床常与闪长岩、石英闪长岩等有关，稀土-磁铁矿矿床与碱性花岗岩有关等。

侵入岩浆热液矿床的主要特征表现在矿体形状、围岩蚀变、矿石成分和结构构造以及距离母岩的远近上；决定这些特征的主要因素是构造裂隙、围岩性质、成矿溶液的化学性质和成矿温度等。

B 地下水热液矿床

这类矿床的形成与地下水热液有关，而且矿液的性质是高盐度含矿热卤水，这类矿床的主要特征：矿床的形成与岩浆活动关系不密切，在矿区内和周围相当远的范围未见与成矿有关的岩浆活动；矿床产于某一定地层中，受岩性（相）控制，矿体常集中于某些岩性段中，往往具有多层的特点；矿床从空间分布上常呈带状或面状，矿体呈层状、似层状和透镜状的整合矿体，但局部也有小型脉状矿体；矿石的矿物组成简单，金属硫化物多呈细小的分散状、浸染状集合体；围岩蚀变较弱，主要有硅化、碳酸盐化、黏土化或重晶石化等；矿床规模常较大，主要矿种有铅、锌、铜、铀、钒、锑、汞等。例如，层状铅锌矿床占世界铅锌总储量的1/2；层状铀矿占世界铀矿总储量的70%。

3.2.5　火山成因矿床

火山成因矿床是指那些在成矿作用上直接或间接与火山-次火山岩浆活动密切相关的矿床。它们均位于与其大约同时形成的火山-次火山岩的分布范围内。

3.2.5.1　火山成因矿床的特征

火山成因矿床一般有以下几类：

（1）火山-次火山岩浆矿床。岩浆在地壳深部经分异作用可形成富矿岩浆或矿浆，它们如贯入火山机构或喷出地表，即可形成本类矿床。

（2）火山-次火山气液矿床。火山喷发的间歇期、晚期或期后，其射气和热液活动非常强烈，射气和热液中的有用组分，在母岩体内或其附近围岩中聚集、沉淀，可形成火山-次火山气液矿床 。

（3）火山沉积矿床。指那些成矿物质来源于火山但通过正常沉积作用而形成的矿床。成矿物质是由火山活动提供的，火山碎屑物以及火山喷气和热液所携带的有用组分可通过多种方式沉积为同生火山沉积矿床。

3.2.5.2　火山成因矿床的主要类型

火山成因矿床种类繁多，分布广泛，其中4种主要类型的成矿过程如下：

（1）海相火山喷发-沉积铁矿床。世界上许多巨大的前寒武纪沉积变质铁矿床或多或少均与海底火山喷发作用有关。我国的条带状含铁石英岩（鞍山式铁矿）的形成，也多与海底火山活动有关。这种铁矿已广泛地遭受到区域变质作用，在形态上、组成上均发生深刻变化，将在变质矿床中加以讨论；其变质程度较浅、尚保留火山成因特征的，在我国以镜铁山铁矿较为典型。

（2）火山块状硫化物矿床。该类矿床与海底火山-次火山的热液成矿作用有关。矿床常围绕海底火山喷发中心，成群成带出现。理想的火山块状硫化物矿床剖面如图3-13所示。矿体一般为层状、透镜状到席状，含有90%以上的金属硫化物，故常为块状构造。矿石成分普遍含有黄铁矿，所以也称为黄铁矿型矿床，或称为黄铁矿型铜矿和多金属矿床。按其他硫化物成分（黄铜矿、方铅矿、闪锌矿）可分为3类：1）锌铅-铜；2）锌-铜；3）铜。矿石中或多或少还含有磁黄铁矿。最重要的容矿岩石是流纹岩，含铅（锌）的矿体只与该类岩石有关，如著名的日本“黑矿”。铜矿体常与镁铁质火山岩伴生，如加拿大、美国的一些铜矿床。

（3）斑岩铜矿。又称细脉浸染型铜矿床，是一种具有重大工业意义的矿床。铜的金属储量占世界总储量的50%左右，占我国储量的25%左右，并有日益增多之势。斑岩铜矿的矿化与中酸性斑岩在空间上、时间上和成因上有密切联系。含矿斑岩体主要为浅成-超浅成的花岗斑岩-花岗闪长斑岩，并与钙-碱系列的安山岩、粗安岩、英安岩和流纹岩等

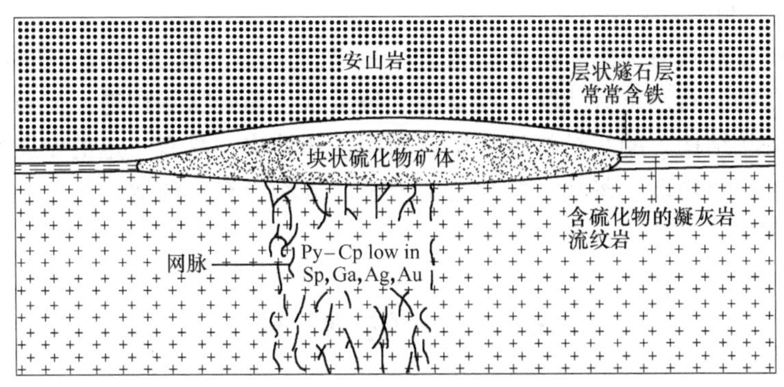

图 3-13 理想的火山块状硫化物矿床横剖面图

（表示块状矿体及下面的网脉状矿化、供矿通道和典型的矿物）

Py—黄铁矿；Sp—闪锌矿；Ga—方铅矿；Cp—黄铜矿；Au，Ag—自然金

火山岩有成因联系。

（4）玢岩铁矿。这种矿床类型和斑岩铜矿有很多相似之处，均属火山-次火山热液作用产物。是产于富钠质的辉石玄武安山玢岩-辉长闪长玢岩中的铁矿床。

3.2.5.3 火山成因矿床的共同特征

A 围岩特点

火山成因矿床一般分布在火山岩发育地区，其具体位置可在火山颈、火山口或其附近的火山岩中，或火山岩与次火山岩的接触带中，或远离火山口的火山岩及其围岩中；因而这类矿床的围岩多为火山熔岩、次火山岩或火山碎屑岩。围岩方面的这种特点是本类矿床与岩浆矿床及岩浆期后气化-热液矿床的重要区别之一。但应指出，有些火山成因矿床，例如镜铁山铁矿和白银厂铜矿，因受一定程度的区域变质作用，其围岩往往变质成为火山沉积浅-中变质岩，从而矿床面貌也发生了较大变化。

B 控矿构造特点

火山成因矿床往往与岩浆矿床及岩浆期后气化-热液矿床有一定的成因联系，但与它们的区别是在时间上和空间上都与火山活动有关，因而与区域大断裂构造有关。大的断裂提供了火山喷发的有利通道，而其次一级构造，如近火山口裂隙，以及火山口周围的放射状、环状、椭圆状裂隙，都可成为成矿的有利构造。在火山岩发育地区应注意研究和探讨这些有利成矿的构造因素。

C 矿体形状

矿体形状取决于成矿方式和构造因素。如为火山喷发沉积成的，则与火山岩成整合关系呈层状、似层状，或在火山口附近凹地中呈透镜状；如有用组分分异集中在火山岩筒中，则矿体呈筒状、柱状；如火山热液沿岩层进行充填或交代，则呈似层状；如受火山岩中构造裂隙控制，则呈脉状、网脉状。

D 围岩蚀变

在火山成因矿床中普遍存在围岩蚀变现象，这与火山-次火山的气液活动有关，它们是火山成因矿床重要的找矿标志。除一般常见的浅色蚀变外，还有次透辉石或阳起石等的深色蚀变。蚀变分带现象也比较明显。

E　矿石结构构造特点

火山成因矿石常具有火山岩的流动构造—— 绳纹构造、成层构造，还可有气孔构造、杏仁状构造，有的矿石还可有块状、浸染状、条带状、角砾状等构造。矿石结构一般呈火山碎屑结构、斑状结构、凝灰结构等。矿石的构造和结构，具有一定的专属性，例如绳纹构造、气孔和杏仁状构造、斑状结构为火山岩浆矿床所专有，碎屑结构、凝灰结构为火山喷发-沉积矿床所专有等。

3.3　外生矿床

3.3.1　概述

外生矿床是成矿物质在外动力地质作用下得到富集所形成的矿床。

3.3.1.1　成矿物质的来源

外生矿床中的成矿物质，主要来自于岩浆岩、变质岩的风化产物，少数来自于沉积岩或先成矿床的风化产物。和内生矿床不同，岩浆活动非其主要直接来源。外生矿床成矿物质的来源以陆源为主，但外生矿床中的沉积矿床，也可以有水底火山喷出物参与。如果火山喷出物成为沉积矿床成矿物质的主要来源，则这种矿床就转化成为火山成因矿床中的火山喷发-沉积矿床或火山-热液沉积矿床。

3.3.1.2　成矿物质富集成矿的过程

原岩或原矿床一经暴露地表或接近地表，就要在风化、剥蚀和搬运作用之下，发生一系列破坏性（对原岩、原矿床）和建设性（对成岩、成矿）的变化。这些变化既是成岩物质形成沉积岩的过程，也是成矿物质形成外生矿床的过程。从外生矿床方面来说，这些变化就是成矿作用。

A　风化成矿作用

风化成矿作用实质上就是原岩或原生矿床中成矿物质在风化作用中，在原地或其附近得到相对富集，从而形成矿床的过程。这个过程是在原岩或原矿床的破坏中完成的，可分物理风化成矿作用和化学风化成矿作用两种方式。

原岩或原矿石在崩解、破碎之后，其中的某些有用组分可在不改变其化学状态之下，在空间上得到相对富集并具备易于选矿的有利因素，从而形成矿床，称为物理风化成矿作用。原岩或原矿石中某些矿物成分要分解成为两部分物质：一部分成为可溶盐类随地表水流失或被淋滤到露头底部；另一部分难溶物质则残留在原地。这两部分物质，如各含有有用组分，可在它们的互相分离之下得到相对富集，具有工业意义，从而形成矿床，称为化学风化成矿作用。

B　搬运和沉积成矿作用

风化作用中，特别是化学风化作用中所分解出来的各种成矿组分，如果在原地或其附近富集成矿，则形成所谓的风化矿床；但它们的大部分还是经过搬运和沉积与其他组分互相分开之后，离开原产地，在另外合适地带集中富集成为矿床，这就成为沉积矿床。风化产物中的有用组分主要是通过水介质的搬运并从水介质中沉积出来富集成矿的。

3.3.1.3 外生矿床的成因分类

根据成因，外生矿床可分为风化矿床和沉积矿床两大类。在风化矿床之中，由物理风化作用形成的矿床称为残积矿床；由化学风化作用中易溶组分淋滤再沉积而成的矿床以及由难溶组分残留原地而形成的矿床分别称为淋滤（或淋积）矿床和残余矿床。

在沉积矿床中，根据沉积分异作用又可分为机械沉积矿床、真溶液沉积矿床、胶体化学沉积矿床和生物-生物化学沉积矿床四类。

3.3.2 风化矿床

3.3.2.1 各类风化矿床的主要类型

A 残积、坡积矿床

这类矿床中的矿石矿物都是原岩或原矿床中化学性质比较稳定而且相对密度也比较大的有用矿物。当它们从母岩体中散落出来以后，就残积在风化破碎产物底部形成残积矿床；由于剥蚀及重力影响，也可作短距离搬运，在附近山坡上堆积成矿，形成坡积矿床，如图 3-14 所示。这类矿床的明显特点是矿石矿物及脉石矿物未经胶结，呈疏松散离状态，因而常是以砂矿形式存在。

这类矿床，除少数贵重金属及稀有分散金属具有一定工业意义之外，一般都由于不断剥蚀而规模较小，储量不大，但品位较高，离地表近，易采易选，可供地方工业之用。

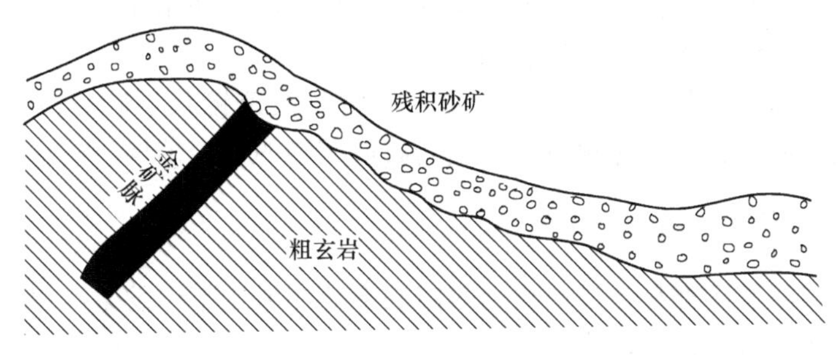

图 3-14 残积、坡积砂矿

B 残余矿床

出露地表的岩石或矿床，当其经受化学风化作用和生物风化作用时，往往要发生深刻的变化。如果易溶组分被地表水或地下水带走，难溶组分在原地彼此互相作用，或者单独从溶液中沉淀出来形成新矿物，由这些物质堆积而形成的矿床，称为残余矿床。显然，温暖或炎热的潮湿气候、准平原化的高原地形和持久的风化作用时间，对残余矿床的形成较为有利。

残余矿床一般呈面型分布，如果受构造或岩体接触带控制，则呈线型分布。矿床厚度常为几米至几十米，少数情况可达 100~200m 。随深度增加，风化作用也逐渐减弱至停止。在垂直剖面上往往具有分带现象，并与母岩呈过渡关系，如图 3-15 所示。

矿体形态复杂，底部界限多不规则，顶部界限受地形起伏控制，常呈透镜体状或漏斗状。矿石矿物主要为氧化物、氢氧化物和含水硅酸盐等或有用组分呈离子状态吸附在其他矿物上。矿石多具疏松土状或胶状构造。

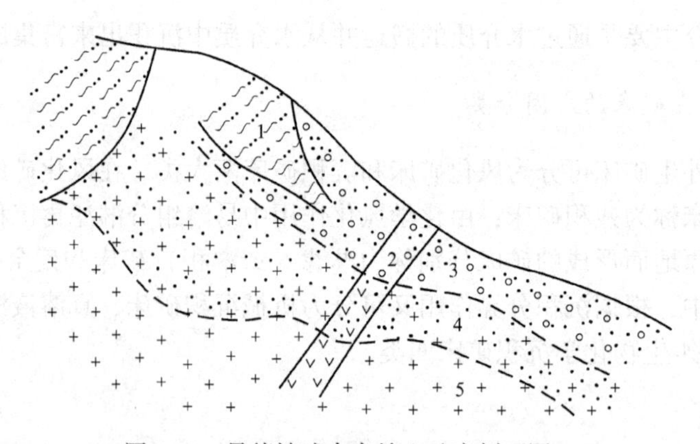

图 3-15　景德镇残余高岭土矿床剖面图

1—前震旦系片岩；2—由伟晶岩风化成的高岭土；3—由花岗岩风化成的高岭土；
4—风化的伟晶岩及花岗岩；5—原生的伟晶岩及花岗岩

残余矿床多见于现代风化壳内，并常保存在比较稳定的分水岭上。在侵蚀作用剧烈的条件下，残余矿床难以保存，只见于个别凹地、破碎带和岩溶盆地中。

残余矿床在风化矿床中占有很重要的地位，其中某些矿床规模极大，品位很高，具有很重要的工业意义，常为某些矿种矿量的主要来源之一，如目前世界上富铁矿储量的70%产于此类矿床。

C　淋滤（或淋积）矿床

这类矿床是由地表水溶解了一部分可溶盐类向下渗滤，进入到原岩或原矿床风化壳下部或原生带内，由于介质条件改变，发生了交代作用及淋积作用从而形成的矿床。这类矿床的主要类型有铁、锰、铜、铀、钒、磷等。

淋滤矿床的矿体形状呈不规则层状、囊状、柱状或透镜状。矿石结构多为土状、胶状；如果是交代成因的，则常保存有被交代岩石或矿物的残余结构、构造。

3.3.2.2　硫化物矿床的次生变化

残余矿床和淋滤矿床都是含矿原岩地表露头部分在风化带中发生次生变化的产物。这种次生变化对一些金属硫化物矿床来说，表现得尤其明显，其中以硫化铜矿床最为典型。

金属硫化物矿床露出地表以后，其整个矿体，自上而下，分别处于三种化学环境之中，这三种化学环境是由地下水活动情况决定的，如图 3-16 所示。

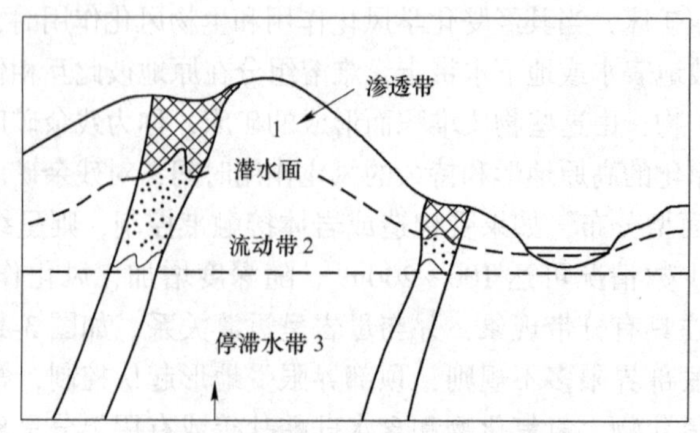

图 3-16　金属硫化物矿床的表生分带

1—氧化带；2—还原带；3—原生带

（1）氧化带。介于地面与潜水面之间的渗透带中。在这个带内，地下水由上向下淋滤，地下水中饱和氧及二氧化碳，因此，这个带内可发生强烈的氧化作用和溶解作用。

（2）还原带。这个带的上限为潜水面，潜水面与地形起伏相适应；下限取决于矿区当地的侵蚀基准面（湖或江河水面）。在这个带内，地下水呈水平方向流动，其速度是缓慢的。这个带内氧的含量随深度的增加而逐渐减少，也即还原性越来越强；它是地下水的饱和地带，含有较高的盐类，因此呈中性或弱碱性。所以这个带内盛行还原作用和淋积作用。

（3）原生带。在这个带内，潜水停滞不动，几乎不含游离氧，潜水与原生矿物几乎保持平衡状态，也就是原生矿物不发生变化的地带。

3.3.2.3 风化矿床的共同特征

风化矿床的共同特征如下：

（1）风化矿床的物质成分都是那些在外生条件下比较稳定的元素和矿物，在金属矿产方面有铁、锰、铝、铜、镍、钴、金、铂、钨、锡、铀、钒及稀土元素等。由于这类矿床主要是由氧、二氧化碳、水等与原岩或原矿床相作用而成，所以矿石的矿物成分大多数是氧化物、含水氧化物、碳酸盐及其他含氧盐类。矿石品位可以很高，但对金属矿床而言，一般储量规模不大，以中小型为多。

（2）由于矿床是原岩或原矿床在风化作用之下形成的，因此，它们往往部分地保留有原岩或原矿床的结构、构造。矿石结构多为各式各样的残余结构和胶状结构；矿石构造则多呈多孔状、粉末状、疏松土状、角砾状、皮壳状、结核状等。

（3）大部分风化矿床是属于近代（第三纪~第四纪）风化作用的产物，因此，一般都产在风化壳中，呈盖层状态分布在现代地形的表面之上。厚度通常为几米到几十米；少数情况下，可沿破碎带深入地下几百米。其分布范围受原岩或原矿床的控制。风化矿床往往由上而下过渡到未经风化的原岩或原矿床，因此，它们往往作为寻找原生矿床的直接标志。

3.3.3 沉积矿床

按成矿物质来源、物理—化学特点、搬运和沉积作用方式，沉积矿床可分为机械沉积矿床、真溶液沉积矿床、胶体化学沉积矿床和生物—生物化学沉积矿床四类。

机械沉积矿床多数是指地壳表面上那些尚未胶结石化的碎屑质沉积矿床，其中包括有非金属的碎屑质沉积矿床（如砾石、砂、黏土等）和金属的砂矿床。砂矿床是第三纪、第四纪的近代产物。一般把这种砂矿床称为沉积砂矿，以别于风化矿床中的残积、坡积砂矿。由于它们存在于地表或埋藏不深，矿石结构疏松，易采易选，故具有工业价值。

真溶液沉积矿床和胶体化学沉积矿床都是由化学沉积分异作用从静止水体沉积出来并已固结石化的同生矿床。真溶液沉积矿床是主要通过蒸发作用形成的各种无机盐类矿床，故又称蒸发沉积矿床或盐类矿床。生物—生物化学沉积矿床是指由生物遗体、或经过生物有机体的分解而导致有用组分富集所形成的矿床，也包括沉积过程中因细菌的生命活动而使有用元素聚集而形成的矿床。

3.3.3.1　机械沉积矿床（沉积砂矿）

由于组成沉积砂矿的有用矿物都是经过较长距离机械搬运和机械分选的风化产物，而它们都是：化学上是比较稳定的，在风化和搬运过程中不易分解；机械强度上是坚韧耐磨的，经得起长期磨蚀；相对密度较大，能在机械分选中富集起来。具备这些条件的有用矿物很多，除金和铂外，还有稀有元素矿物（铌、钽、铁矿、锆英石、独居石等）、金属矿物（磁铁矿、铬铁矿、锡石、黑钨矿等）以及非金属矿物如金刚石和其他各种宝石等。砂矿中的有用矿物常多种共生，因而可以综合开采、利用。同时，由于组成砂矿的矿物成分都是来自原岩或原生矿床，因此可利用砂矿的矿物组合及分布特点来追索原生矿床，常用的重砂找矿法就是根据这个道理。

根据成矿时期的地形特点，沉积砂矿可分为冲积砂矿、冰川砂矿、三角洲砂矿、湖滨砂矿和海滨砂矿等类型，比较重要的是海滨砂矿和冲积砂矿。

A　海滨砂矿

海滨砂矿平行于海岸分布，呈狭长条带形，出现在海水高潮线与低潮线之间。这类砂矿床中的有用物质由河流从大陆上搬运而来，或由海岸附近岩石的海蚀破坏而来，由海浪作用使它们在有利地段富集起来形成矿床。例如河流入海处、海岸附近有孤山残存的地方以及砂坝发育的地段就是这种有利地段，可作为找矿方向。这类矿床的明显特征是较重矿物的集中富集，显示了海浪对矿物有良好的分选性。此外，由于长距离搬运和长时期的往复滚动，矿物一般都圆滑度较高、颗粒较小。海滨砂矿中的有用矿物有错英石、独居石、磁铁矿、钛铁矿、铬铁矿等，有时还有锡石和金刚石。我国海岸线很长，海滨砂矿广泛分布，是开发这类矿产资源的重要场所。

B　冲积砂矿

冲积砂矿的形成，与河流的发育阶段有关。河流发育的初期以侵蚀作用为主；中期以后才逐渐以沉积作用为主，有利于冲积砂矿的形成，故冲积砂矿多形成于河流的中游和中上游地区，特别是那些河床由窄变宽、支流汇合、河流转弯内侧、河流穿过古砂矿、河底凹凸不平、河床坡度由陡变缓等地带，如图 3-17 所示。

3.3.3.2　真溶液沉积矿床（盐类矿床）

金属成矿物质以固体碎屑状态被地表水机械搬运最后成为机械沉积矿床者只是极少数，大多数金属成矿物质都是以溶液状态被地表水搬运入各种水盆之后，经化学沉积分异作用沉积成为化学沉积矿床。化学沉积矿床，可根据搬运及沉积方式分为两个亚类：真溶液沉积矿床和胶体化学沉积矿床。

真溶液沉积矿床的成矿物质是以离子状态在地表水中被搬运，并在一定条件下，以结晶沉淀方式从水盆池中沉积出来形成矿床。以结晶沉淀方式形成的矿床，主要为一些易溶盐类（如石膏、岩盐、钾盐、镁盐等）在干旱气候下，在泻湖或内陆盆地中，由于蒸发作用，使溶液达到或超过饱和浓度、发生结晶沉淀作用而形成的蒸发盐类矿床。

3.3.3.3　胶体化学沉积矿床

胶体化学沉积矿床是指成矿物质以胶体状态被搬运，在一定条件下形成的矿床，例如

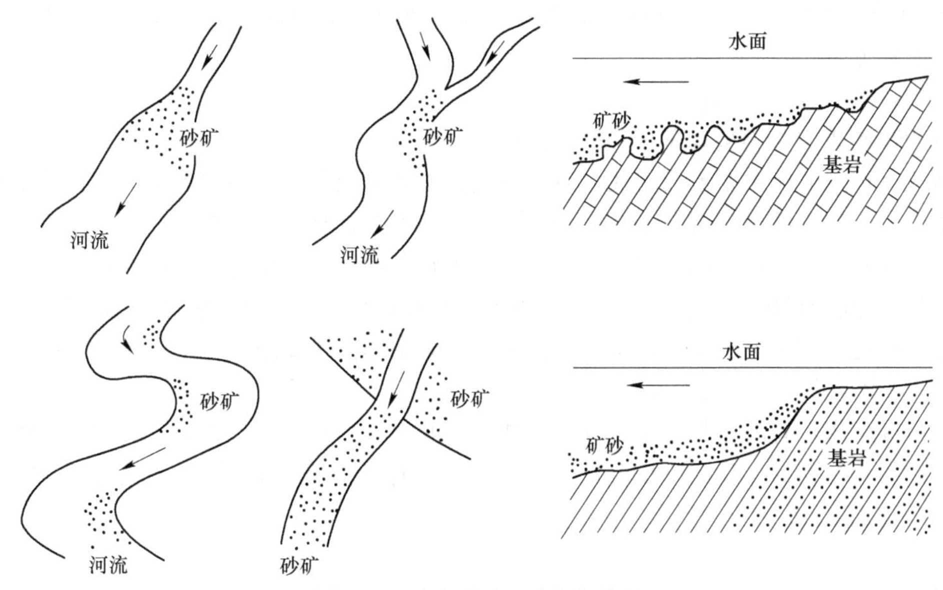

图 3-17 冲积砂矿几种富集情况

铁、锰、铝等沉积矿床。

铁、锰、铝在地壳中的平均质量分数都较高，分别为 4.2%、0.1%、7.45%。在风化过程中，易于引起这些金属的进一步富集，形成铁帽、锰帽、红土和铝土矿等。在搬运过程中，不可避免地要有这些金属被带入到水盆地中形成矿床。因此，铁、锰、铝沉积矿床在世界上有大量的分布，是全世界铁、锰、铝的主要来源。例如沉积铁矿占世界铁矿总产量的 30%左右，其重要性仅次于沉积变质铁矿。

我国的铁、锰、铝沉积矿床类型多、分布广、规模大。除大型者外，更有数量众多的中小型矿床。

A 铁、锰、铝沉积矿床的特点

古陆上含铁、含锰和含铝岩石在湿热气候下，由于长期风化破碎分解，铁、锰和铝等金属大部分呈含水氧化物的胶体（$[Fe_2O_3 \cdot nH_2O]^+$、$[Mn_2O]^-$、$[Al_2O_3 \cdot nH_2O]^+$）状态被地表水搬运。地表水中含有一定量的能起护胶作用的腐殖质胶体，这样就对这些金属的胶态搬运起了有利作用。但当它们进入到海中以后，由于海水中含有大量电解质，并在 pH 值和 Eh 值控制之下，分别凝聚沉淀组成铁、锰、铝海相沉积矿床。当它们被搬运到湖盆中时，其情况和海中不同，这里没有像海洋中那样多的电解质，而往往有更多的腐殖质。由于腐殖质超过一定限量就不再起护胶作用，所以当铁、锰、铝等胶体进入到湖盆中时，可因失去护胶作用，或因过分浓集而从水介质中沉积出来，成为湖相沉积矿床。铁、锰、铝等湖相沉积矿床在储量规模和工业价值上常次于海相沉积矿床。

B 海相沉积铁、锰矿床的分带

由于铁、锰是两价式的，所以和铝土矿不同，沉积铁、锰矿床具有矿石分带特点。海相沉积矿床在垂直海岸线的方向上，由于物理化学条件的不同，形成不同的矿石相，即同一金属在距岸远近不同地带生成不同的矿石矿物。这主要是由于由滨海到浅海水中 Eh 值和 pH 值都在逐渐变化的缘故。近岸处 Eh 值高，pH 值低；离开陆地渐远、海水渐深之后，则 Eh 值逐渐降低，pH 值逐渐增高，这就促使两价金属在不同深浅之处，生成不同的矿石矿物分带。

C　沉积铁矿床的主要类型

沉积铁矿床主要类型有海相和湖相两种。

海相沉积铁矿床主要形成于浅海海湾环境。矿体呈层状，沿海岸线延伸，可达数十至数百千米。矿层厚度变化可自 1m 以下至数米，甚至几十米。主要矿石矿物为赤铁矿、针铁矿、褐铁矿、菱铁矿及鲕绿泥石等，并多具鲕状结构。品位中等，一般含铁质量分数为 30%～50%。此类矿床分布甚广，储量也很大，有数亿吨的，也有个别超过 10 亿吨的。这类矿床不论是在储量上还是在产量上，在世界铁矿中均占重要地位。

D　沉积锰矿床的主要类型

沉积锰矿床也有湖相和海相之分，但湖相工业意义一般不大。世界上具有工业意义的沉积锰矿都是海相的。我国海相沉积锰矿床的时代有元古代（湘潭、瓦房子、蓟县）、泥盆纪（祁连山）、石炭纪（广西）、二叠纪（贵州）等。

E　深海锰结核

近年来，深海锰结核的发现为世界锰矿提供了极为丰富的远景资源。锰结核又称锰矿球或锰团块，是大洋底部锰、铁氧化物的团块状沉积物，故也称为锰铁结核。据估计，世界大洋底部锰结核总储量约 16000 亿吨（仅太平洋底就有 4000 亿吨，并具工业意义），按目前锰消耗水平可用 24000 年，且锰结核目前仍以每年增长 1000 余万吨的速度继续形成。

锰结核大小不一，形状各异，由内核和含矿外壳组成。核心系火山碎屑物、生物遗骸、黏土质、硅质、钙质或铁、锰胶体物质。外壳是同心层状构造，由黏土或凝灰质与深色铁锰氧化物相间成层。结核中除含 Fe、Mn 外，还有 Cu 、Ni 、Co 等元素，均可达到工业要求。因此，锰结核是多种金属来源的潜在矿产资源。

F　沉积铝土矿床的主要类型

沉积铝土矿床有海相和湖相两种。我国沉积铝土矿床主要生成于石炭纪和二叠纪，而且往往两种类型共存于一个地层剖面之中（例如在华北），并常和煤层伴生。

3.3.3.4　生物化学沉积矿床（以磷块盐矿床为例）

A　磷块岩矿床的形成过程

地壳中磷的质量分数为 0.13% ，它是一种典型的生物元素，在生物的生命循环中，磷组成躯体的一部分。在各类成矿作用中均可生成磷矿床，其中最重要的类型是沉积成因的磷块岩矿床。其储量约占磷矿总储量的 80%，且常呈层状分布，易于勘探、开采，因而具有重要的工业意义。

B　磷块岩矿床的主要类型

磷块岩矿床按其矿石成分和结构构造等特点，可分为层状磷块岩矿床和结核状磷块岩矿床两大类。

(1) 层状磷块岩矿床。矿体呈层状，常与硅质岩或碳酸盐岩成互层，矿石矿物主要由细晶磷灰石和胶状磷灰石组成，并有方解石、白云石、石英、云母、黏土等矿物伴生。具致密块状或鲕状构造。矿石中 P_2O_5 质量分数为 26%～30% ，规模较大，常含有钒、铀、稀土等元素，可供综合利用。

(2) 结核状磷块岩矿床。该矿床多产在黏土层、碳酸盐岩和海绿石砂岩中。矿层由球状、肾状、不规则状的磷酸盐结核组成。矿石矿物主要有含水氟碳磷灰石，常与石英砂粒、海绿石、黏土矿物等伴生。结核中 P_2O_5 质量分数一般为 25%~30%，矿床规模多属小型。我国南方寒武系和二叠系的某些磷矿床属此类型。

3.3.3.5 沉积矿床的共同特征

沉积矿床的共同特征：

(1) 围岩特征。沉积矿床与其围岩基本上是同时生成的，属于同生矿床。它们的围岩都是沉积岩，如石灰岩、砂岩、页岩等。矿体与围岩界线清楚，与围岩产状一致，并具有一定层位；可与围岩一起在构造运动之下，发生变形和位移。

(2) 矿体特征。矿体多呈层状，少数呈透镜状；沿走向及倾向均可延伸很远；分布面积可以很广，矿床规模可以很大。

(3) 矿石特点。矿石的矿物成分比较稳定，单一，变化小。矿石矿物以高价氧化物为主，如赤铁矿、铝土矿、硬锰矿和软锰矿等；其次为碳酸盐类矿物（如菱铁矿）以及硅酸盐类矿物（如磷绿泥石、鲕绿泥石）等。脉石矿物以石英为主，其次为长石及黏土类矿物。矿石常具有作为胶体成因标志的豆状、肾状及鲕状构造。

3.4 变 质 矿 床

3.4.1 概述

3.4.1.1 变质矿床的概念

变质矿床是原岩或原矿床经变质作用的转化再造后形成的或改造过的矿床。生成变质矿床的地质作用称为变质成矿作用，主要有以下几种：

(1) 脱水作用。当温度和压力升高时，原岩中的含水矿物经脱水形成一些不含水矿物，如褐铁矿变为赤铁矿。

(2) 重结晶作用。细粒、隐晶质结构变为中粗粒结构，如灰岩变成大理岩，蛋白石变为石英。

(3) 还原作用。矿物中一些变价元素由高价转变为低价，使矿物成分变化，如赤铁矿变为磁铁矿。

(4) 重组合作用。温度、压力等变化使原来稳定的矿物平衡组合被新条件下稳定的矿物组合代替，如黏土矿物转变为蓝晶石和石英。

(5) 交代作用。在区域变质作用和混合岩化过程中产生的变质热液交代原岩，使其矿物成分发生变化。

(6) 塑性流动和变形。在高温、高压条件下岩石可发生揉皱、破碎和塑性流动，使岩石产生定向构造。

(7) 局部熔融。高温、高压及流体的参与，岩石出现选择性重熔和局部熔融，形成混合岩化岩石。

按变质成矿作用范围可分为接触变质成矿作用和区域变质成矿作用。

接触变质成矿作用的影响范围较小（几十米到几百米），在变质过程中，几乎没有或很少有外来物质的加入和原有物质的带出。它的成矿作用，主要表现在原岩或原矿床在岩浆热力影响下所发生的结晶或再结晶作用，从而提高或改变其工业意义。例如石灰岩之变质成为大理岩，煤之变质成为石墨等。经由此种变质成矿作用所形成的矿床，称为接触变质矿床。

区域变质成矿作用影响范围很广，可达几百甚至几千平方公里，变质作用复杂而强烈，不仅使岩石或矿石在矿物组成及结构、构造上发生强烈变化，而且可使某些成矿组分在变质热液或混合岩化交代作用之下发生迁移富集现象。有很多大型金属矿床，特别是铁矿床，是在区域变质作用之下形成的。经由这种变质作用所形成的矿床，称为区域变质矿床。区域变质铁矿床是世界铁矿资源的主要来源，占我国铁矿储量的 49% ，占世界铁矿储量的 60%。除铁矿床外，部分金矿、锰矿、铀矿、磷灰石矿以及其他许多非金属矿（例如大理岩、石墨等）也来自于区域变质矿床，因此，区域变质矿床的研究具有重大的实际意义。

3.4.1.2　变质矿床的成因分类

从成因上，变质矿床首先可分为接触变质矿床和区域变质矿床两大类。区域变质矿床又可分为受变质矿床和变成矿床两种。

（1）受变质矿床。即在变质作用之前已经是矿床，变质之后不改变矿床的基本工业意义，如沉积铁矿床之变质成为变质铁矿床。

（2）变成矿床。原来是没有工业价值的岩石，经过变质改造之后而成为矿床；或者原来是矿床，但在变质改造之后，发生深刻变化，而成为另外一种具有不同工业意义的新矿床。在这种变成矿床之中，金属矿床很少，主要是一些非金属矿床。由于它们是在高温、高压下形成的，所以矿石常具有特殊的物理化学性质，在工业上可供研磨材料、耐火材料以及建筑材料等之用。属于这类矿床的有用矿产，有大理岩、石英岩、板岩、滑石、石棉、石墨、石榴石、菱镁矿等。

在这几种变质矿床之中，工业价值最大的是区域变质矿床中的受变质矿床。在各种金属受变质矿床之中，最具有工业意义的是沉积变质铁矿床。

3.4.2　区域变质矿床的成矿条件和成矿过程

3.4.2.1　区域变质矿床的成矿条件

A　成矿原岩条件

（1）沉积型含矿原岩。具典型的变质沉积岩组合，如大理岩、石英岩、云母片岩、含矽线石片麻岩等。常见波痕、斜层理和结核等。

（2）火山沉积岩型含矿原岩。具典型的变质火山岩组合，如绢云石英片岩、绿泥片岩和斜长角闪岩等。有时具变余斑状结构、变余、流纹、气孔和杏仁状构造等。规模巨大的磁铁石英岩型铁矿即产于此。

B 成矿构造背景

变质岩和变质矿床的分布与地质时代关系密切。地壳中广为分布的是前寒武纪变质岩，以大面积产出的结晶岩基底为特征，如加拿大地盾区、俄罗斯地台区、中朝陆台（含我国华北陆台）等。显生宙以来，全球变质岩区以带状分布为特点，如阿尔卑斯山脉变质带、我国秦岭-大别山变质带。中、新生代变质作用主要发生在岛弧、洋脊等板块边缘地区，如日本、新西兰，变质范围更窄。

C 物理化学条件

变质矿床形成的温度可从100~800℃，不同的温度可生成不同的矿物组合，引起变质的温度常与较高的地热流有关，这些地区一般有较强的构造-岩浆活动。压力是控制变质反应过程中矿物组合变化的主要因素。对某些具多型变体的矿物，压力作用尤为重要，如 Al_2SiO_5 的多型变体，在500~600℃ 压力较高时生成蓝晶石。压力较低时生成红柱石。定向压力可使岩石破碎、褶皱或发生流动，并使矿物定向排列，形成片理、线理等构造。各种流体，特别是 H_2O 和 CO_2 流体不仅可以促进化学反应和重结晶作用的进行，而且还可直接参与化学反应，如 $CaCO_3 + SiO_2 = CaSiO_3 + CO_2$。

3.4.2.2 含矿原岩的变化

在区域变质过程中，含矿原岩在温度、压力增高以及 H_2O 、CO_2 等挥发性组分的影响下，发生重结晶、重组合及变形等作用，改变了矿物成分和结构、构造；但一般情况下，含矿原岩总的化学成分基本不变。含矿原岩或矿床，在变质成矿过程中的变化可有以下两种情况：

（1）含矿原岩或原矿床的改造。矿石的矿物成分和结构构造，一般均发生有不同程度的变化，从而对其经济价值有一定的影响，但矿石品位一般变化不大。区域变质成矿作用改造过的矿床，即所谓的受变质矿床，主要有铁、锰、铜等金属矿床，其次还有磷灰石矿床。

在区域变质作用中，以沉积铁矿床为例，其氢氧化铁经脱水和重结晶作用变为赤铁矿，赤铁矿又可还原为磁铁矿；矿石中的蛋白石矿物类，则重结晶为石英；结果，使原来的致密隐晶质的铁质碧玉岩，变为条带状的磁铁矿石英岩、赤铁矿石英岩或磁铁矿及赤铁矿石英岩。由于在这一改造中，矿石颗粒增大，特别是磁铁矿的形成，有利于磁力选矿方法的利用，因而原来品位不够工业要求的贫矿成为可利用的矿石；如我国冀东某地的变质铁矿，虽然品位较低，但由于这种原因，仍能大量利用。此外，受变质之后，铁矿石中硫、磷等有害杂质的含量也有所降低。又如某些含磷很高的磷-铁矿床，也只有经过区域变质作用，磷结晶成为具有一定粒度的磷灰石之后，才能通过选矿加以分离，从而使这种磷-铁矿石成为可以利用的矿石。

（2）新矿床的形成。某些原岩虽含有某些有用组分，但没有工业价值；只有在区域变质过程中，经过重结晶作用，形成新矿物之后，才能作为工业原料来利用，成为新矿床（即变成矿床）。这类矿床主要是一些非金属矿床，如富含有机碳的原岩，经重结晶后可成为石墨矿床；富铝的原岩，在不同的物理化学条件下，可重组合、重结晶分别成为刚玉、矽线石、蓝晶石及石榴石等矿床；更广义地说，区域变质中形成的板岩、大理岩、石英岩等也属于这类矿床之列。

3.4.2.3　变质热液的产生及其成矿作用

变质热液又称变质水，是在区域变质过程中产生的，在变质成矿过程中占有重要地位。这种热液和岩浆成因的气化热液不同，它一部分是来源于原岩颗粒空隙中的水分(粒间溶液)，一部分则是变质过程中矿物间发生脱水反应时所析出的。在某些地区，变质热液还和裂隙水及地下水有一定联系。

变质热液中，除 H_2O 为其主要组分外，还常含有 CO_2 及硫、氧、氟、氯等易挥发组分；其物态可为液态，也可为气态；既能成为不能自由活动的粒间溶液，在某些情况下，也可成为能流动的热液，可起溶剂和矿化剂的作用，促进岩石中各种组分重新分配组合以及迁移搬运，在原岩发生重结晶作用的同时，形成各种新矿床或使原矿床中有用组分进一步富集。例如在含铁岩系中，就可发生如下的变化：铁的氧化物（如磁铁矿）或碳酸盐(如菱铁矿)，在一定的物理化学条件下，也可溶解于变质热液之中，有利于成矿作用。如巴西东南部米纳斯-吉拉斯矿区，巨大富铁矿体赋存于磁铁石英岩中，由致密块状赤铁矿、镜铁矿或假象赤铁矿及极少量石英组成，平均品位大于50%~60%。据研究，该矿床就是在高温、高压下，由变质热液溶解含铁层中的铁质，迁移至压力较低地带，交代贫矿层中的石英引起去硅作用，把铁质沉淀下来，富集堆积而成。

3.4.2.4　混合岩化中富矿体的形成

混合岩化作用是区域变质作用的高级阶段。这个阶段的成矿作用可分为两期，即早期以碱性交代为主的成矿时期和中晚期以热液交代为主的成矿时期。在早期交代阶段，伴随着各种混合岩及花岗质岩石的形成，在某些含矿原岩中，可有云母、刚玉、石榴石、磷灰石等非金属矿床以及某些非金属、稀有金属伟晶岩矿床的形成。到了混合岩化的中晚期阶段，混合岩化作用中分异出来的热液，已含有一定量的铁分，而更重要的是，在高温高压条件下，它们可通过溶解作用从贫矿石中取得更多的铁分。它们运移着这些铁质至压力较低地段，交代贫矿石中的石英引起去硅作用并把铁质沉淀下来，形成富铁矿体。鞍山铁矿的某些富矿体，据认为属于这种成因。

3.4.3　受变质矿床

受变质矿床的一般特征：

（1）矿石特点。成分简单，品位变化较均匀。有用矿物有磁铁矿、赤铁矿、镜铁矿等；脉石矿物以石英为主，其次是方解石、长石、角闪石、阳起石、绿泥石、云母等。结构为全晶质。矿石构造以条带状、片理状为主。

矿石以贫矿为多，平均含铁质量分数为20%~40%；但在构造活动较强烈地段的含铁石英岩（贫矿）中，赋存着有相当规模的、由致密块状矿石构成的富矿体，平均含铁质量分数可达50%~70%。

（2）矿体特点。多呈层状、似层状，少数为不规则的其他形状。在产状上一般变化较大，倾角较陡，矿体中褶曲、断裂、直立、倒转等现象较为普遍。矿体在剖面中具有一定的层位。

（3）围岩特点。都是变质岩（包括有火山岩型沉积变质岩，如角闪石岩等）。常见的有各种片岩、片麻岩、大理岩以及混合岩等。

此类铁矿床在我国前寒武系中有广泛的分布，而以鞍山-本溪地区最为丰富。矿床位于鞍山群及辽河群地层中，属中低级区域变质，并遭受强烈的混合岩化作用。其地质年龄为 19 亿~24 亿年。

复习思考题

3-1 地球的构造是怎样的？

3-2 地壳主要是由哪些元素和矿物组成的？

3-3 成矿作用可以分为哪几类，简述各类成矿作用的概念和特点。

3-4 岩石可以分为哪几个大类，简述每一大类的概念和主要特征。

3-5 根据形成环境和 SiO_2 的含量，分别对岩浆岩进行大类的划分。

3-6 详述矿石的概念。

3-7 什么是矿石矿物，什么是脉石矿物？

3-8 试述品位的概念及不同的表示方法。

3-9 什么是边界品位，什么是工业品位？

3-10 试述矿石结构和构造的概念及研究意义。

3-11 怎样确定矿体的空间位置？

3-12 什么是矿产储量，怎样区别表内储量和表外储量？

3-13 什么是结晶分异作用，结晶分异作用有哪两种情况？

3-14 结晶分异作用主要能形成哪些矿石？

3-15 什么是熔离作用，熔离作用形成的矿石在结构上有何特点？

3-16 试述影响硫化物熔浆在岩浆中熔离的主要因素。

3-17 举例说明熔离作用形成的矿石的主要特征。

3-18 举例说明岩浆爆发作用。

3-19 伟晶岩是怎样形成的？

3-20 试述伟晶岩成矿过程中交代作用的主要类型。

3-21 伟晶岩成矿作用形成的矿石有何特点？

3-22 怎样区别简单伟晶岩和复杂伟晶岩，哪类伟晶岩与成矿关系最密切？

3-23 伟晶岩中主要有哪些矿产？

3-24 气化热液有哪些主要来源？

3-25 试述气化热液的主要成分。

3-26 试述气化热液中成矿物质发生沉淀的原因。

3-27 什么是充填作用，什么是交代作用？

3-28 举例说明围岩蚀变。

3-29 解释接触交代成矿作用。

3-30 试从母岩、围岩、成矿环境和矿产等方面说明接触交代矿床的特点。

3-31 简述接触交代成矿作用过程。

3-32 什么是热液成矿作用？

3-33 试比较高温热液成矿作用、中温热液成矿作用和低温热液成矿作用三者之间在成矿环境、矿物组合、围岩蚀变和矿产等方面的特点。

3-34 试述火山气液成矿作用的概念。

3-35　火山气液矿床有哪些基本特征?

3-36　火山气热成矿作用形成的矿石主要有哪些类型，并简述每一类型的矿物组合特征。

3-37　详述斑岩铜（钼）矿石的特征。

3-38　解释物理风化作用、化学风化作用、生物风化作用、机械沉积分异作用、化学沉积分异作用以及生物化学沉积分异作用。

3-39　外生矿床与内生矿床相比有什么特点?

3-40　从成矿作用方式、矿石变化及成矿位置等方面比较残坡积矿床、残余矿床、淋积矿床的差异。

3-41　比较金属硫化物矿床垂直表生分带上矿物组成的递变规律。

3-42　从矿物结构、分选性、形成环境等方面比较沉积矿床、冲积矿床、湖泊砂矿床、海滨砂矿床的特点。

3-43　比较机械沉积矿床、化学沉积矿床、生物化学沉积矿床在成矿作用、矿石结构、构造及矿体形态等方面的异同点。

3-44　结合外生矿床的矿石实验，对所观察到的矿石矿物组成、矿石结构与构造等进行描述。

3-45　解释变质作用、接触变质成矿作用、区域变质成矿作用、混合岩化成矿作用、接触变质矿床以及混合岩化矿床。

3-46　比较岩浆作用、外生地质作用及变质作用之间的主要区别。

3-47　变质矿床、外生矿床与内生矿床相比，有什么特点?

3-48　接触变质矿床、区域变质矿床及混合岩化矿床有什么特点和区别?

3-49　混合岩化作用的不同阶段有什么特点和差别?

3-50　结合变质矿石实验对所观察到的矿石矿物组成、矿石结构与构造等进行描述。

4 矿物的鉴定方法

正确地选择和运用各种鉴定方法和研究方法来研究矿物,是选矿工作中十分重要的环节。目的首先是确定矿物的种属；查明岩石或矿石中各种矿物的数量；分布及组合情况；矿物的性质及其变化规律，为采用合理的选矿方法和最充分地利用资源提供必要的依据，并且在鉴定和研究过程中还会发现新矿物，扩大矿物原料的应用范围。在实际工作中，则根据具体情况和鉴定目的及要求选用适当的鉴定方法和研究方法。

在自然界中现已发现的矿物有近3000种之多，而未被发现或未被正确鉴定出来的矿物还不知有多少种。所以，矿物的研究和鉴定工作是从事矿物学研究工作人员和地质工作者的一项复杂而艰巨的任务。鉴定和研究矿物要求做到准确、快速和经济，这就必须按照由简到繁的顺序进行。鉴定矿物的方法很多，而且随着现代科学技术的发展，还在不断地完善和创新之中。总的来说是借助于各种仪器，采用物理学和化学的方法，通过对矿物化学成分、晶体形态和构造及物理特性的测定，以达到鉴定矿物的目的。

矿物鉴定有许多方法，如根据矿物内部原子排列进行鉴定的X光分析法、根据电子射束在矿物上直接测定矿物化学成分来鉴定的电子探针法，以及鉴定矿物显微晶体光学特征的光学显微镜法等，但最常用的还是根据矿物外表特征进行鉴定的肉眼（或放大镜）鉴定法。

正确地识别和鉴定矿物，不论对地质、采矿、选矿、冶金工作来说，都是必不可少和非常重要的。

4.1 矿物的肉眼鉴定

这是凭肉眼和放大镜、实体显微镜（双目显微镜）和一些简单工具（小刀、磁铁、条痕板等）观察矿物的外表特征和测定物理性质（颜色、条痕、光泽、透明度、硬度、相对密度、磁性、解理等)，从而对矿物进行鉴定的简单方法。这种方法简便、易学、在选矿过程中对原矿和选矿产品尤为适用。但要达到快速、准确，需要经过一定的训练。特别是对细粒矿物的晶形、解理的观察，需要反复地对比和实践，多积累经验才能比较熟练地掌握这一简单而又重要的鉴定方法。一个具有鉴定经验的人，利用肉眼鉴定方法，就能正确地把上百种矿物初步鉴定出来。通过肉眼鉴定可以知道什么是矿物或估计是哪些矿物，从而进一步选择鉴定方法。因此，肉眼鉴定矿物是矿物鉴定的基础，是选矿工作者必须掌握的基本技能。

4.1.1 矿物肉眼鉴定方法

矿物的肉眼鉴定步骤和描述方法：

(1) 观察矿物的形态。单体形态和集合体形态。

（2）观察矿物的光学性质。颜色、条痕、光泽和透明度。

（3）试验矿物的力学性质。硬度、相对密度、解理、断口及其他力学性质（弹性、挠性、延性、展性等）。

（4）试验矿物的其他性质。磁性、发光性、可溶性、可塑性、气味等。

（5）借助某些简易化学试验进一步鉴别矿物。

在鉴定矿物时，上述方法和步骤应逐一进行观察和试验。但对具体标本来说，不是所有特征都能观察得到的，往往一块标本需要反复进行观察和试验，并且要抓住主要特征进行观察。

现以方铅矿为例说明肉眼鉴定方法的一般过程。在鉴定某一矿物时，先要观察矿物的形态，如某矿物为立方体外形，再观察矿物的颜色、条痕和光泽。该矿物具有典型的铅灰色、强金属光泽和灰黑色条痕。进而观察该矿物的硬度、解理或断口及相对密度等特征。它有较低的硬度、显著的立方或阶梯状解理，以及手中掂掂感到相对密度较大。综合上述各种基本特征与教材中描述的每种矿物特征相对照，即可较迅速地确定该矿物为方铅矿。若矿物颗粒较细而晶体形态不甚发育时，还可以借助实体显微镜和简易化学分析方法鉴定。

4.1.2　几种主要矿物鉴定方法

几种主要矿物鉴定方法如下：

（1）自然金。多为分散的粒状，或不规则的树枝状集合体。金黄色，随其成分中含银量的增高则渐变为淡黄色。条痕与颜色相同。有强烈的金属光泽。硬度2.5~3。具强延展性，可以锤成金箔。纯金的相对密度为19.3。导电性良好，化学性能良好，除溶于王水外，不溶于任何酸类。熔点1062℃。用于货币、制造精密仪器及装饰品。主要产于石英脉中，自然金常富集成沙金矿床。

（2）金刚石。晶形呈八面体、菱形十二面体，较少呈立方体，而大多数呈圆粒或碎粒状产出。无色透明或带有蓝色、黄色、褐色和黑色。标准金刚光泽。具强色散性。硬度10。性脆。相对密度3.50~3.52。在紫外光照射下能发生黄、绿、紫荧光。用于精密及特种切削工具，制造金属钢丝的拉模、钻头及贵重的宝石。常产于超基性岩的金伯利岩（即角砾云母橄榄岩）中。当含金刚石的岩石遭风化后，可形成金刚石砂矿。

（3）高岭石。常呈土状、粉末状、鳞片状。纯净者颜色白，如含杂质，则染成浅黄、浅灰、浅红、浅绿、浅褐等色。蜡状光泽。硬度极低，1~3度。相对密度2.6。吸水性强，舌舔有黏性。为陶瓷、造纸、橡胶等重要化工原料。高岭石的来源，有黏土沉积形成，有长石、霞石等风化而成。

（4）磷灰石。单晶体为六方柱状或厚板状，集合体为块状、粒状、结核状。其颜色因成因而异，纯净者无色或白色，但少见。一般呈黄绿色，也有灰、绿、褐、蓝、紫等色。油脂光泽。主要用于制造磷肥以及化学工业上的各种磷盐和磷酸。海相沉积成因者形成胶磷矿，具有巨大的经济价值。有时与火成岩有关者，也可能有经济价值。

（5）磁铁矿。常呈粒状或致密块状，晶体形状为小八面体与菱形十二面体。颜色呈铁黑色，半金属光泽。硬度5.5~6.5。性脆，具强磁性。为重要的铁矿石。形成于内生作用和变质作用过程。

（6）硬锰矿。通常呈葡萄状、钟乳状、树枝状以及土状集合体。灰黑至黑色，条痕褐黑色至黑色。半金属光泽，如土状者，则无光泽。硬度4~6。性脆。相对密度4.4~4.7。为提炼锰的重要矿物原料。常见于沉积锰矿床和锰矿的氧化带上。

（7）黄铜矿。常为致密块状或分散粒状。黄铜色。条痕墨绿色，金属光泽。硬度3~4。性脆。相对密度4.1~4.3，能导电。为提炼铜的重要矿物原料。黄铜矿可形成于各种地质条件。

（8）方铅矿。晶体常呈立方体，通常成粒状、致密块状的集合体。颜色为铅灰色。条痕灰黑色。金属光泽。硬度2~3。相对密度较大，为7.4~7.6。具弱导电性和良检波性。为提炼铅的最重要矿物原料，并常含银、锌作为副产品。自然界分布较广，热液过程者最为重要，经常与闪锌矿在一起形成硫化矿床。

（9）闪锌矿。晶形多呈四面体，菱形十二面体，但常见者是粒状块体。颜色因含铁量的不同而有差异，灰色、浅黄、棕褐直至黑色。条痕白色至褐色。光泽由松脂光泽至半金属光泽。从透明至半透明。硬度3.5~4。相对密度3.9~4.1，随含铁量的增加而降低。闪锌矿是提炼锌的重要矿物原料，并从中可得镉、铟、镓等元素。常产于热液矿床中。

（10）黑钨矿。常呈板状及粒状。颜色棕至黑。条痕暗褐色。半金属光泽。硬度4.5~5.5。相对密度6.7~7.5。含铁较多者具弱磁性。黑钨矿为提取钨的重要矿物原料，主要用于冶炼合金钢及电子工业。常产于高温热液石英脉及与花岗岩有关的矿床中。

（11）锡石。其形态随形成温度、结晶速度、所含杂质的不同而异。晶体常呈双锥柱状、长柱状、针状，集合体呈不规则粒状。一般呈红褐色，无色者极为少见，含钨者呈黄色。条痕淡黄。金刚光泽，断口油脂光泽。半透明至不透明。硬度6~7。性脆，贝状断口，相对密度6.8~7.0，是提炼锡的主要矿物原料。其形成与花岗岩有密切关系，气化—高温热液成因的锡石石英脉最有价值，风化后，常富集为锡矿砂。

4.1.3 鉴定注意事项

在肉眼鉴定过程中必须注意以下几点：

（1）前面所述矿物的各项物理特征，在同一个矿物上不一定全部显示出来，所以在肉眼鉴定时，必须善于抓住矿物的主要特征，尤其是要注意哪些具有鉴定意义的特征，如磁铁矿的强磁性、赤铁矿的樱红色条痕、方解石的菱面体解理等。

（2）在野外鉴定时，还应充分考虑矿物产出状态，因为各种矿物的生成和存在都不是孤立的。在一定的地质条件下，它们均有着一定的共生规律，如闪锌矿和方铅矿常常共生在一起。

（3）在鉴定过程中，必须综合考虑矿物物理性质之间的相互关系，如金属矿一般情况是颜色较深、密度较大、光泽较强；而非金属矿物则相反。

初学者想要熟练地掌握矿物的鉴定特征，就必须经常接触标本，反复实践，进行观察，试验，对比，分析，找出相似矿物的主要异同点和每种的典型特征。只有这样才能准确、迅速地鉴定矿物。切记，不可脱离标本死记硬背。此外，还需注意，鉴定矿物时要尽量选择新鲜面观察和试验，力求得到正确的鉴定结果。当然，肉眼鉴定的准确程度毕竟是有限的，对某些鉴定难度较大的矿物，只能作出初步判断。详细鉴定，需选择适当的鉴定或研究方法，这样可以逐步缩小范围，确定矿物的名称。

对于一些不常见、特征相似、结晶不好和晶粒微小的矿物用肉眼鉴定的准确性差。但仍可根据矿物的特征和共生组合规律进行初步鉴定和估计，为进一步选用其他鉴定方法提供依据。所以，肉眼鉴定是研究矿物的重要的基本方法。

4.2　透明矿物的显微镜鉴定

晶体光学是应用光学原理研究可见光通过透明晶体时所产生的光学现象及其规律的科学。在地质学中，它是研究和鉴定透明矿物的重要方法之一。晶体光学的应用范围很广，它不仅用于矿物、岩石方面的研究，而且还应用于玻璃、药品、化肥等生产和科研部门。

在可见光中，矿物可分为透明、半透明和不透明三大类，非金属矿物绝大部分为透明矿物。在鉴定和研究透明矿物的工作中，应用最广泛的方法就是晶体光学法，也就是偏光显微镜研究方法。它是将样品磨成0.03mm厚的薄片，在偏光显微镜下，观察矿物的各种光学性质，从而达到鉴定矿物、研究样品的结构构造及工艺加工特征的目的。

4.2.1　偏光显微镜

偏光显微镜是研究晶体薄片光学性质的重要仪器。它比一般显微镜复杂，最主要的区别是装有两个偏光镜。其中一个偏光镜在载物台之下，称下偏光镜（起偏镜），自然光通过下偏光镜后就变成偏光；另一个在物镜之上的镜筒中，称上偏光镜（分析镜）。两者透过偏光的振动面通常是互相垂直的。

4.2.1.1　偏光显微镜的构造

偏光显微镜型号很多，但基本构造大体相似。江南光学仪器厂生产的XPB和XPT系列的偏光显微镜应用普遍，故以XPT-06型偏光显微镜（图4-1）为例说明它的构造。

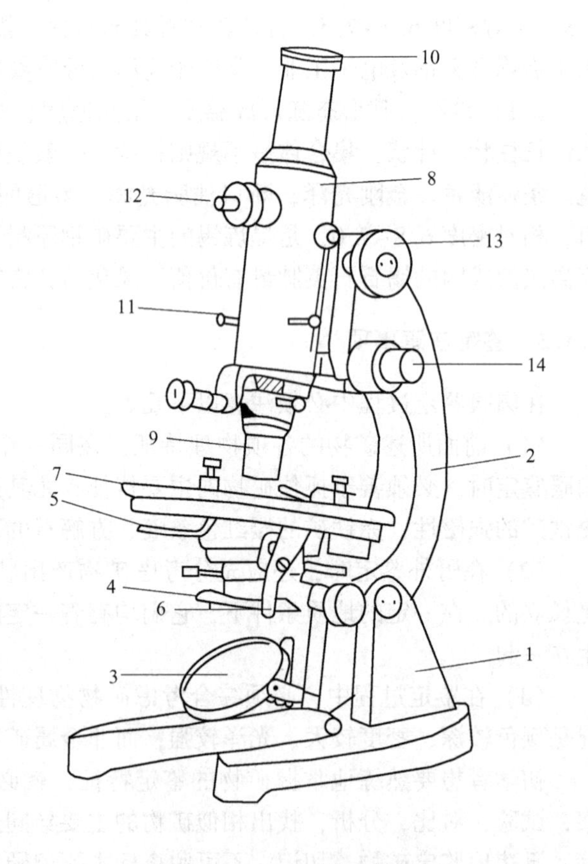

图4-1　XPT-06型偏光显微镜

1—镜座；2—镜臂；3—反光镜；4—下偏光镜；5—锁光圈拨把；6—聚光镜拨把；7—载物台；8—镜筒；9—物镜；10—目镜；11—上偏光镜；12—勃氏镜；13—粗动螺旋；14—微动螺旋

（1）镜座。支撑显微镜的全部重量，其外形为具直立柱的马蹄形。

（2）镜臂。呈弯背形，其下端与镜座相连，上部装有镜筒。为了使用方便可以向后倾斜，但不宜倾斜过大，以防显微镜翻倒。

（3）反光镜。它是一个具平凹两面的小圆镜，可以任意转动，以便对准光源，把光反射到显微镜的光学系统中去。使用时应尽量取得所需亮度，一般在弱光源或锥光鉴定时使用凹面。

（4）下偏光镜。位于反光镜之上，由偏光片制成。从反光镜反射来的自然光，通过下偏光镜之后，即成为振动面固定的偏光。下偏光镜一般可以转动，以便调节振动力向，通常以“PP”代表下偏光镜的振动方向。

（5）锁光圈（光阑）。在下偏光镜之上，可以自由升合，用以控制光的透过量。缩小光圈可使光度减弱。

（6）聚光镜。在锁光圈之上，由一组透镜组成。它可以把下偏光镜透出的平行光束聚敛成锥形偏光。不用时可以推向侧面或下降。

（7）载物台。它为可以水平转动的圆形平台，边缘有刻度（360°），并附有游标尺，可直接读出转动角度。物台中央有圆孔，是光线的通道。圆孔旁有一对弹簧夹，用以夹持薄片。物台外缘有固定螺丝，用以固定物台。

（8）镜筒。它为长的圆筒，联结在镜臂上。转动镜筒上的粗动调焦螺旋及微动调焦螺旋，可使镜筒上升和下降，用以调节焦距。有的显微镜中，微动调焦螺旋有刻度，可以读出微动调焦螺旋升降距离，通常是每小格等于 0.01mm 或 0.02mm。镜筒上端插目镜，下端装物镜，中间有勃氏镜、上偏光镜及试板孔，有的还有锁光圈。由目镜上端至装物镜处称机械筒长。物镜后焦平面与目镜前焦平面间的距离称光学筒长。

（9）物镜。它是决定显微镜成像性能的重要因素，其价值相当于整个显微镜的 1/5～1/2，是由 1～5 组复式透镜组成。其下端的透镜称前透镜，上端的透镜称后透镜。一般情况下，前透镜越小，镜头越长，其放大倍率越大。

每台显微镜至少有 3 个放大倍率不同的物镜。每个物镜均刻有放大倍率、数值孔径（N.A），有的还刻有光学筒长、薄片盖玻璃厚度及前焦距等。一般显微镜附有低倍（3.2×）、中倍（10×）及高倍（45×）物镜及油浸镜头（100×）。使用时按需要选用不同放大倍率的物镜，将其夹于镜筒下端的弹簧夹上。

物镜的光孔角（镜口角或开角）是指通过物镜前透镜最边缘光线与前焦点间所构成的角度，如图 4-2 中的 2θ。物镜的数值孔径等于 $\sin\theta$（当物镜与物体之间为空气时），或等于 $n\sin\theta$（当物镜与物体之间为折射率等于 n 的浸油时）。数值孔径缩写为 N.A 或 A。从设计上看，通常是放大倍率越高，其数值孔径越大。放大倍率相同的物镜，其数值孔径越大性能越好。

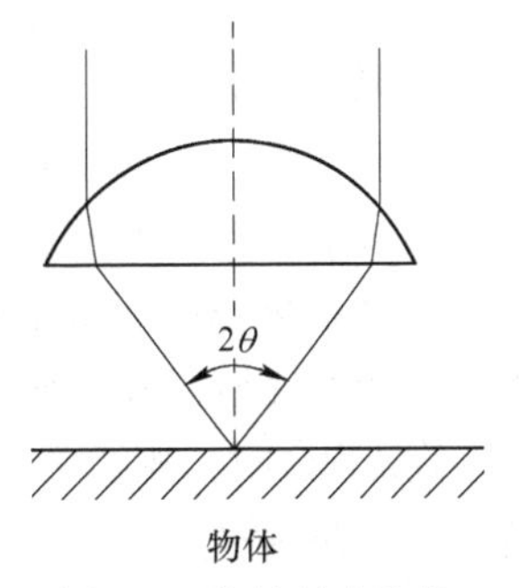

图 4-2 物镜的光孔角

（10）目镜。它的作用是把物镜放大的物像进一步放大，而使眼睛便于观察。一般显微镜都有 5 倍、10 倍两种目镜，并附有测微尺和测微网。显微镜的总放大倍率等于目镜放大倍率与物镜放大倍率的乘积。

（11）上偏光镜。结构与下偏光镜相同。但其振动面常与下偏光镜振动面垂直。通常以符号“AA”表示上偏光镜的振动方向。上偏光镜可以自由推入或拉出，有的上偏光镜还可以转动。

（12）勃氏镜。位于目镜与上偏光镜之间，是一个小的凸透镜，可以推入或拉出。在观察细小矿物干涉图时，缩小光圈可挡去周围矿物透出光的干扰，使干涉图更清楚。

除以上一些主要部件之外，还有一些附件，有测定切片上光率体椭圆半径名称和光程差的补色器、石膏试板、云母试板和石英楔；有测定颗粒大小、百分含量的物台测微尺、机械台、电动求积仪等。

4.2.1.2　偏光显微镜的调节与校正

A　装卸镜头

装目镜，将选好的目镜插入镜筒，并使其十字丝位于东西、南北方向。

装卸物镜，因显微镜的类型不同，物镜的装卸有以下几种类型：弹簧夹型的是将物镜上的小钉夹在弹簧夹的凹陷处，即可卡住物镜。江南 XPT-06 型偏光显微镜即属此类型。另外还有转盘型、螺丝扣型、插板型等。

B　调节照明（对光）

装上物镜和目镜后，轻轻推出上偏光镜和勃氏镜，打开锁光圈，推出聚光镜。目视镜筒内，转动反光镜直至视域最明亮为止。注意对光时不要把反光镜直接对准阳光，因光线太强易使眼睛疲劳。

C　调节焦距

调节焦距的目的是为了使物像清晰可见，其步骤如下：

首先将观察的矿物薄片置于物台中心，并用薄片夹子将薄片夹紧。

然后从侧面看镜头，转动粗动螺旋，将镜头下降到最低位置。若使用高倍物镜，则需下降到几乎与薄片接触的位置，但需注意不要碰到薄片以免损坏镜头。

最后从目镜中观察，同时转动粗动螺旋，使镜筒缓慢上升，直至视域内有物像后，再转动微动螺旋使之清楚。

准焦后物镜与薄片之间的距离称工作距离，常用 F. W. O 表示。工作距离与放大倍率有关，放大倍率越低，工作距离越长，反之越短。

D　校正中心

在显微镜的光学系统中，载物台的旋转轴、物镜中轴、镜筒中轴和目镜中轴应严格在一条直线上。这时旋转物台，视域中心的物像不动，其余物像绕视域中心做圆周运动，不会将物像转出视域以外。如果它们不在一条直线上，旋转物台时，视域中心的物像绕另一中心旋转，并把某些物像转出视域之外，如图 4-3 所示。

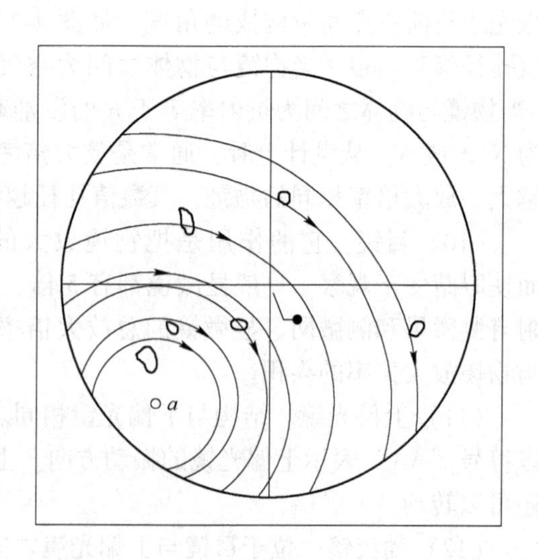

图 4-3　旋转物台物像绕另一中心旋转

这不仅妨碍观察，甚至有时影响某些数据的测定，因此必须进行中心校正。显微镜中，一般目镜中轴、镜筒中轴和物台旋转轴都是固定的，只有物镜中轴可以调节，所以中心校正实际是调节物镜中心使其与上述中轴吻合。校正物镜中心一般是借助于安装在物镜上的两个校正螺丝来进行的，其校正步骤如下：

（1）检查物镜是否安装在正确位置上，准焦后在薄片上选一特征点 a，移动薄片将 a 点移至视域中心，即十字丝交点，如图 4-4（a）所示。

（2）固定薄片，旋转物台 360°。若中心不正，则特征点 a 必定绕另一中心做圆周运动，如图 4-4（b）所示，其圆心 O 点即为物台旋转轴中心。

（3）再旋转物台 180°，使特征点 a 由十字丝中心移至最远处 a' 处，如图 4-4（c）所示。

（4）扭动物镜上的校正螺丝，使 a 点由 a' 处向十字丝中心移动一半距离，即 O 处，如图 4-4（d）所示。

（5）移动薄片，将 a 点移至十字丝交点，如图 4-4（e）所示，旋转物台，若特征点 a 不动［见图 4-4（f）］，则中心已校正；若 a 点仍离开十字丝中心，则未完全校正好，还需按上述方法重复校正，直至校好为止。

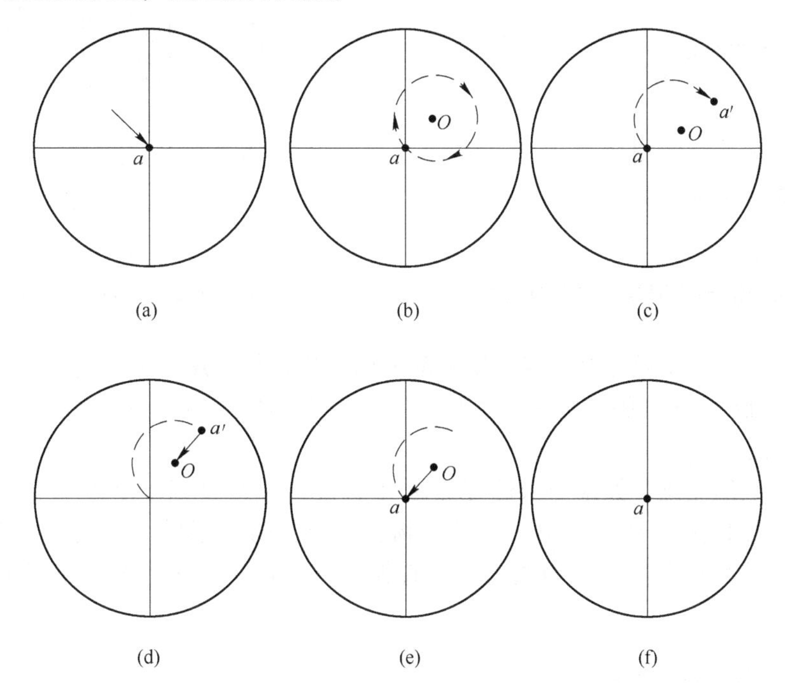

图 4-4 校正中心步骤示意图

（a），（e）移动薄片；（b），（f）转物台 360°；（c）转物台 180°；（d）扭动校正螺旋；

（6）若偏心很大，旋转物台特征点 a 由十字丝交点移至视域之外，如图 4-5 所示。这时应根据特征点 a 移动情况，估计偏心圆中心点 O 在视域外的位置及偏心圆的半径长短。

然后将 a 点转回十字丝交点。扭动物镜上的校正螺丝，使 a 点内十字丝交点，向偏心圆的圆心 O 点相反方向移动大约等于偏心圆半径的距离。再移动薄片使 a 点回到十字丝交点上，转动载物台可能 a 点在视域内旋转，这时可按上述偏心圆小的方法继续校正。若偏心仍然很大，则按偏心大的方法再校正一次。如果经过 3 次校正后，仍然偏心很大，则应检查原因或报告教师。

E 偏光镜的校正

在偏光显微镜的光学系统中，上下偏光镜的振动方向应当互相垂直，而且在东西、南北方向上。它们还分别与目镜十字丝平行。因此，目镜十字丝的方向就代表上下偏光镜的振动方向。所以偏光镜的校正包括3个内容：

（1）上下偏光镜的振动方向调至正交：推入上偏光镜，视域黑暗，证明上下偏光镜振动方向正交。如果视域不完全黑暗，证明上下偏光镜振动方向不垂直。这时需转动下偏光镜，直至视域黑暗为止。

（2）确定下偏光镜的振动方向，应用具有清晰解理的黑云母薄片来确定。将薄片置于载物台上，推出上偏光镜，准焦后旋转物台，使黑云母颜色变得最深为止，这时黑云母解理缝的方向，就代表下偏光镜的振动方向，如图4-6所示。

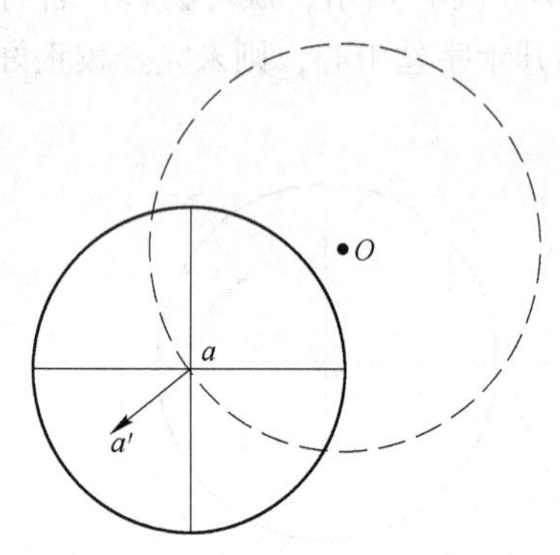

图4-5　中心偏离较大时校正中心的示意图

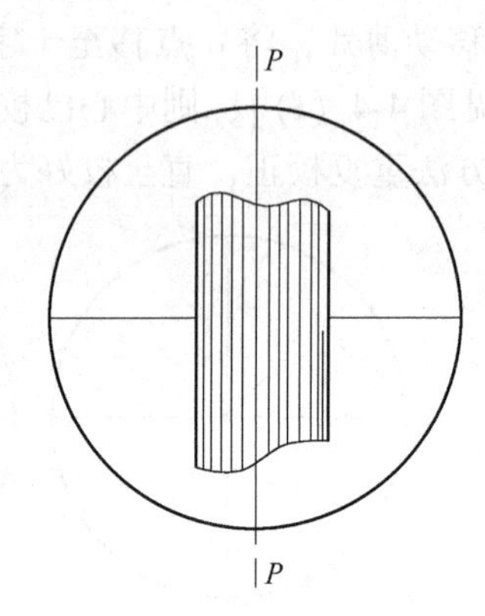

图4-6　下偏光镜振动方向的确定

（3）调整目镜十字丝与上下偏光镜振动方向一致，仍然用黑云母薄片来校正，其方法如下：首先推出上偏光镜将目镜十字丝放在东西、南北方向上。转动物台使云母解理缝平行于十字丝之一。

然后推入上偏光镜，如果黑云母变黑暗（消光）说明目镜十字丝与上下偏光镜振动方向一致；如果黑云母不全黑，则转动物台使黑云母变黑暗（消光）。推出上偏光镜，转动目镜使其十字丝之一与黑云母解理缝平行。这时十字丝与上下偏光镜的振动方向一致。

4.2.1.3　偏光显微镜的保养

偏光显微镜是精密的光学仪器，又是教学和科研工作的重要工具。所以使用显微镜时要特别细心，注意保护并自觉遵守以下规则：

（1）从箱内取出或搬动显微镜时，必须用一只手握住镜臂轻拿轻放防止震动。

（2）使用前应进行检查，但不能随便拆卸显微镜零件。

（3）使用显微镜各个部件时，动作要轻缓，装卸镜头时一定要拿稳，以防坠落损坏。显微镜的各种附件，一律放在盒子里，不准放在桌上或书上，以免不慎跌落造成损失。

（4）镜头必须保持清洁。有灰尘时必须用专门的擦镜头的软纸擦，以免损坏镜头。

（5）下降镜筒时，应从侧面看镜头，切勿使镜头与薄片相接，而损坏镜头。特别是使用高倍物镜时，因其工作距离特别小，尤其要注意。

（6）尚未学习使用和不知如何使用的部分和部件，切勿随便乱动。如需使用，应报告教师。

(7) 不得让显微镜晒到太阳，以防偏光镜或试板脱胶。显微镜还需防潮，不用时放入箱内并放上干燥剂。

(8) 显微镜用完后应将上偏光镜、勃氏镜推入镜筒内，以免灰尘落入。在镜筒上盖上镜盖。若无镜盖时则目镜不要取下. 以免灰尘落入镜筒内。

(9) 使用完后必须登记，罩上罩子。若无罩子则放入箱内。

4.2.2 透明矿物在单偏光镜下的光学性质

只用一个偏光镜就是单偏光镜。在单偏光镜下可观察到矿物晶体的形态和多色性；研究矿物的突起、糙面和贝克线等。

4.2.2.1 解理及其夹角的测定

许多矿物都具有解理，但不同矿物解理的方向、完善程度、组数及解理夹角不同，所以解理是鉴定矿物的重要依据。

在磨制薄片时，由于机械力的作用沿解理面的方向形成细缝。在粘矿片的过程中，细缝又被树胶充填。由于矿物的折射率与树胶的折射率不同，光通过时发生折射作用，而使这些细缝显示出来，所以矿物的解理在薄片中表现为一些平行的细缝，称为解理缝。根据解理的完善程度不同，解理缝的表现情况也不同，一般可分为 3 级：

(1) 极完全解理。解理缝细密而直长，贯穿整个矿物晶粒，如黑云母，如图 4-7 (b) 所示。

(2) 完全解理。解理缝较稀、粗，且不完全连贯，如角闪石，如图 4-7 (a) 所示。

(3) 不完全解理。解理缝断断续续，有时只能看出解理的大致方向，如橄榄石的解理，如图 4-7 (c) 所示。

解理缝的清晰程度，除了与解理的完善程度有关外，还受矿物与树胶的折射率的相对大小控制，两者相差越大，解理缝越清楚；反之解理缝就不清楚。所以有些矿物虽有解理，但由于折射串与树胶相近而在薄片中看不到解理或解理缝不明显，如长石类矿物就是如此。

解理缝的宽度除了与解理的性质有关外，还与切面方向有关。当切片垂直解理面时，解理缝最窄，并代表解理的真实宽度，此时提升镜筒，解理缝不向两边移动，如图 4-8 所示。当切片方向与解理面斜交时，则解理缝必然大于真实宽度，如图 4-8 所示。这时提升镜筒，解理缝要向两边移动。当切片方向与解理面的夹角 (α) 逐渐增大，则解理缝逐渐变宽，而且越来越模糊。当 α 角增大到一定程度解理缝就看不见了，这个夹角称为解理缝的可见临界角。另外切片方向与解理面平行时也看不到解理缝。所以有解理的矿物，在薄片中不一定都能看到解理缝，主要受切面方向的控制。

解理夹角的测定：有些矿物具有两组解理，如角闪石和辉石。具有两组解理的矿物，其解理夹角是一定的，所以测定其夹角也可帮助鉴定矿物。解理夹角在矿物晶体中是一定的，但在切片中由于切片方向不同，其解理角大小有一定差别。只有同时垂直于两组解理面的切面才能反映出两组解理的真正夹角。所以测定解理夹角时，必须选择垂直于两组解理面的切面，这种切面的特点是：两组解理缝清楚，提升镜筒时，解理缝不向两边移动。

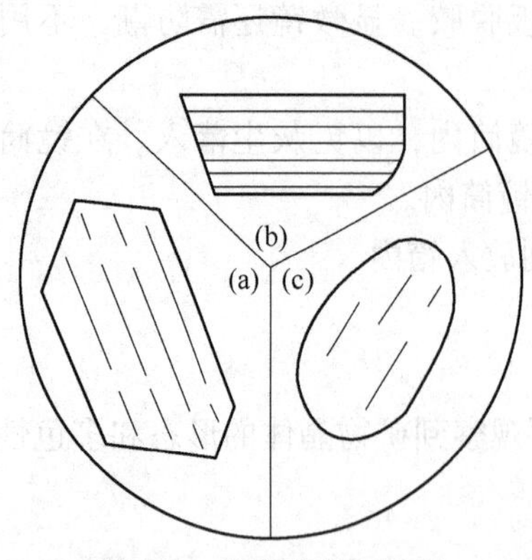

图 4-7　结晶程度和解理

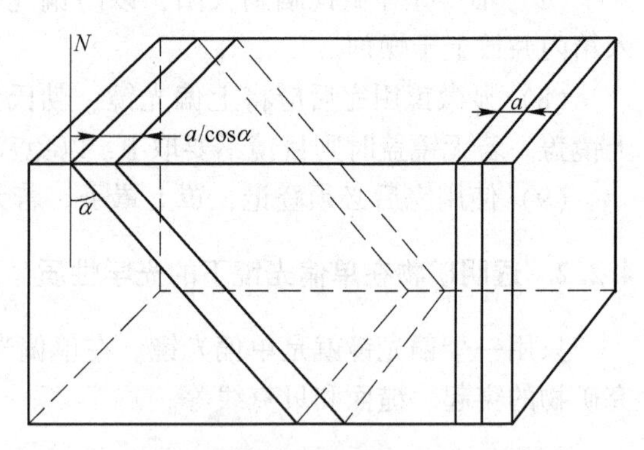

图 4-8　解理缝宽度与切片方向的关系

测定解理夹角的步骤如下：

（1）按上述原则选择垂直于两组解理面的切面。

（2）转动载物台，使一组解理缝平行于十字丝竖丝，如图 4-9（a）所示，记下载物台读数 a。

（3）旋转载物台，使另一组解理缝平行于目镜竖丝，如图 4-9（b）所示，记下载物台读数 b，两次读数之差即为解理夹角。

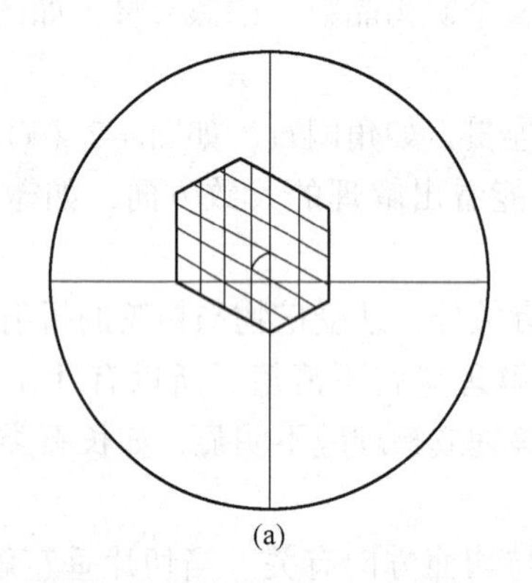

(a)

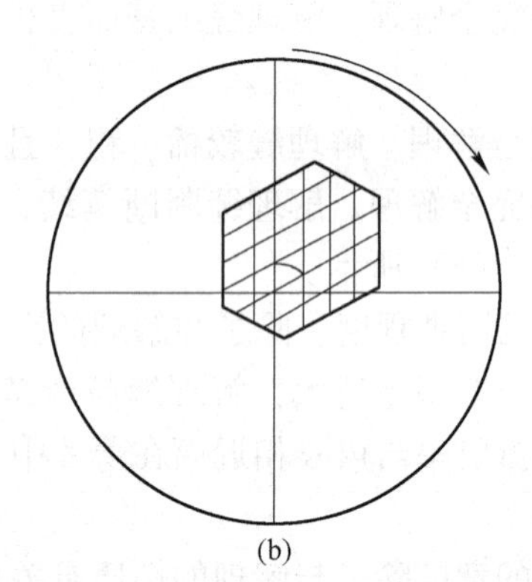

(b)

图 4-9　解理夹角的测定

4.2.2.2　*颜色和多色性、吸收性*

矿物的颜色是由光波透过矿片时经过选择性吸收后而产生的。若矿物对白光中各色光吸收程度相等，即均匀吸收，则矿物为无色透明。若是对白光中各色光是选择性吸收，则光通过矿片后，除去吸收的色光，其余色光互相混合，就构成该矿物的颜色。

颜色的深浅（又称颜色的浓度），是由矿物对各色光波吸收能力大小决定的，吸收能力大颜色就深，反之就浅。吸收能力除与矿物本身性质有关外，还与薄片的厚度有关。

均质体矿物只有 1 种颜色，而且颜色深浅无变化。非均质体矿物的颜色和颜色深浅是随方向而变化的。因非均质体的光学性质随方向而变化，对光波的选择性吸收和吸收能力，也随方向而变化。因此在单偏光镜下旋转物台时，许多具有颜色的非均质体矿物的颜色和颜色深浅要发生变化而构成了所谓多色性和吸收性。

多色性是指矿片的颜色随振动方向不同而发生改变的现象。

吸收性是指矿片的颜色深浅发生变化的现象。

非均质体矿物的选择性吸收与矿物本身的光学性质有密切关系。

4.2.2.3　薄片中矿物的边缘、贝克线、糙面及突起

薄片中的矿物，由于与树胶的折射率有差别，在单偏光镜下，当光通过两者的交界处时要发生折射、反射作用，从而产生一些光学现象，表现为边缘贝克线、糙面及突起。

A　矿物的边缘与贝克线

在两种折射率不同的物质接触处，可以看见比较黑暗的边缘，称矿物的边缘。在边缘的附近还可看一条比较明亮的细线，升降镜筒时，亮线发生移动，这条较亮的细线称为贝克线或光带。

边缘和贝克线产生的原因主要是由于相邻两物质折射率值不等，光通过接触界面时，发生折射、反射引起的，如图 4-10 所示。在图 4-10 中，$N>n$、F_1F_1、F_2F_2、F_3F_3为焦点平面及升降顺序，该图共介绍 4 种接触关系，其结果均是光线在接触处均向折射率高的一方折射，这样就使接触界线一边光线相对减少，而形成矿物的边缘，边缘的粗细、黑暗程度与两物质折射率差值大小有关，差值越大边缘越粗越黑。而在接触界线的另一边，光线相对增多而形成贝克线。如果慢慢提升镜筒，即由 F_1F_1 上升至 F_2F_2，可见到贝克线向折射率大的一方移动，否则相反。贝克线的灵敏度很高，两物质折射率相差在 0.001 时，贝克线仍清楚。因此，以贝克线常用来测定相邻两物质折射率的相对大小。

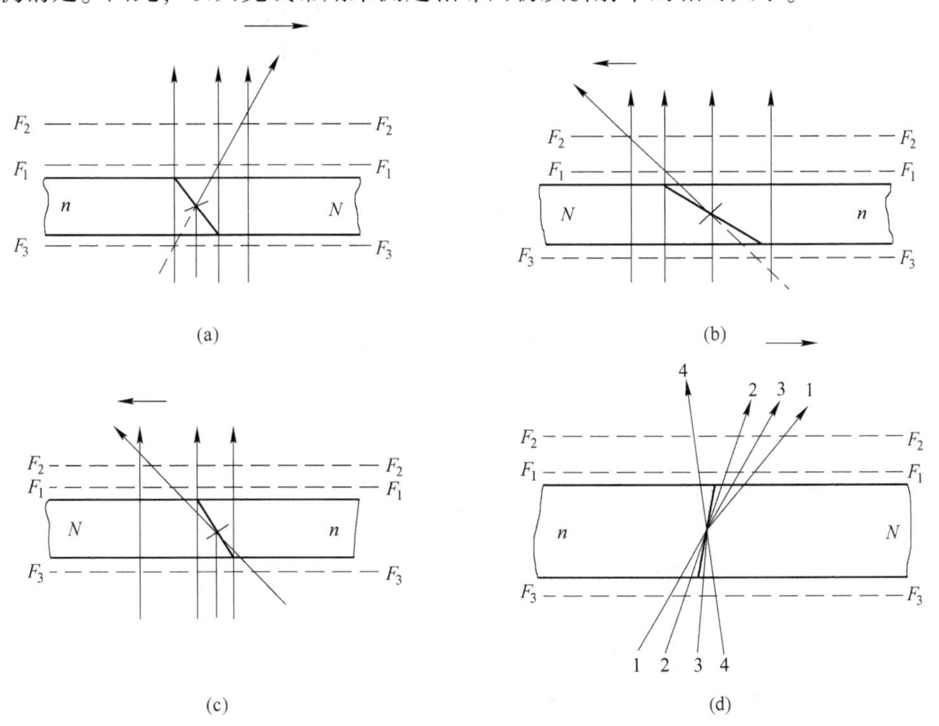

图 4-10　贝克线的成因及贝克线的移动规律

（a）N 盖于 n，入射角大于临界角；（b）n 盖于 N，入射角等于反射角；（c）n 盖于 N 之上，入射角大于临界角；（d）接触界面近于垂直切面

B　矿物的糙面

在单偏光镜下观察矿物表面时，可以看到某些矿物表面比较光滑，某些矿物表面显得较为粗糙而呈麻点状，好像粗糙皮革一样，这种现象称为糙面。其产生的主要原因是矿物薄片表面具有一些显微状的凹凸不平，覆盖在矿片上的树胶折射率又与矿片的折射率不同。光线通过两者之间的界面，将发生折射，甚至全反射作用，致使矿片表面的光线集散不一，而显得明暗程度不同，给人以粗糙的感觉。一般是两者折射率差值越大，矿片表面的磨光程度越差，其糙面越明显。

C　矿物的突起

在薄片中，各种不同的矿物表面好像高低不相同，某些矿物显得表面高一些，某些矿物则显得低平一些，这种现象称为突起，如图 4-11 所示。矿物的突起现象仅仅是人们视力的一种感觉，在同一薄片中，各个矿物表面实际上是在同一平面上。所以会产生高低的感觉，主要是由于矿物折射率与树胶的折射率不同所引起的。两者折射率值相差越大，矿物的边缘越粗，糙面越明显，因而使矿物显得突起高，否则相反。所以矿物的突起高低，实际上是矿物边缘与糙面的综合反映。树胶的折射率等于 1.54，折射率大于树胶的矿物属正突起；折射率小于树胶的矿物属负突起。区别矿物突起的正负必须借助于贝克线。当矿物与树胶接触时，提升镜筒，贝克线向矿物内移动时属于正突起；贝克线向树胶移动属于负突起。

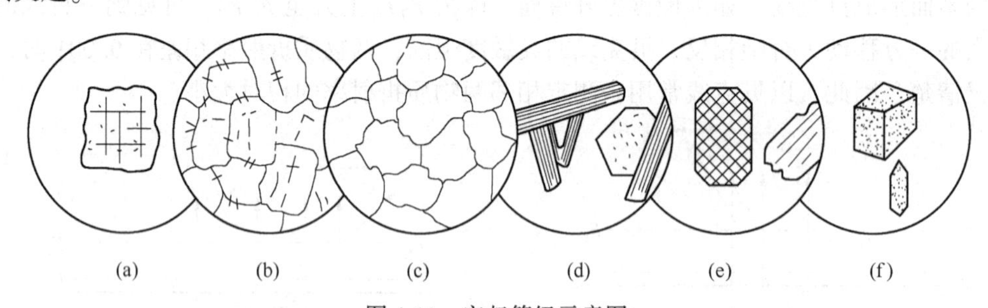

图 4-11　突起等级示意图

(a) 负高突起；(b) 负低突起；(c) 正低突起；(d) 正中突起；(e) 正高突起；(f) 正极高突起

根据矿片边缘、糙面的明显程度及突起高低，突起等级可以划分为 6 个等级，见表 4-1。

表 4-1　突起等级

突起等级	折射率	糙面及边缘等特征	实　例
负高突起	<1.48	糙面及边缘显著，提升镜筒，贝克线向树胶移动	萤　石
负低突起	1.48~1.54	表面光滑，边缘不明显，提升镜筒，贝克线向树胶移动	正长石
正低突起	1.54~1.60	表面光滑，边缘不清楚，提升镜筒，贝克线向矿物移动	石英，中长石
正中突起	1.60~1.66	表面略显粗糙，边缘清楚	透闪石，磷灰石
正高突起	1.66~1.78	糙面显著，边缘明显而且较粗	辉石，十字石
正极高突起	>1.78	糙面显著，边缘很宽	榍石，石榴石

由此可以看出，矿物的边缘、糙面明显程度以及由此而表现出的突起高低，都是反映

矿物折射率与树胶折射率的差值大小。差值越大，矿物的边界与糙面越明显，则突起越高。

4.2.3 透明矿物在正交偏光镜下的光学性质

所谓正交偏光镜，就是除用下偏光镜之外，再推入上偏光镜，而且使上下偏光镜的振动方向互相垂直，如图 4-12 所示。由于所用入射光波是近于平行光束，因而又可称为平行光下的正交偏光镜。一般以符号“PP”代表下偏光镜的振动方向，以符号“AA”代表上偏光镜的振动方向。

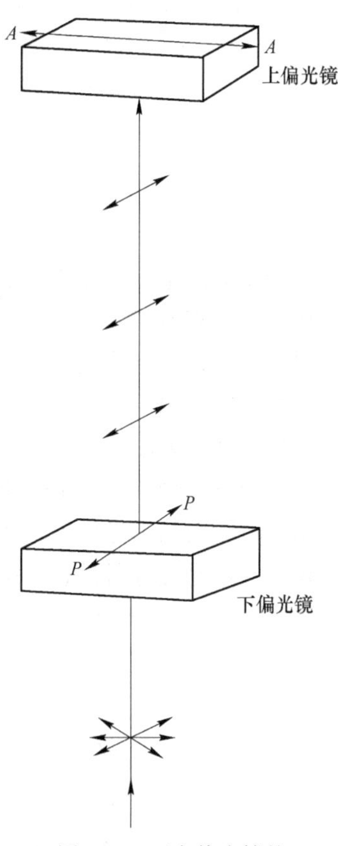

图 4-12 正交偏光镜的装置及光学特点

4.2.3.1 非均质体切片上光率体椭圆半径名称的测定

在正交偏光镜下测定矿物的光学常数需要知道切片上光率体椭圆半径名称和方向，其测定方法如下：将要测的切片移至视域中心，旋转物台使切片处于 45°位置，插入试板，观察切片干涉色变化，根据补色法则可知切片上光率体椭圆半径与试板上光率体椭圆半径是同名轴平行还是异名轴平行，因试板上光率体椭圆半径的名称和方向是已知的，据此就可确定切片上光率体椭圆半径的名称和方向。

4.2.3.2 干涉色级序和双折射测定

测定矿物的干涉色级序时，必须选择同种矿物中干涉色最高的切片，其测定步骤如下：使选取切片处于 45°位置，插入石英楔，观察切片干涉色变化。若升高则需旋转 90°，重新插入观察，若降低则继续慢慢插入，直到矿片出现补偿黑带时停止插入，将物台上的薄片取下，再慢慢抽出石英楔，并同时观察视域中出现红色的次数（n），该切片的干涉色即为（$n+1$）级。

当切片的干涉色级序测定以后，就可从色谱表上查出光通过切片后所产生的光程差，一般薄片厚度为 0.03mm，双折射率值就可在色谱表上直接查出；或者根据光程差公式 $R=d(N_g-N_p)$ 求出双折射率。

4.2.3.3 消光类型的观察和消光角的测定

非均质切片消光时，切片的光率体半径与上下偏光镜的振动方向即目镜十字丝平行。因此，切片消光时，目镜十字丝就代表矿片上光率体椭圆半径方向。而切片上的解理缝、双晶缝、晶体轮廓与结晶轴有一定的关系，所以根据切片消光时，矿物的解理缝、双晶缝、晶体外形等与目镜十字丝所处的位置关系不同，可将消光分为 3 种类型，即平行消光、斜消光和对称消光，如图 4-13 所示。

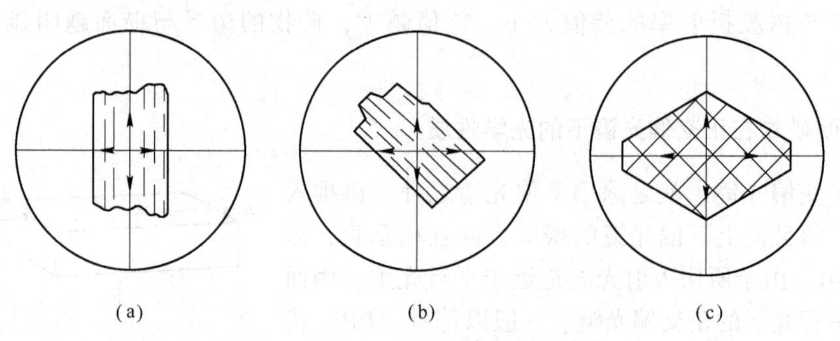

图 4-13 消光类型

（a）平行消光；（b）斜消光；（c）对称消光

消光角的测定：消光角一般以结晶轴或晶面符号与光率体椭圆半径之间的夹角来表示。矿物中只有单斜和三斜晶系的矿物以斜消光为主。不同的矿物最大消光角不同，所以，最大消光角才具鉴定意义。单斜晶系的矿物最大消光角在（010）即平行光轴面的切面上，所以通常选干涉色最高的切片。三斜晶系的矿物要选择特殊方向的切面来测定。消光角测定步骤，如图 4-14 所示。具体方法如下：将切片中解理缝或双晶缝平行于目镜竖十字丝，记下物台读数。旋转物台使切片消光。记下物台读数，前后 2 次读数之差，即为消光角。将物台从消光位置转 45°角度，插入试板，确定所测光率体椭圆半径的名称，根据解理缝、双晶缝等所代表的结晶学方向，即可写出消光角。如普通辉石平行（010）面上的消光角为 $N_g \wedge z = 48°$。

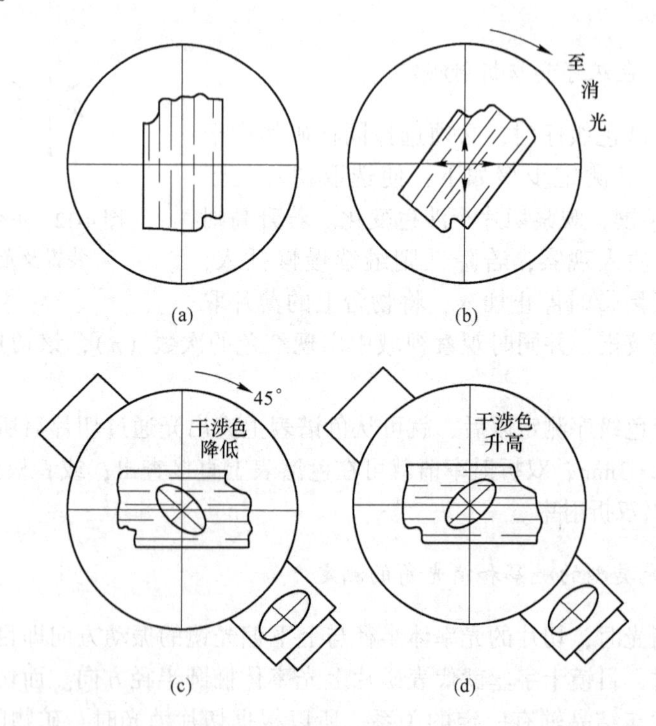

图 4-14 消光角的测定步骤

（a）切片初始位置；（b）切片消光位置；（c）干涉色开始降低位置；（d）干涉色开始升高位置

4.2.4 透明矿物在锥光镜下的光学性质

在正交偏光镜的基础上，加上聚光镜，换用高倍物镜（40×），推入勃氏镜便完成了锥光镜的装置。

聚光镜的作用是把透出下偏光镜的平行偏光收敛而变成锥形偏光，如图 4-15 所示。在锥形偏光中，除中间一条光线是垂直入射薄片外，其余光线都是倾斜入射，而且其倾斜度越向外越大。在薄片中所经历的距离也是越外越长。但它们的振动方向仍然平行于下偏光镜的振动方向。由于非均质体的光学性质随入射光的方向不同而变化，当许多不同方向（即不同角度）的入射光同时通过晶体切片后，到达上偏光镜时所产生的消光和干涉效应各不相同，这些消光相干涉现象的总和，就构成了称为干涉图的特殊图形。

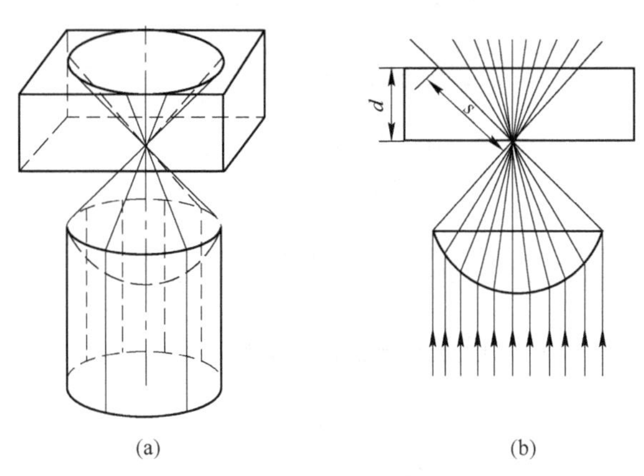

图 4-15 通过聚光镜以后的锥形偏光
（a）立体图；（b）剖面图

看到的图像并不是晶体本身的形象，而是这个干涉图。干涉图的成像位置不在切片平面上，而是在物镜的后焦平面上。去掉目镜，能直接观察镜筒内物镜后焦平面上的干涉图像实像，如图 4-16 所示，其图形虽小但很清晰。不去目镜而推入勃氏镜，此时两者联合组成一个宽角度望远镜式的放大系统，其前焦平面恰好在干涉图的成像位置（见图 4-16），可看到放大的干涉图。

使用高倍物镜的目的是为了接纳较大范围的倾斜入射光波，而使干涉图完整，如图 4-17 所示。

均质体矿物的光学性质各向相同，不发生双折射，在正交偏光镜下为全消光，锥光镜下不形成干涉图。非均质体的光学性质随方向而异，在锥光镜下形成干涉图的形象随其轴性和切片方向而变化。现分析如下。

4.2.4.1 一轴晶干涉图及光性正负的测定

一轴晶根据切片方向不同，干涉图有 3 种类型。

A 垂直光轴切片的干涉图

它由一个较粗的黑十字或黑十字与干涉色色圈组成。若矿物的双折射率较低时，如图 4-18（b）所示，视域中只见黑十字。两臂与目镜十字丝平行，黑十字的交点为光轴出露点。视域被黑十字分成 4 个象限，干涉色为一级；如果矿物的双折射率较高，如方解石图

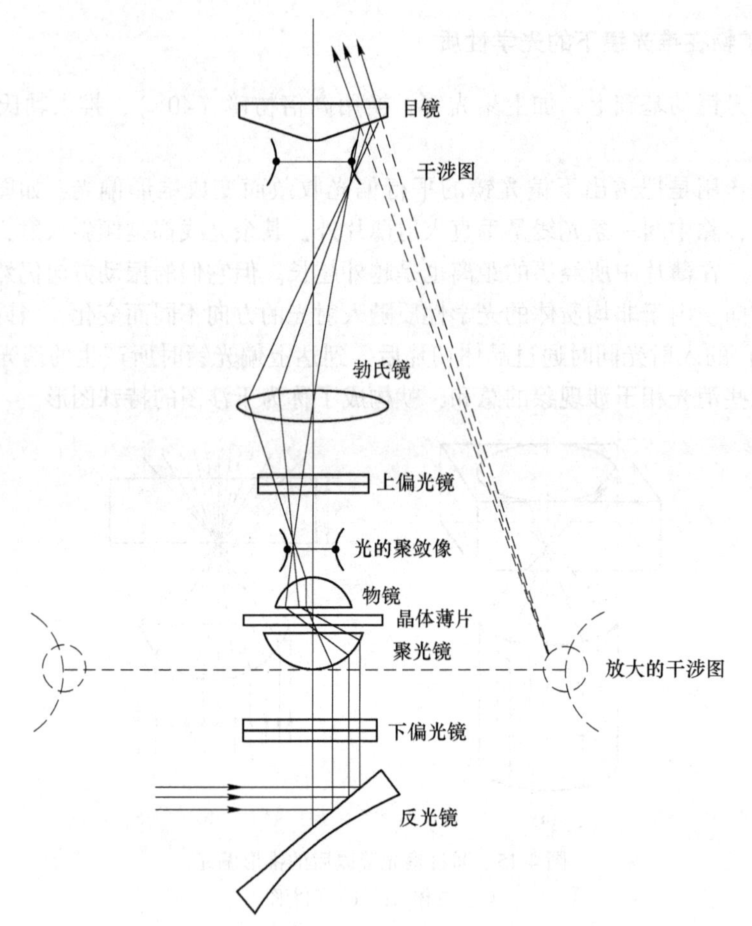

图 4-16　锥光镜的光路及干涉图成像位置示意图

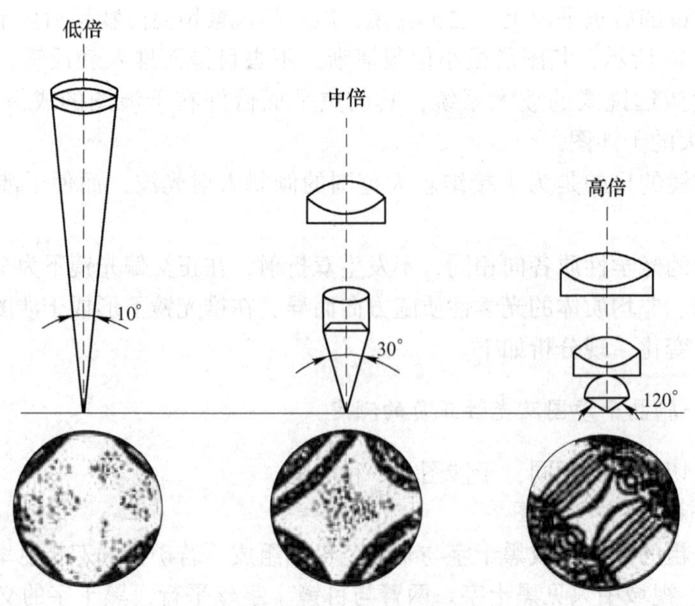

图 4-17　放大倍率不同的物镜能接纳的倾斜光锥范围及显示的干涉图

4-18（a）所示，除黑十字外，还有以黑十字交点为中心的同心环状的干涉色级序越外越高，色圈越密。旋转物台，干涉图的形象不变。

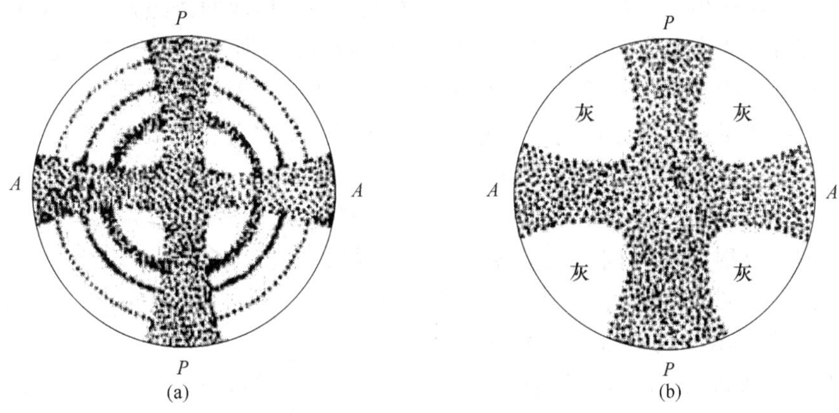

图 4-18 一轴晶垂直光轴切片的干涉图

（a）双折率较大的矿片；（b）双折率小的矿片（切片厚度相同）

干涉图的成因：锥形偏光的特点是除中央一条光纤垂直射入薄片外，其余各光线都与薄片成不同的角度倾斜入射。根据光率体原理，垂直每条入射光都可作出一个圆切面或椭圆切面。要了解锥光镜下所发生的消光和干涉现象，必须了解锥形偏光中垂直每 1 条入射光的光率体切面在晶体切面上的分布情况，如图 4-19（a）所示，下半部是侧视图，上半部是俯视图。中心是圆切面，即光轴出露点，也是锥光中心的那条光线的出露点，其他倾斜光线的切面都是椭圆切面。它们的长、短半径在矿片上的分布方向和大小各不相同，其

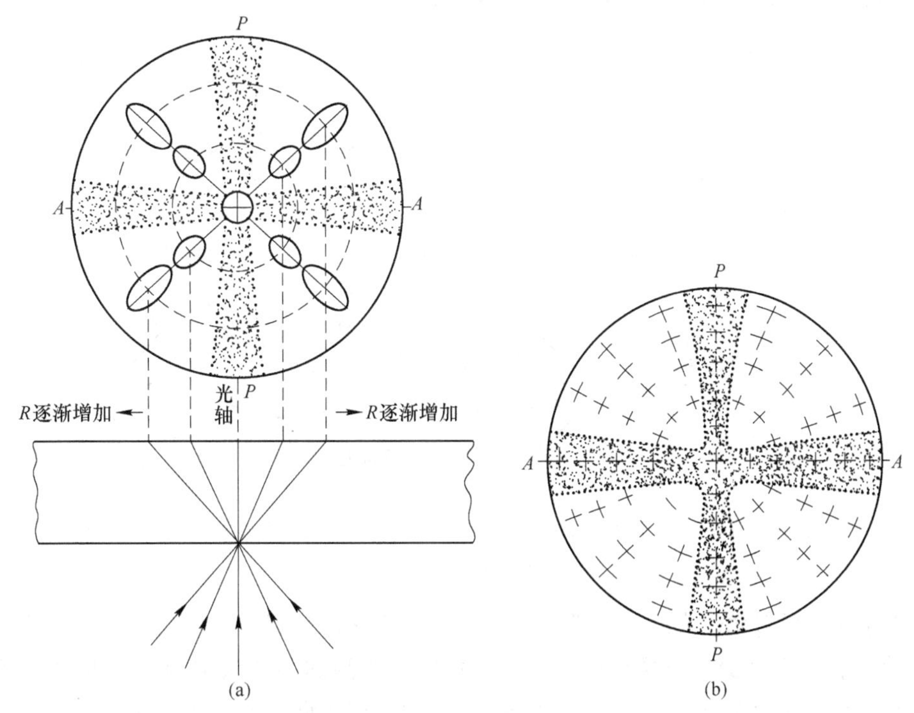

图 4-19 一轴晶垂直光轴切片的干涉图及黑十字的成因

（a）干涉图；（b）黑十字的成因

交点分别代表各入射光的出露点。根据正交偏光镜间的消光和干涉原理，即当晶体切片上的光率体椭圆半径与上下偏光镜振动方向一致或接近一致时，消光而形成黑臂；当两者斜交时，发生干涉而产生干涉色。所以在东西、南北方向上形成两条黑臂，构成黑十字，而在被黑十字划分的4个象限内，出现干涉色，如4-19（b）所示。对于双折射率较大或厚度较大的矿片，在锥光镜下，除了形成黑十字之外，还出现干涉色色圈。

光性正负的测定：前面已讲过，一轴晶光率体有正负之分，只要知道 N_e、N_o 的相对大小，就能确定一轴晶矿物的光性正负。

在一轴晶垂直光轴切片的干涉图中，黑十字分割的4个象限内，放射线的方向代表非常光 N_e' 的振动方向；同心圆的切线方向代表常光 N_o 的振动方向，其分布如图4-20所示。只要知道了 N_e' 究竟是 N_g 还是 N_p，就解决了一轴晶光性正负的问题。

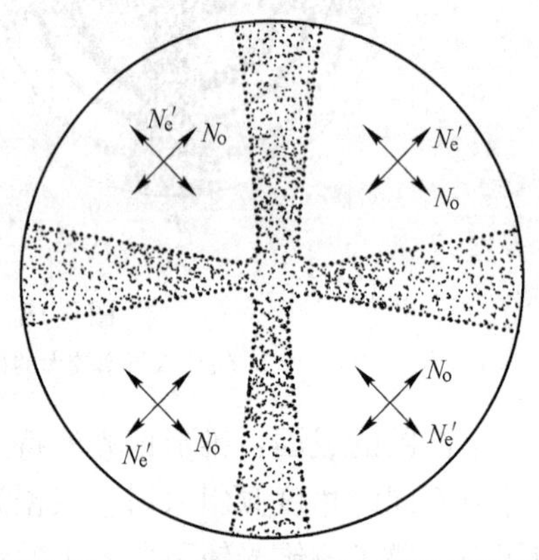

图4-20　一轴晶垂直光轴切片的干涉图

当矿片双折射率较低时，干涉图由黑十字与一级灰白的干涉色构成。这时从试板孔插入石膏试板（N_p 平行长边方向），黑十字变为石膏试板的一级紫红的干涉色。若一、三象限由灰变蓝，二、四象限由灰变黄，则表示一、三象限干涉色升高，故为同名轴平行，N_e' 的方向是 N_g。二、四象限干涉色降低，故为异名轴平行，N_e' 方向也是 N_g，该矿物为正光性。因此判断光性正负时，不管以哪两个象限为标准，其结果都是一样，如图4-21（a）所示。若情况相反，则光性为负，如图4-21（b）所示。

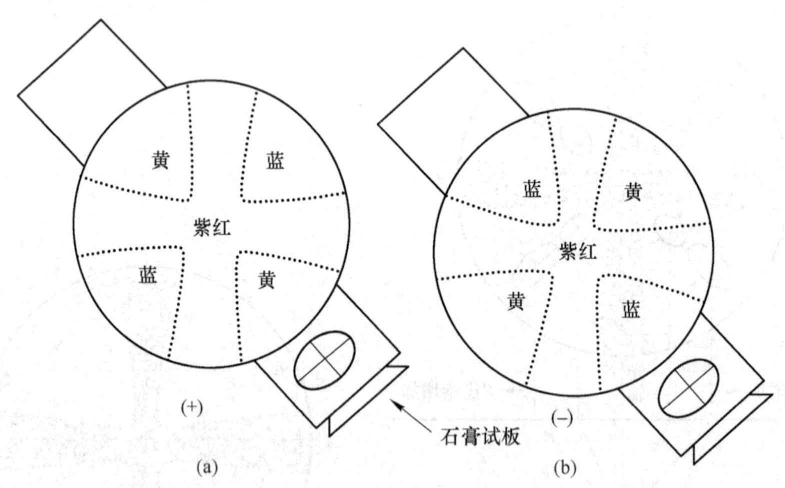

图4-21　干涉图的黑十字4个象限内仅见一级灰及加入石膏试板后的变化情况
（a）正光性；（b）负光性

当切片的双折射率较大时，干涉图由黑十字和干涉色色圈构成。加入云母试板后，如图4-22所示，黑十字变为一级灰白。在干涉色级序升高的两个象限内，靠近黑十字交点原为一级灰的位置干涉色级序升高变为一级黄，因而在靠近黑十字交点处，出现对称的两个黄色小团；原为一级黄的色圈，升高变为一级红，表现为红色色圈向内移动占据原黄色色圈位置；原为一级红的色圈升高为二级蓝，表现为蓝色色圈向内移动占据原红色色圈位置，因而显示出这两个象限内的整个干涉色色圈向内移动。与此相反，在另外两个象限内显示的是干涉色色圈内外移动。

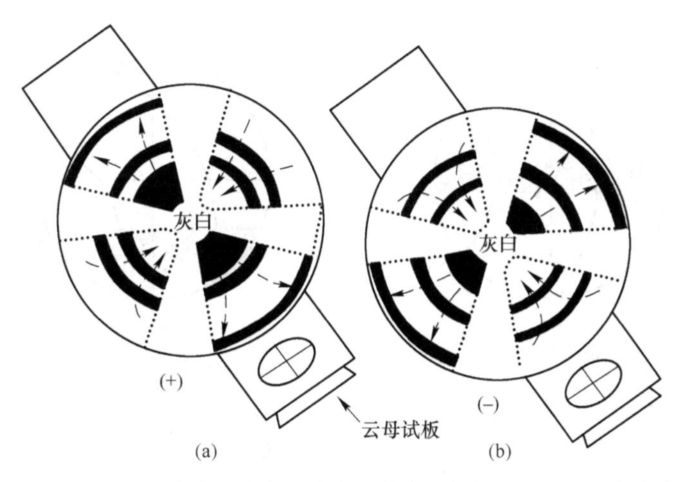

图 4-22 干涉图的黑十字 4 个象限内色圈较多及加入云母试板后的变化情况

（a）正光性；（b）负光性

B 斜交光轴切片的干涉图

它由不完整的黑十字和不完整的干涉色圈组成，如图 4-23 和图 4-24 所示。这是因为光轴与切片不垂直而成一定的斜交角度，所以光轴在薄片平面上的出露点（黑十字交点）不在视域中心。若光轴与切片法线所成的夹角不大时，光轴出露点虽不在视域中心，但仍

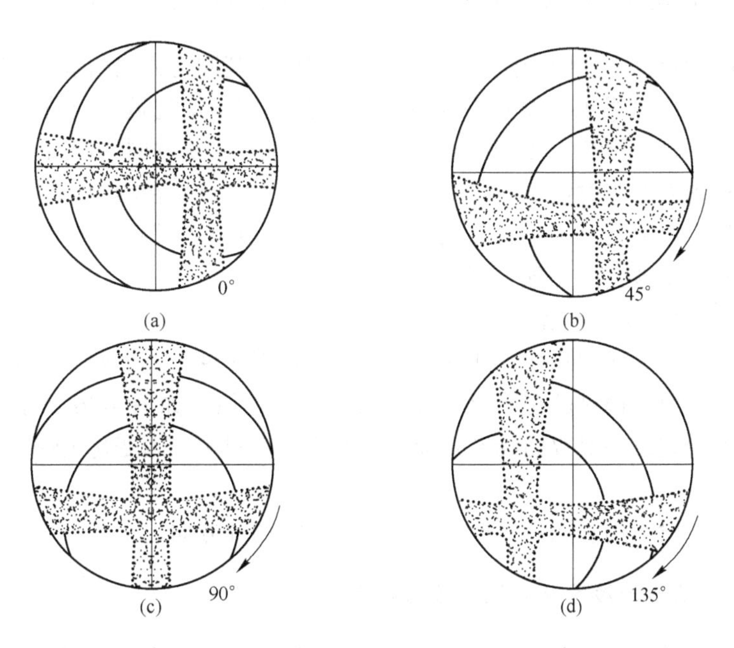

图 4-23 斜交光轴切片的干涉图（光轴倾角不大）

（a）光率体椭圆半径与偏光镜振动方向夹角为 0°干涉图；（b）光率体椭圆半径与偏光镜振动方向夹角为 45°干涉图；（c）光率体椭圆半径与偏光镜振动方向夹角为 90°干涉图；（d）光率体椭圆半径与偏光镜振动方向夹角为 135°干涉图

在视域内，如图 4-23 所示。旋转物台，光轴出露点绕中心做圆周运动，黑臂上下、左右移动，如图 4-23（a）~（d）所示；若光轴与切片法线交角较大时，光轴出露在视域外，视域中只见一条黑臂，如图 4-24 所示。转动物台，黑臂做平行移动，并交替在视域内出现，如图 4-24（a）~（d）所示。

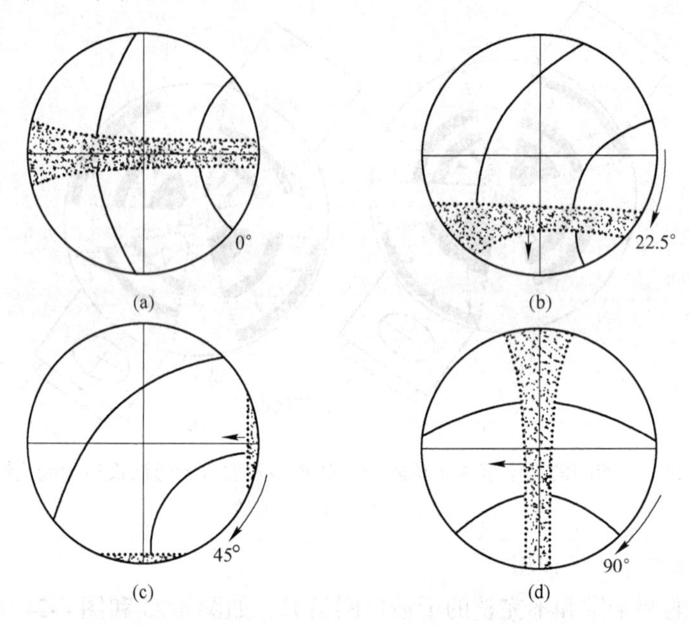

图 4-24　斜交光轴切片的干涉图（光轴倾角较大）

（a）光率体椭圆半径与偏光镜振动方向夹角为 0°；（b）光率体椭圆半径与偏光镜振动方向夹角为 22.5°；（c）光率体椭圆半径与偏光镜振动方向夹角为 45°；（d）光率体椭圆半径与偏光镜振动方向夹角为 90°

光性正负的测定：干涉图中黑十字交点在视域内，其测定方法与垂直光轴切片干涉图的测定方法相同；如果黑十字交点在视域外，则首先要确定视域内属哪个象限。其方法是：顺时针旋转物台，黑臂由上至下运动，黑臂右端的移动方向与时针方向一致，称顺端，黑臂左端移动方向与时针方向相反称逆端。黑十字交点总在顺端。确定黑十字的位置后，视域属于哪个象限就可确定，如图 4-25 所示。然后插入试板，方法和垂直光轴切片干涉图一样，根据干涉色的升降，便可测出光性正负。

C　平行光轴切片的干涉图

它是在锥光镜下形成的瞬变干涉图。其特点是：当光轴与上下偏光镜振动方向之一平行时，干涉图为一粗大模糊的黑十字，几乎占满整个视域，如图 4-26 所示。稍微转动物台，黑十字马上分裂成一对双曲线沿光轴方向迅速逃出视域。因变化很快，故称瞬变干涉图或闪图。

这种干涉图一般不用它测定光性，而只用其确定切片方向。

4.2.4.2　二轴晶干涉图及光性正负的测定

二轴晶光率体的对称程度比一轴晶低，其干涉图比一轴晶干涉图复杂。根据切片方向不同，二轴晶有 5 种类型的干涉图，即垂直锐角等分线切片、垂直一根光轴切片、斜交光轴切片、垂直钝角等分线切片、平行光轴面切片的干涉图。本节重点介绍 3 种类型。

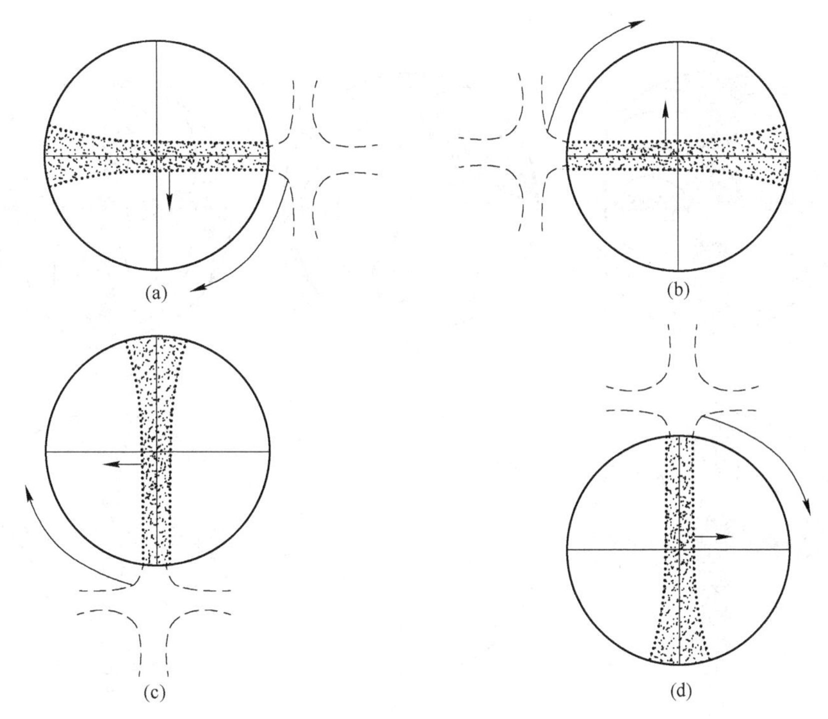

图 4-25 转动物台，斜交光轴切片干涉图中的黑带移动规律

（a）视域为二、三象限；（b）视域为一、四象限；（c）视域为一、二象限；（d）视域为三、四象限

A 垂直锐角等分线即⊥B_{xa}切片的干涉图

这种类型的特点是当光轴面与上下偏光镜振动方向之一平行时，若矿片的双折射率较低，干涉图由黑十字和一级灰干涉色所组成［见图4-27（d）～（f）］，黑十字两个黑臂粗细不等，沿光轴面方向的黑臂较细，两个光轴出露点处更细，垂直光轴面方向（N_m方向）黑臂较宽。黑十字交点为B_{xa}的出露点，位于视域中心。旋转物台，黑十字从中心分裂成两个弯曲黑臂，分别位于光轴面所在的两象限内。当转至45°位置时［见图 4-27（e）］，两弯曲黑臂的弯曲度最大，并以N_m轴呈对称分布。两弯曲黑臂的顶点为光轴出露点，并突向B_{xa}出露点，两者连线为光轴面与薄片平面的交线，垂直光轴面的方向为N_m方向。继续转动物台 45°，黑臂又合成黑十字，只是粗细黑臂更换了位置［见图 4-27（f）］。再继续转动物台，黑十字又分裂。

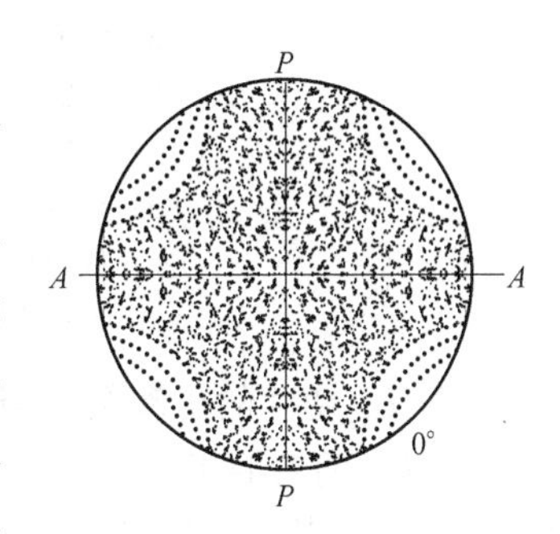

图 4-26 一轴晶平行光轴切片的干涉图

当切片的双折射率较大时，除黑十字外，还出现“∞”字形的干涉色色圈。此色圈以二光轴出露点为中心，向外干涉色级序逐渐升高。在靠近光轴处，干涉色环呈卵形曲线，向外合并成“∞”字形，再向外则成凹形椭圆，旋转物台时，黑十字分裂如上述，干涉色圈随光轴面而移动，但形态无变化，如图 4-27（a）～（c）所示。

光性正负的测定：如前所述二轴晶当 $B_{xa}=N_g$ 时，光性为正；当 $B_{xa}=N_p$ 时，光性为负，所以确定二轴晶的光性正负，只测定 B_{xa}是 N_g 还是 N_p 就行了。

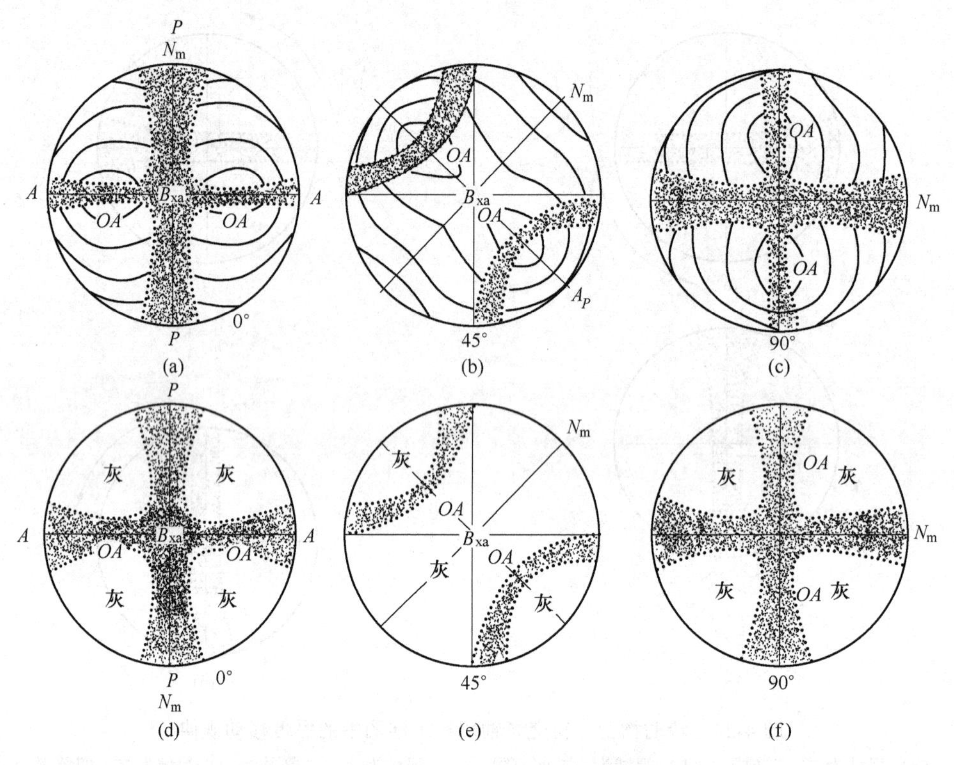

图 4-27　二轴晶垂直 B_{xa} 切片的干涉图

（a）大折射率切片光轴面与偏光镜振动方向为 0°时的干涉图；
（b）大折射率切片光轴面与偏光镜振动方向为 45°时的干涉图；
（c）大折射率切片光轴面与偏光镜振动方向为 90°时的干涉图；
（d）低折射率切片光轴面与偏光镜振动方向为 0°时的干涉图；
（e）低折射率切片光轴面与偏光镜振动方向为 45°时的干涉图；
（f）低折射率切片光轴面与偏光镜振动方向为 90°时的干涉图

垂直 B_{xa} 切片的干涉图，当光轴面与上下偏光镜振动方向成 45°角度时，视域中心为 B_{xa} 出露点，两弯曲黑臂的顶点为二光轴的出露点，无论光性正负，在二光轴出露点之内总是锐角区；其外是钝角区。两者连线是光轴面与切片的交线（即 N_g 或 N_p 方向）垂直光轴面的方向为光学法线（即 N_m 方向）。二轴晶 3 个主轴 $N_g > N_m > N_p$，N_m 为中间值。插入试板，观察锐角区干涉色级序升降，就可测出平行光轴面迹线的方向是 N_g 还是 N_p，若是 N_g，则垂直 N_gN_m 的方向即 B_{xa} 为 N_p，光性为负；若为 N_p，则垂直 N_mN_p 的方向即 B_{xa} 为 N_g，光性为正。

B　垂直一根光轴切面的干涉图

垂直一根光轴的干涉图相当于垂直 B_{xa} 切片干涉图的一半。当光轴面与上下偏光镜振动方向之一平行时，出现一条直黑臂和“∞”字形干涉图的一部分（双折射率较大时），转动物台，黑臂弯曲，至 45°位置时弯曲程度最大，其顶点为出露点并凸向 B_{xa}，且位于视域中心。继续转动物台至 90°时，又成一直黑臂，但方向已变，如图 4-28 所示。

光性正负的测定方法与垂直 B_{xa} 切片相同。使光轴与上下偏光镜振动方向成 45°角度，这时黑臂弯曲并凸向 B_{xa}，找出锐角区，就可按上法测定切片的光性正负。

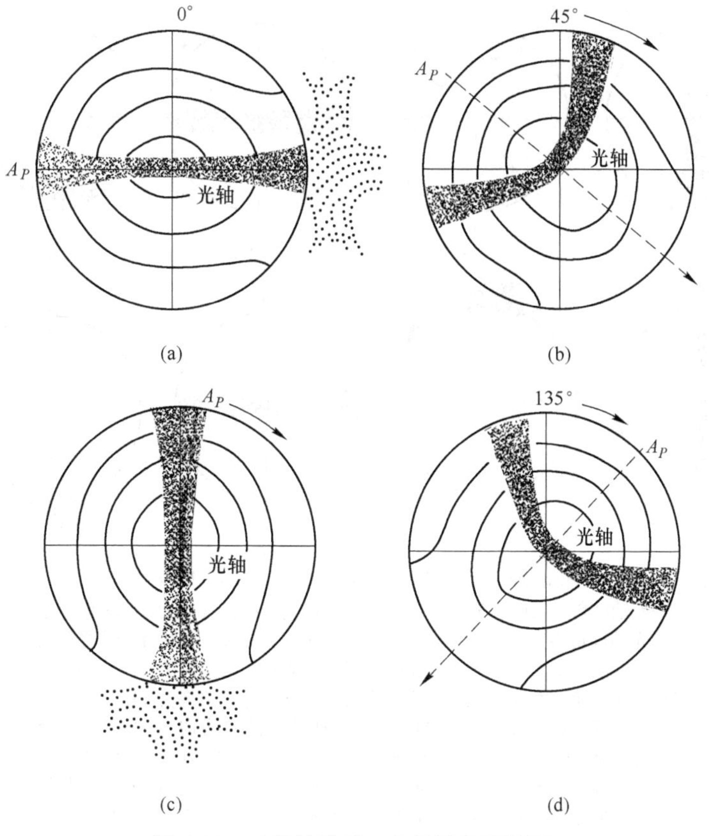

图 4-28　二轴晶垂直一个光轴的干涉图

（a）切片光轴与偏光镜振动方向为 0°时的干涉图；（b）切片光轴与偏光镜振动方向为 45°时的干涉图；（c）切片光轴与偏光镜振动方向为 90°时的干涉图；（d）切片光轴与偏光镜振动方向为 135°时的干涉图

C　斜交光轴切片的干涉图

这是薄片中最常见的一种，一般可分为两种类型：一种是垂直光轴面而斜交光轴的干涉图，如图 4-29 所示；另一种是与光轴面和光轴都斜交的切片干涉图，如图 4-30 所示。不管哪种斜交光轴干涉图，当转动物台时，黑臂总要弯曲，并凸向一侧而总是指向 B_{xa}，插入试板，观察锐角区干涉色的升降和试板方向就可测定光性正负，其方法与测定垂直 B_{xa} 切片相同。

D　平行光轴面切片的干涉图

它和 $\perp B_{xa}$ 切片的干涉图及一轴晶平行光轴切片干涉图相似，都是瞬变干涉图。因变化较大，一般不用它们来测定光性和确定轴性，故不介绍。

E　光轴角的估算

用垂直一个光轴切片的干涉图来估算光轴的大小。其方法是使光轴面与上下偏光镜振动方向成 45°角度，这时黑臂弯曲程度与光轴大小成反比。如图 4-31 所示，光轴角越大，弯曲越大，弯曲度越小，$2V=90°$ 时，黑臂成一直线；$2V=0°$ 时，黑臂成直角；其他介于二者之间。此法较简单，但不够准确。

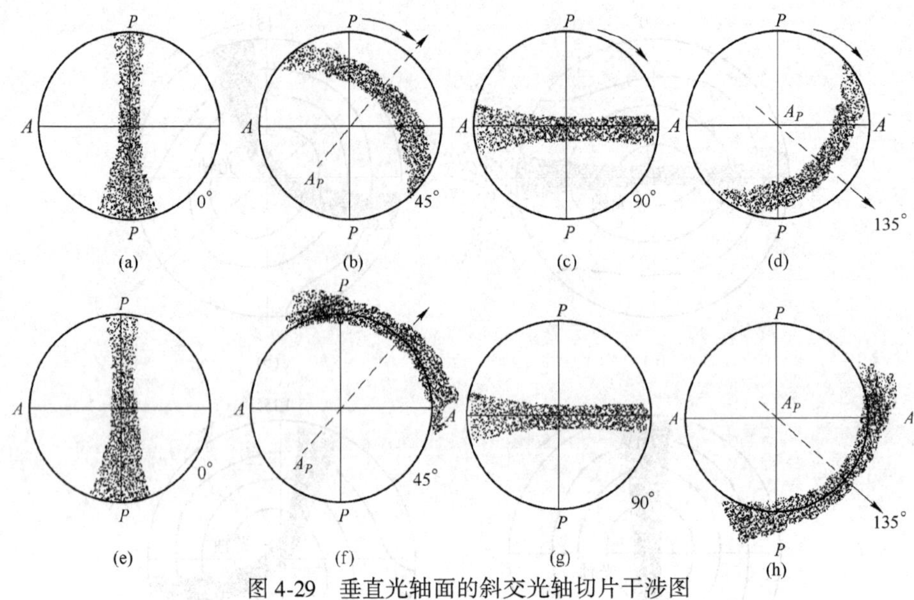

图 4-29　垂直光轴面的斜交光轴切片干涉图

（a）光轴倾角不大时，光率体椭圆半径与偏光镜振动方向为 0°时的干涉图；
（b）光轴倾角不大时，光率体椭圆半径与偏光镜振动方向为 45°时的干涉图；
（c）光轴倾角不大时，光率体椭圆半径与偏光镜振动方向为 90°时的干涉图；
（d）光轴倾角不大时，光率体椭圆半径与偏光镜振动方向为 135°时的干涉图；
（e）光轴倾角较大时，光率体椭圆半径与偏光镜振动方向为 0°时的干涉图；
（f）光轴倾角较大时，光率体椭圆半径与偏光镜振动方向为 45°时的干涉图；
（g）光轴倾角较大时，光率体椭圆半径与偏光镜振动方向为 90°时的干涉图；
（h）光轴倾角较大时，光率体椭圆半径与偏光镜振动方向为 135°时的干涉图

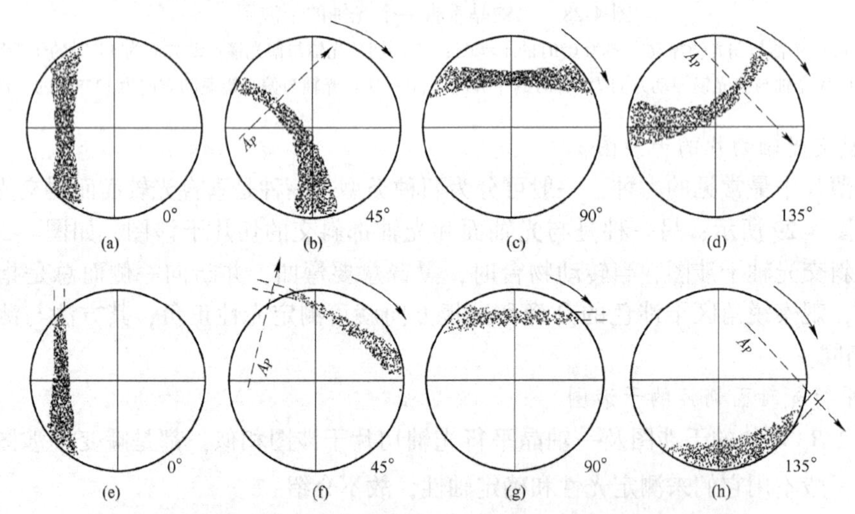

图 4-30　斜交光轴面的斜交光轴切片干涉图（箭头指向 B_{xa} 出露点）

（a）光轴倾角不大时，光率体椭圆半径与偏光镜振动方向为 0°时的干涉图；
（b）光轴倾角不大时，光率体椭圆半径与偏光镜振动方向为 45°时的干涉图；
（c）光轴倾角不大时，光率体椭圆半径与偏光镜振动方向为 90°时的干涉图；
（d）光轴倾角不大时，光率体椭圆半径与偏光镜振动方向为 135°时的干涉图；
（e）光轴倾角较大时，光率体椭圆半径与偏光镜振动方向为 0°时的干涉图；
（f）光轴倾角较大时，光率体椭圆半径与偏光镜振动方向为 45°时的干涉图；
（g）光轴倾角较大时，光率体椭圆半径与偏光镜振动方向为 90°时的干涉图；
（h）光轴倾角较大时，光率体椭圆半径与偏光镜振动方向为 135°时的干涉图

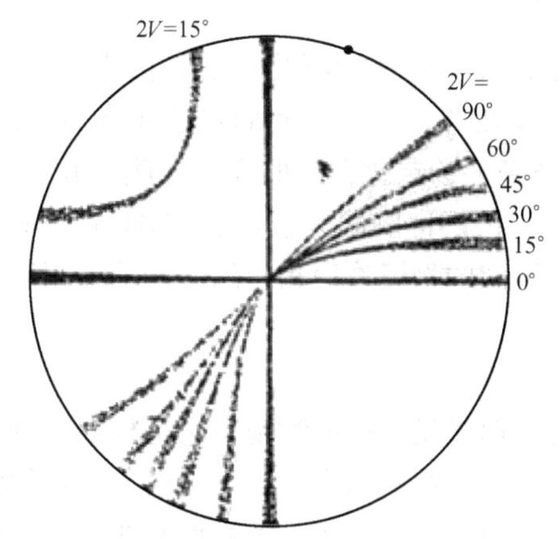

图 4-31 垂直光轴切片干涉图中根据黑带弯曲度估计 2V

4.3 不透明矿物的显微镜鉴定

4.3.1 反光显微镜

4.3.1.1 反光显微镜的基本构造

反光显微镜又名矿相显微镜或矿石显微镜，是用以观察和研究不透明矿物的一种仪器。它是在偏光显微镜的基础上，加一个专门的垂直照明路构成的。因此，反光显微镜的机械系统与偏光显微镜完全相同。它的光学系统则主要由光源、垂直照明器、物镜和目镜4部分组成。而物镜和目镜的种类和构造原理与偏光显微镜也基本相同，仅由于反光显微镜观察的对象是无盖片的矿物磨光面，物镜在设计上与偏光显微镜略有不同。

A 垂直照明

垂直照明器由进光管和反射器两个主要部分组成。

(1) 进光管。它是连接光源和反射器的通道，并附有调节光线的多种装置。

光源聚光透镜位于进光管最前端接近光源部分的地方，其作用是将光源发射出的光线聚焦于视野光圈上。

(2) 反射器。反射器是反光显微镜的一个关键部件，其作用是将进光管中进来的光线垂直向下反射，到达矿物光面上起照明作用，以便对不透明矿物进行观察和研究，因此它的质量直接影响显微镜的观察性能。

B 光源

光源是反光显微镜的一个重要组成部分，它直接影响光面的照明程度和矿物的各种光学性质的观察和测定。旧式的反光显微镜最常用的光源主要是钨丝白炽灯，新近出厂的产品有的用卤钨灯作光源。

(1) 钨丝白炽灯。常用的是低压钨丝灯，配有专用的变压器，输出电压一般为6~12V，电流强度一般为3~5A，灯丝尽量卷成小球，使其密集近似点光源。光源有的直接固定于垂直照明器上，随镜筒升降；有的则成独立部分，不随镜筒升降，需要载物台的升降来调节。

（2）卤钨灯。卤钨灯是在装有钨丝的石英玻璃壳内充有一定量的卤族元素或其化合物。一般用溴或碘化物。灯丝在燃点时，蒸发的钨沉积在石英玻璃壳上，只要温度高于200℃，溴或碘蒸汽就和玻璃壳上的钨化合，形成溴（碘）化钨蒸汽在灯内扩散。

（3）滤光片（滤色片）。主要用来矫正光源的光谱能量分布。在反光显微镜下研究不透明矿物时，应用很广。如不同的物镜选用相应的滤光片，用以校正残余色像差，提高物镜的分辨能力。

C　物镜和目镜

反光显微镜的物镜不同于偏光显微镜的物镜，它是根据观察无盖片的光面设计的，不宜用于观察有盖片的薄片，中低倍物镜勉强可用于观察，高倍物镜用于观察薄片时不仅成像不佳，而且可能无法准焦。现代显微镜多为透光反光两用，并配有透光、反光分别使用的物镜，绝不可将两者混用。

显微镜的物镜和目镜都是由数个透镜组合而成的，每个透镜有两个表面，光线每次由空气进入透镜时，由于两者的折射率不同，光除大部分透过透镜外，少量则在透镜表面因反射而损失，光线通过物镜和目镜时，要经过数个透镜故产生多次反射。由于透镜表面反射的结果，一方面使最后成像的光强减弱，降低物像的亮皮；另一方面，这种反射散射光使镜筒内耀光增强，降低物像的清晰度。由于两透明介质分界面上反射光的强度是随它们的相对折射率减小而减小的，因此，如果在透镜表面加镀一层低折射率物质薄膜，就可大大减小反射光强度，故较新型显微镜的物镜和目镜的透镜表面都经过镀膜，近年来已发展到在透镜表面加镀多层增透膜，基本上消灭了反射光。

4.3.1.2　反光显微镜的调节、使用和维护

在反光显微镜下研究不透明矿物的光学性质时，要想得到准确的观测结果，必须对显微镜的各个部分进行正确的调节，使其发挥应有的作用。

（1）选用低倍物镜，确定物镜和目镜组合，并将其安装在显微镜上。

（2）将光片光面抛光或擦拭干净，用胶泥粘着放在玻璃片上（或金属板上），用压平器置于载物台上。安装光源，接上电源。

（3）打开口径光圈和视域光圈。

（4）粗调反射器的位置和物镜焦距，转动粗动齿轮，使镜筒下降到一定程度（物镜不可与光面接近），从侧面看载物台上的光面上是否出现亮点。如有亮点，说明反射器的位置大体正确；如无亮点，转动反射器轴，直至光面上出现亮点时为止。而后从侧面看着镜筒下降到接近光面，然后眼睛靠近目镜的透镜，看着视野内，缓慢转动粗动螺旋提升镜筒，直至出现较清晰的物像为止。

（5）精确地调节反射器的位置和物镜焦距，转动微动螺旋，缓慢升降镜筒，直至视域中出现清晰的物像。而后，尽量缩小视域光圈，在视域内可见一小亮点，转动反射器轴，使亮点中心移至十字丝交点，并使其被十字丝对称平分，表示反射器已调节到正确位置。如果亮点沿其北十字丝移动而不被其平分，说明反射器转轴不水平，一般都需送仪器厂校正。

（6）调节视野光圈及准直透镜，小亮点边缘如果模糊不清或带色彩，可前后移动准

直透镜，使小亮点边缘清楚。然后打开视域光圈，至光圈边缘与视域边缘重合为止。若此时视域光圈边缘仍有横向色散，可能是进光管与光源入射光束不同轴造成的，应调节光源。

（7）调节光源中心，调整灯的高度、倾斜度，旋转灯体上的校正中心螺旋，调节聚光透镜，使光面上照明均匀而且最亮时为止。与此同时应在灯泡之前加适当蓝玻璃或磨砂的蓝玻璃，使其成白光。

（8）调节口径光圈，取下目镜或推入勃氏镜，即可在物镜后透镜上看到孔径光圈的像。一般调节是将光圈开大到光圈边缘与物镜后透镜圆周重合为止，但有时在高倍镜下观察需用严格垂直入射光时，光圈的影像应缩小到只有物镜后透镜直径的1/3~1/4。

（9）装上目镜，若分解能力和视域亮度都已达到要求，只是视域中心像蒙了一层白雾，使物像不清晰。此时可适当缩小口径光圈，以减少色像差和镜筒内耀光的影响。

（10）校正物镜中心，操作方法与偏光显微镜的物镜中心校正相同。

（11）偏光镜正交位置调节，反光显微镜的二偏光镜如有一个固定，活动的一个就应以固定的一个为标准进行调节。一般前偏光镜的振动方向是东西向，上偏光镜为南北向。

在反光显微镜中，常用石墨、辉钼矿等双反射显著的矿物来检查前偏光镜的振动方向。因它们平行延长方向的反射率远大于垂直延长方向的反射率。将上述任一矿物光面置于载物台上，在单偏光镜下旋转载物台，如果前偏光镜振动方向为东西向，当矿物的延长方向平行东西向时，视域中应最亮。当其延长方向平行南北方向时，视域中应最暗。否则，说明前偏光镜振动方向不是东西向，应进行调节，使共达到上述要求，而后，推入上偏光镜，将其转至消光位置即可。

为了检查两偏光镜振动方向是否严格正交，可用辉锑矿、铜蓝等强非均质性矿物试验。上述矿物光面置于载物台上，若两偏光镜严格正交，载物台旋转一周时，会出现“四明四暗”，而且矿物在各个45°方位时最明亮，偏光色也完全一致。否则，将出现明暗变化相间不等的四明四暗，甚至二明二暗。

（12）应变物镜消光位的调节，物镜透镜玻璃因退火不当或安装时压力过大而常有应变，使玻璃呈现异常非均质现象。因此，需事先检查并调节至消光位。其方法是将物镜自镜筒上卸下，载物台上放一偏光镜，利用载物台下的自然光照明，将上偏光镜推入镜筒中，旋转载物台使其上的偏光镜振动方向与上偏光镜严格正交，再将要检查的物镜装上。然后在物镜螺旋框内缓慢旋转物镜，如果视域黑暗程度不变，表示物镜无应变，如果视域亮度有变化，则物镜有应变。为了提高检验灵敏度，可插入一级红石膏试板，物镜无应变时，视线一级红不变，有应变时，视域随物镜的旋转干涉色会发生变化。经检查物镜如有应变，应将其在螺旋框中旋转到视域中完全黑暗为止，此时表示应变物镜处于消光位。

反光显微镜经上述顺序调节完毕后，即可开始使用，在使用时应特别注意以下几个方面：

（1）反光显微镜光源，一般用低压钨丝白炽灯，用时必须接在专用的变压器上。其次灯丝较脆弱，易折断，尤其在开关灯时，钨丝温度急剧变化，更易损坏，切勿振动。再次，由于显微镜灯泡的灯丝温度高，钨蒸发得快，灯泡寿命只有几十小时，中途停止观察时，应随手熄灯。

（2）霉菌是光学仪器的最大敌人，对光学系统破坏极大，因此，显微镜应注意防潮，减少霉菌破坏。

(3) 其他注意事项，与偏光显微镜所述相同。

4.3.2　不透明矿物在单偏光镜下的光学性质

4.3.2.1　反射率与双反射

A　反射率

矿物光片置于反光显微镜载物台上，用垂直入射到光面上的光线（自然光或平面偏光）观察时，给人们的视觉印象是不同矿物有不同的光亮程度，这就是反射力给人的视觉感受。所谓反射率是表示矿物磨光面反光能力的参数，用 R 表示，即反射光强度 I_r 与入射光强度 I_i 的百分比。

$$R = \frac{I_r}{I_i} \times 100\%$$

在显微镜下鉴定不透明矿物，反射率是最重要的定量数据，其重要性可与透明矿物的折射率相比拟。

反射率与矿物的透明度有关，透明度越大，则反射率越小，反之，矿物越不透明，反射率越大。矿物的反射率还与光面质量有关，反射率值都是在抛光面质量优良的标准条件下测出的。如果抛光面质量欠佳（粗糙）或光面有氧化膜或油污不洁，都会引起反射率降低。

均质性矿物在任何方向上的反射率都一样，而非均质性矿物的反射率随切面方向不同而不同，即使是同一切面上（垂直光轴方向切面除外），不同方向的反射率也不同。

反射率的测定方法主要有光强直接测定法、光电光度法、视测光度法和简易比较法等。

光强直接测定法是利用光电检测装置直接测定入射光强与反射光强，进而计算被测矿物的反射率。此法适用于标定反射率“标准”。但不能在显微镜下测定，不适于直接测细小矿物的反射率。

光电光度法是利用光电效应和照射光电元件的光强与所产生的光电流强度成正比的原理，量度“标准”与欲测矿物发射光能（光强度）转变为电能（光电能）的光电流的强度，以计算欲测矿物反射率的方法。一般采用光电倍增管光度计，具有很高的灵敏度，能测直径小至 0.5μm 面积的光强，其误差范围，一般为测定值的±0.3%。

视测光度法是利用视觉显微光度计将欲测矿物和“标准”矿物置镜下分别与比较光束凭目力进行对比，调节比较光路中相交偏光镜的转角，以改变比较光束的强度，使矿物反射光束与比较光束的光强相等，从而根据相交偏光镜的转角计算出欲测矿物的反射率。测得反射率的相对误差达 4%。

上述方法能定量测定矿物的反射率值，但需使用一定的仪器和设备，而且往往较麻烦且费时间，但在日常的一般鉴定工作中，有时不需要精确数字，只需知道反射率的大致范围即可查表定出矿物时，也可采取简易的定性比较法。此法简单、方便，且不需任何专门的仪器设备，置镜下观察对比即可，故仍有一定应用价值。

简易比较法是利用已知反射率的矿物作为“标准”，将欲测矿物与“标准”矿物进行对比，这样依次与各“标准”矿物对比后即可定出该矿物的反射率范围。被选为“标准”矿物的应是常见的、均质性的、反射率较稳定的矿物。一般常用的“标准”矿物为黄铁矿（白光中反射率为51%，以下同）、方铅矿（42%）、黝铜矿（31%）、闪锌矿（17%）。

B　双反射

在单偏光镜下观察非均质性矿物光片，当旋转载物台时，矿物亮度发生变化的现象称为双反射。非均质矿物最大反射率与最小反射率之差，称为矿物的绝对双反射率，以 δR 表示。

$$\delta R = R_g - R_p$$

而

$$\Delta R = \frac{R_g - R_p}{\frac{1}{2}(R_g + R_p)} \times 100\% = \frac{2\delta R}{R_g + R_p}$$

矿物的双反射现象是否明显，主要取决于 ΔR，随与 δR 有关系，但关系不大。不是 δR 越大，双反射现象就越明显。

如辉锑矿　$R_g = 40.4\%$，　$R_p = 30\%$，　$\delta R = 10.4\%$，　$\Delta R = 29.5\%$

而方解石　$R_g = 6\%$，　$R_p = 4\%$，　$\delta R = 2\%$，　$\Delta R = 40\%$

由于方解石的 ΔR 大于辉锑矿的 ΔR，故辉锑矿的 δR 虽比方解石的大很多，但它的双反射现象却没有方解石明显。

在观察矿物双反射现象时，一般单个晶体不易看出双反射现象，只有在视域中出现数个同种矿物晶体紧密连生时，才容易看出。

根据非均质矿物双反射现象在视域上的明显程度，可将双反射进行分级（空气中）：

（1）显著。转动物台一周，亮度变化显著，如辉钼矿、辉锑矿等。

（2）清楚。转动物台一周，单晶上亮度变化可见，粒状集合体上更清楚可见，如赤铁矿等。

（3）不显。转动物台一周，亮度变化看不出来，如钛铁矿等。

4.3.2.2　反射色与反射多色性

A　反射色

矿物的反射色是指矿物磨光面在白光垂直照射下，其垂直反射光所呈现的颜色。

矿物的颜色可分为体色和表色。所谓体色就是白光照射透明矿物后，大部分光透过，仅有少量的光被等量吸收或选择吸收，这种透射光所呈现的颜色，称为体色。白光照射到不透明矿物表面后，由于矿物的强烈吸收性，透射光能量迅速被外层电子所吸收，经跃迁转化为次生的表面反射光，这种矿物表面反射光所呈现的颜色，就是矿物的表色。若做等量反射，则呈无色类的银白色、亮白色、白色、灰白色等；若做选择反射，则呈现各种显著、鲜艳的颜色，如铜黄色、铜红色等。

矿物的体色和表色是大致互补的，如长波段的一些色光被吸收和反射后，就会有较多的短波段的色光透过，反之亦然。

有些非均质性矿物，在单偏光镜下旋转载物台时，不仅有亮度变化，而且反射色也有变化，这种颜色（或浓淡色调）的变化，称为双反射色。

矿物在反光显微镜下的反射色，实质上就是矿物的表色，是在垂直入射和垂直反射时的特征，尤其是具有鲜艳反射色的矿物。为了很好利用这一特征，在对反射色描述时要仔细倒入区别其颜色的深浅及所带的色调。由于不同人对颜色的描述是不同的，只有多结合实物观察才能有所体会。

在观察反射色时，应注意下列事项：

（1）要求光源为纯白色。一般光源都是带黄色，需加适当深浅的蓝色滤光片使之滤成白光，但实际上很难达到，则一般以方铅矿的反射色作为标准的纯白色，其他欲测矿物与之对比。

（2）光片不仅要求平和光滑，而且表面不能被氧化，因此在观察前应抛光除去氧化薄膜。

（3）周围矿物颜色有很大影响。使观察者产生视感色变效应。如磁铁矿通常为灰白带浅红棕色，若与带蓝灰色的赤铁矿连生时红棕色更显著，而与玫瑰色的斑铜矿连生时呈现纯白色。实际上矿物的颜色并没有变，只是观察者主观上对颜色印象发生改变而已。

（4）介质的影响。矿物的反射色随浸没介质不同而变化。

B　反射多色性

非均质矿物的反射色随切面的方向而异，在同一切面上，不同方向其反射色也不同。在单偏光镜下，旋转物台可以观察到非均质矿物这种反射色随方向而变化的性质，称为矿物的反射多色性。例如，铜蓝的反射色在转动物台时会由天蓝色变为浅蓝白色。

矿物的反射多色性产生原因与矿物双反射产生原因是相同的，则两者是同时存在的。但在观察过程中常常是一种现象掩盖了另一种现象。若反射色鲜艳的矿物，其反射多色性现象较易观察，则常掩盖其双反射现象，若矿物的反射色为无色的，其反射多色性现象不易观察，而双反射现象较易观察。因此，在观察时要特别注意。

对矿物反射多色性的描述一般是指颜色的变化，如天蓝色—浅蓝色。

观察方法与观察双反射同，应在多颗粒连生体中观察。

4.3.2.3　内反射与内反射色

所谓内反射，是指光线入射到透明、半透明矿物表面后，经折射透入矿物内部，当遇到矿物内部充气和充液的解理、裂理、裂隙、孔洞，以及色体和不同矿物的粒间界面时，将发生反射、全反射和折射，使一部分光线中所带的颜色，称为内反射色。内反射色实际上就是矿物的体色。

矿物有无内反射，决定其透明度，越透明者内反射越强。由于矿物的反射率与透明度有关，因此矿物的内反射与反射率也有关系。凡反射率大于40%的矿物因不透明而无内反射，反射率在40%~30%之间者，有少数矿物有内反射，反射率在30%~20%之间者，大多数矿物有内反射；反射率在20%以下者，基本都是透明或半透明矿物，因此，都有显著的内反射。

在反光显微镜下观察内反射其特征为：一般具有鲜明颜色或呈纯净的灰白色，内反射色是不均匀的，有的比较鲜明，有的比较暗淡，转动载物台没有规律性变化，在观察时有透明的立体感。

内反射的观察方法主要有以下两种：

（1）斜照法。此法是简便而常用的方法，观察时，将光源改从侧面斜射于矿物光面，表面反射光向另一侧面反射，因反射角度较大而不能射入显微镜内，因此在镜内看不到矿物光面的反射光。若该矿物是不透明矿物，则无光线进入矿物内部，在视域中为黑暗的。若该矿物为透明或半透明矿物，则有部分光线进入矿物内部，这部分光在矿物内部遇到各种界面时，将产生折射和反射，必有部分光线透出光片，并且还会有一些角度适合的光线进入显微镜，使人们能够从目镜中观察到矿物的内反射。使用此法时，光源的角度要适中，一般入射角为30°~45°，只能在低倍和中倍物镜下使用。

（2）粉末法。对一些透明度不好的矿物，有时内反射现象不易观察到，为提高观察效果，常将欲测矿物用钢针或金刚刀（笔）刻划成粉末，因刻划成粉末后粒度变细，更易于透明，且界面增多，易于内反射和全反射，从而可以得到更多的内反射光，观察起来更加明显。观察同样可用斜照法。

4.3.3 不透明矿物在正交偏光镜下的光学性质

4.3.3.1 偏光性与偏光色

等轴晶系矿物的任意方向切面和非均质性矿物垂直光轴的切面，在正交偏光镜下旋转载物台360°时，光面的黑暗程度或微弱的明亮程度不变，此种性质称为均质性。

非均质性矿物的任意方向切面（不包括垂直光轴的切面）在正文偏光镜下，旋转载物台360°时，发生四明四暗有规律的交替变化现象，并且明暗之间相间45°。在明亮时，可能呈现的各种颜色，称为偏光色。矿物的这种明暗程度和颜色变化的性质，称为非均质性。

矿物的均质性和非均质性，统称偏光性质。观察矿物的偏光性时，首先必须将显微镜各个部件进行检查和调节，尤其是偏光镜正交位置调节和物镜应变的检查及共消光位的调节显得特别重要，如果不调节好，势必干扰偏光性质的观察。

观察方法：

（1）两个偏光镜严格正交，转动物台一周，非均质矿物将每隔90°消光一次，共出现4次消光位和4次明亮，在两相邻消光位中间45°位置时，达最大亮度。均质矿物则为全消光或呈现一定亮度，转动物台时，亮度无任何变化。

（2）两偏光镜不完全正交，对一些非均质性不太显著的矿物，在两个偏光镜严格正交下，不易观察，这时需将两偏光镜之一，从严格正交位置偏转1°~3°，这样可有一部分光线透过上偏光镜，转动物台时，明暗变化则较显著，物台转动一周，出现4次消光，4次明暗，但不完全在90°或45°位置发生。该法对观察弱非均质矿物较为有效。

（3）在浸油中观察，由于浸油的作用，可使非均质矿物通过上偏光镜的光亮差变大，因而提高观察矿物偏光性的效果。

偏光性可分为三级：

（1）强非均质。在一般光源下消光和明亮均清晰可见的，伴有明显的偏光色产生。

（2）弱非均质。在一般光源下消光和明亮不太清楚，必须在强光源下或不完全正交下才清楚的，有时可显微弱的偏光色。

（3）均质。没有明暗变化，具有同等程度亮度或全消光。

4.3.3.2　正交偏光镜下观察内反射现象

在正交偏光镜下同样也可观察内反射，尤其在使用高倍物镜观察时效果较好。只是由于物镜的聚敛作用，使射入光片内部的光有各种各样的方向和各种入射角，光在矿物内部遇到各种介质反射时，振动面发生了旋转，共振动方向不再与上偏光镜垂直，故内反射有部分光线可透过上偏光镜。

若为均质性矿物，表面反射光基本上是平面偏光，因其振动方向与上偏光镜垂直，故不能干扰内反射的观察。若为非均质性矿物，则在正交偏光镜下产生非均质现象而干扰内反射的观察，这种情况下，必须将光片转到消光位，然后观察。

正交偏光观察的有利条件是可以用油浸物镜观察。由油浸物镜观察粉末，是确定矿物有无内反射的最精确的方法。由于有内反射的矿物都是半透明的，它们的反射率在油浸中大大减低，同时射入矿物粉末内部的光差却大大增加，这就使矿物内反射现象变得更为显著。

以上介绍了用肉眼和光学显微镜鉴定矿物的方法，这些方法虽然简单、方便、快捷，但却无法对矿物及其结构作进一步微观上的认识。近代物理学的发展使得新的测试技术不断涌现，它们已成为矿物鉴定分析中很重要的常规手段，除此以外还有 X 射线衍射分析、透射电镜、扫描电镜、电子探针、俄歇电子能谱分析及热分析技术等分析方法。

复习思考题

4-1　偏光显微镜由哪些主要部件组成？

4-2　为什么要校正偏光显微镜的中心，在校正中心时，扭动物镜校正螺丝时，为什么只能使质点 a' 移动至偏心圆圆心 o' 点，而不能移至十字丝交点的 o 点？

4-3　怎样确定偏光显微镜的下偏光振动方向，如何调节上下偏光镜的振动方向与目镜十字丝一致？

4-4　单偏光镜下能够观察矿物的哪些光学特征？

4-5　已知角闪石两组解理的交角为 56°和 124°，为什么在薄片中测出的解理夹角可大于或小于上述角度，应选择什么方向的切面才能测得真实的解理夹角？

4-6　什么是颜色、多色性、吸收性，什么方向的矿物切面的多色性最明显？

4-7　在单偏光镜下，同一薄片中的各种矿物颗粒如何判断它的突起等级？

4-8　贝克线的移动规律是什么，如何利用贝克线的移动规律去判断矿物折光率的相对大小？

4-9　在薄片中矿物突起高低取决于什么因素，如何确定正突起和负突起？

4-10　方解石在单偏光镜可见到两组解理，旋转物台一个角度，解理缝消失，这是什么现象，为什么？

4-11　干涉色是否是矿物本身的颜色，为什么，单偏光镜下能否观察到干涉色？

4-12　第一级与二、三级序干涉色有何异同？

4-13　影响干涉色高低的因素有哪些？

4-14　什么是消光、消光位、全消光，一个非均质矿片处于消光位时说明了什么问题？

4-15　简述消光与消色的区别。

4-16　消光类型可划分为哪三种，不同晶系消光类型有何特点？

4-17　简述颜色与干涉色的区别，多色性和干涉色的区别。

4-18　简述一轴晶垂直光轴切面干涉图的特征及其形成的原理，如何确定光性符号的正负？

4-19　一轴晶斜交光轴切面干涉图的特征与二轴晶斜交光轴切面干涉图的特征有何不同，它们各自如何确定象限的位置及测定光性符号正负？

4-20 一轴晶平行光轴切面与二轴晶平行光轴面切面的干涉图有何共性及差异性，各自可以测定哪些光学常数？

4-21 简述二轴晶垂直 B_{xa} 切面干涉图的特征及其形成的原理，如何确定光性符号的正负？

4-22 简述反光显微镜的调节、使用注意事项。

4-23 简述不透明矿物的偏光性的观察方法。

5　矿石性质的判别与测定

选矿的任务是在开采出来的矿石中，使有用矿物和暂时还不能利用的脉石分离，即把矿石中的有用矿物尽可能地富集起来，除去有害杂质，以便最经济、合理地利用我国的矿产资源。

为了经济而有效地进行矿石的选矿加工，必须了解矿石的矿物成分和化学成分，了解矿石中有用与有害组分的赋存状态、矿物的工艺粒度、矿物的嵌布特性与嵌镶关系，以及矿物间物理和物理化学性质的差异等矿石的工艺特性，才能正确地确定矿石的选矿方法和工艺流程。

因此，在选矿设计之前，必须详细地研究矿石工艺性质，以掌握矿石中各矿物的解离性及分选性，利用需分选的矿物与其他矿物性质的差异等条件，选择与之适应的选矿方法。

在选矿过程中，必须对各级选矿产品进行矿物组成、化学组成、粒度及相对含量、连生体特征、单体解离度、元素分配关系等矿石工艺性质的考查和研究，以便改进选矿方法和流程，提高选矿效果。

总之，矿石工艺矿相研究，是为选择选矿方法与改进选矿工艺流程，提供所需的关于矿石矿物及其工艺性质方面的资料。

矿石工艺矿相研究的基本内容如下：

（1）查明矿石及各工艺流程产物的矿物和化学组成及其相对含量。

（2）查明矿石中有用元素（特别要注意稀有分散元素及微量贵金属元素）与有害元素的赋存状态及其含量和分布。

（3）查明有用矿物的工艺粒度、嵌布特性、嵌镶关系，以弄清楚矿物的解离特性。

（4）弄清矿石中各组成矿物的物理化学性质（如相对密度、硬度、磁性、导电性和不同药剂条件下的润湿性、溶解性等）的差异，并结合矿物的解离性作出矿物可选性的预测。

（5）根据对矿石工艺特性的研究（包括选冶实验），作出矿石综合工业评价和提出选择选矿方法和改进工艺流程提高回收率及产品质量方面的意见。

显然，在找矿勘探以至选矿的各个阶段中，都需利用矿相学的研究方法，认真地进行金属矿石及其选矿产品工艺性质的研究。这对于合理地综合利用国家矿产资源、改革工艺流程、降低矿石技术加工成本、防止环境污染都具有重大意义。

5.1　原矿和选矿产品的取样和光片磨制方法

5.1.1　取样

5.1.1.1　选矿试验的种类与试样要求

在国内对矿石的可选性试验的种类、名称和内容均不甚统一，按国家规定，分为以下五类：

(1) 初步可选性试验。初步可选性试验的目的是对矿石的可选性能进行初步评价，其要求是：1) 进行矿石物质组成和化学成分研究。2) 提出初步的选矿结果资料，如精矿、尾矿品位、回收率及伴生组分综合利用的可能性。

试样重量一般几十到几百千克。

(2) 详细可选性试验。详细可选性试验的目的，主要是取得矿石可选性能及较合理的选矿方法和流程的详细资料。其要求是：1) 详细研究矿石中的物质组成，查明矿石中矿物成分、粒度、嵌布特征、结构和嵌镶关系、共生关系、有用及有害元素赋存状态。确定各组成矿物的质量分数及矿石的氧化程度和含泥量。2) 研究合理的综合利用和分离有害杂质的方法，并提交化学全分析、光谱分析、物理（物相）分析资料。3) 提出合理的选矿方法及流程方案。4) 确定混合处理不同类型矿石的混合比例及可选性能。5) 提出可供工业利用参考的选矿指标，伴生组分综合利用的评价资料。

试样重量取决于矿石的复杂程度及试验项目的要求，一般为几百千克至1t左右。

(3) 实验室扩大试验。对物质组成比较复杂，缺乏选矿实践的新矿石类型，为确定较合理的技术经济指标和选矿工艺流程提供基本依据要进行实验室扩大试验；有时为了校核和验证详细可选性试验单机所确定的工艺流程和选矿指标是否可靠，也需要进行模拟生产式的实验室扩大试验。

试样重量根据试验单位的设备规格、处理能力及试验必须延续的时间而定，其重量一般为数吨。

(4) 半工业试验。这是为建设大型选矿厂，或对比较复杂难选的矿石，确定合理的选矿工艺流程和技术经济指标而进行的一种试验。目的在于对矿石中有用组分的选、冶和有害组分的分离进行连续地、综合地处理和研究，确定矿石选矿要求，检查实验室试验的结果和指标精度。

试样重量根据试验单位的规格、处理能力及试验必须延续的时间而定。

(5) 工业性试验。这是对极为复杂难选的矿石，需要建设大型选矿厂，为了确定合理的选矿工艺流程和技术指标，在工业试验厂中或已投产工厂的某个系列中所进行的试验。有时为了采用新设备、新工艺也进行工业试验。

试样重量根据工厂生产规模及试验需要延续的时间而定。当采用新设备需要作工业试验时，所需试样重量按设备能力确定。

生产矿山新区扩建，或发现新类型工业矿物、新类型矿石，以及开展某些有用组分的综合利用而必须对这些矿石的选冶技术性能、回收方法及指标作出结论时，也进行矿石加工试验，只在十分必要时，才作半工业和工业性试验。

5.1.1.2 样品代表性

保证样品具有充分的代表性，是选矿加工取样应注意的重要问题。但在保证样品代表性的条件下，取样数量不可过多，以减少不必要的工作量。由于矿床类型和矿床规模不同，取样的数量也应有所不同。为了保证取样的代表性，对矿石的取样有如下要求：

(1) 样品应包括矿床内各种需选别的矿石的工业品级和工业类型，它们在样品中所占的重量比例与它们在矿床中的储量或采出矿量中的比例应基本一致。

（2）样品中各类型矿石的矿物组成、结构构造（嵌布特征和嵌布关系）、粒度特性等均应与该类型矿石在矿衣内的情况基本一致。

（3）各品级或各类型样品的化学成分，主要目的组分和主要有害组分的平均品位，以及品位变化特征，应与该矿石在矿床或采出矿石中的情况基本一致，并能代表该类矿石的主要物理性质（如硬度、相对密度、湿度、含泥量等）及矿石的综合利用性能。

（4）每一矿石类型要取一个样品，有时对主要矿石类型的富矿和贫矿要分别取样，以便进行各类矿石的选矿条件试验，以及不同类型矿石在各种配比条件下的混合选矿试验。

（5）所取样品的重量必须保证选矿试验的需要。

5.1.2　取样方法

取样的中心问题，是保证样品具有代表性。所以在取样时，必须根据对样品重量的要求，选择适当的取样方法，常用的取样方法有以下几种。

5.1.2.1　刻槽取样

在坑道或采场工作面沿矿体厚度的方向开凿一定规格的槽子，将槽中刻下来的矿石作为样品。样槽的横断面一般为矩形，少数为三角形。其断面规格根据矿体的矿化均匀程度、有用矿物粒度、硬度和脆性等因素确定，但也可通过试验方法来确定。样槽长度取决于矿体的厚度，见表 5-1。当矿体厚度在 1m 左右或 1m 以下时，全厚度取一个样；当矿体的厚度在 1m 以上时，应分段连续取样［见图 5-1（a）］，当刻取到最后，样槽达不到取样长度时，若所剩长度小于 1/2 的取样长度时，则合并到前面样品中。一般说来，矿床成分复杂，其样槽应短一些，约 1m。若成分较均匀，样槽长度可长一些，可 2~3 m。总之刻槽的规格，主要根据所需样品的重量和矿脉的具体情况而定。同一矿脉中的不同类型矿石应分别取样，同一矿石类型可以分段取样，不同地段的同类矿石，可以组合成一个样品，如图 5-1（c）中的 1、3 两段刻槽样可以组合，而 1、2 两段刻槽样品应该分别取样，因为它们的矿石类型不同。如果矿体是缓倾斜的，可在壁上进行采样，如图 5-1（b）所示。

表 5-1　矿体厚度

矿化性质	矿体厚度/m		
	> 2.5~2	2.5~2 到 0.8~0.5	< 0.5
极均匀和均匀	5×2	6×2	10×2
不均匀	8×2.5	9×2.5	10×2.5
很不均匀	8×3	10×5	12×5~20×10

刻槽取样易于掌握，易于检查。实践证明，有相当可靠性，适应性广，是使用最广的一种取样方法。但劳动条件较差，工效低，经采用机械刻槽，已得到一定程度的改进。

5.1.2.2　拣块法取样

在掌子面前的爆破矿堆上布置取样网格，如图 5-2 所示，单个网格太小约 10cm×

10cm、15cm×15cm、20cm×15cm，从网格中心拣取样品。整个网约 50～100 个取样点，每点样重 50～100g，然后合并。一个样的重量 1～5kg。

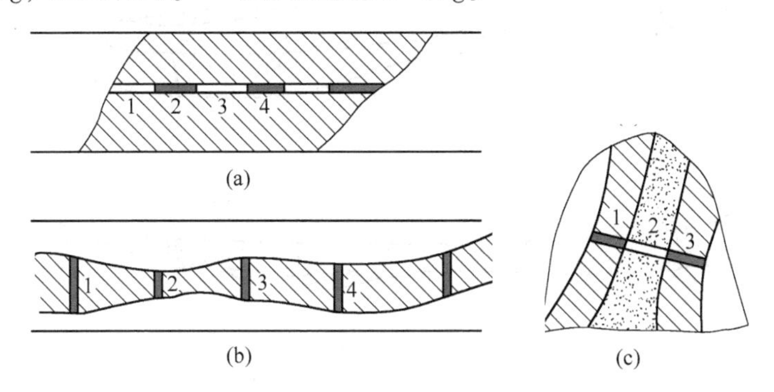

图 5-1　坑道中刻槽取样布置图

（a）倾斜矿体坑道壁上的刻槽布置；（b）水平矿体在沿脉坑道壁上的刻槽布置；

（c）在开采掌子面上的刻槽布置

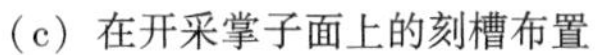

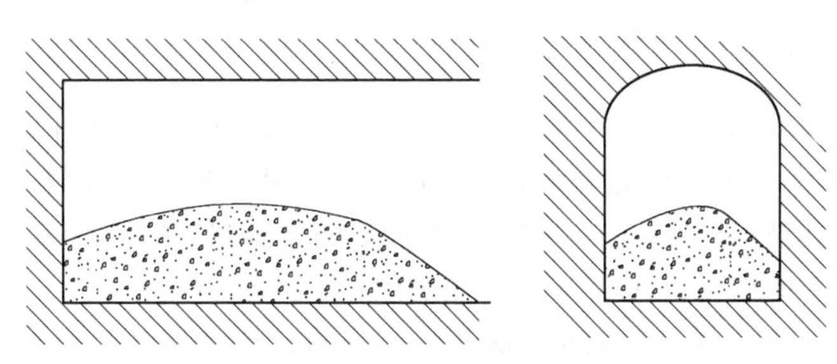

图 5-2　矿堆拣块取样法

拣块取样操作简便，工效高，不妨碍坑道掘进，有一定的代表性，适用于采矿场取样。使用拣块法时，要避免只挑富矿石。否则会使矿石品位人为地升高。

5.1.2.3　*方格法取样*

在工程揭露矿体的表面布置取样网格，在网格交点上凿取小块矿石合并作为样品。网格可以为长方形，正方形或菱形（见图 5-3），其总规格为 1m 或 0.5m 见方，单个网格 10cm×10cm、15cm×15cm 或 20cm×20cm。单个小样重量 10～20g，一个样重 2～5kg。方格法工效高，劳动条件好，具有一定代表性。

5.1.2.4　*剥层法取样*

在工程揭露的矿体表面一定范围内，均匀地剥取一定厚度的矿石作为样品。剥层长度 1～2m，厚 5～10cm 或 15cm。剥层时可以间隔，也可连续，如图 5-4 所示。剥层法取样劳动强度大、效率低、成本高，但该法代表性较好，适用于价值较大的矿产且为薄矿脉的矿体（矿脉厚度小于 30cm 时），或用之来检查上述几种样品的可靠性。

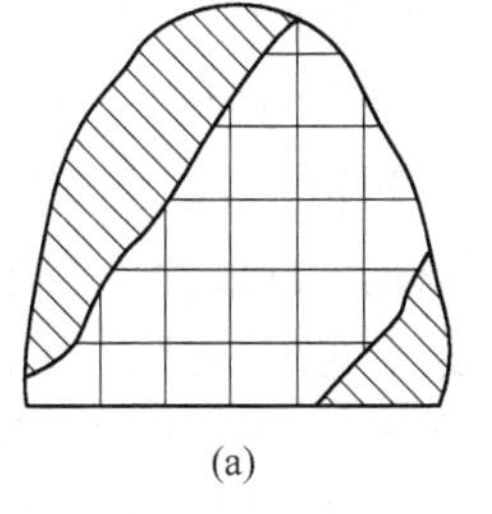

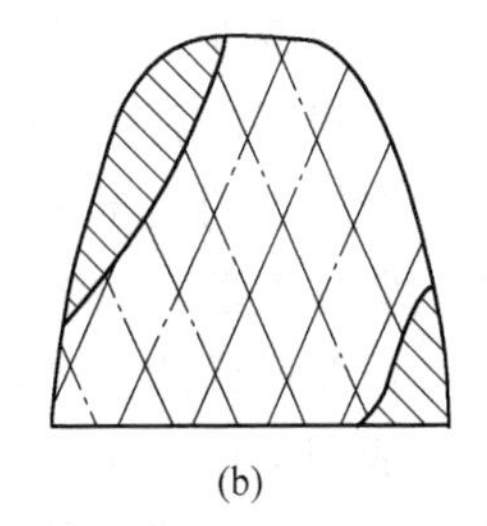

图 5-3　坑道掌子面上网格布置图

（a）正方形网格；（b）菱形网格

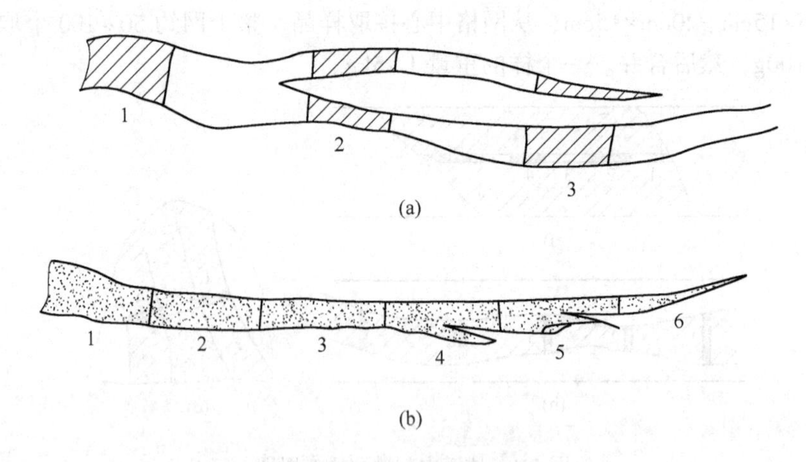

图 5-4　薄层矿脉剥层法取样
（a）分段间隔剥层取样；（b）分段连续剥层取样

5.1.2.5　全巷法取样

将掘进在矿体内部的坑道中全部或部分矿石取出作为样品。部分取样时，随出渣每5~10车取一车，整条坑道的样品合并为一个样品，样品重量数吨或数十吨。全巷法主要用于选矿试验或物理技术测定取样，或用于检查其他取样方法的正确性。

以上均为原矿石的取样，在取样过程中必须注意以下事项：

（1）在取样前，应根据矿床地质情况和取样目的，确定取样点的数量和样品的重量，布置取样点的位置，选择适宜的取样方法，确定取样的规格。

（2）取样时应把每个取样点的位置和情况记录下来，取出的样品要及时编出取样说明书。

（3）选矿人员在取样时，要和矿山地质人员密切合作。

（4）进行选矿流程考查的原矿石取样，可在运矿皮带上按一定的要求采取。

（5）化学分析的样品，可以从上述样品的机械加工产物中采取。

（6）进行显微镜分析的矿石样品，从原矿石样品中拣出的一些具有代表性的小块即可。不过研究矿石结构构造的样品，除一般应在试验矿石或入选矿石中采取外，不应在开采坑道及采场矿石堆中采取。

5.1.2.6　商品取样

主要是在火车或汽车车厢中取样，其方法是拣块。取样的数量及其在车厢中样点的排列，均根据矿石中有用成分的均匀程度、矿块大小、车厢大小和装车方法而定。总的来说，取样点的数量多而每个分样的重量小要比取样点少而每个分样点大更好些。一般每车厢的取样点数5~30个。取样点的布置：当车厢矿石表面较平整时，取样点可排成长方形、折线形或两交叉对角线（见图5-5），当车厢中矿石表面不平（如用电铲装车），矿石常堆成圆锥形，矿屑多在顶部，而大块矿石则滚到圆锥下部，这时拣块法取样既要拣大块，也要取矿屑。采取矿屑是用铁铲子顺圆锥形矿堆任一方向，在圆锥体的上、中、下3个取样点采取，矿块则在矿堆底部采取。矿屑与矿块采取的数量，应根据事先用肉眼估计的矿堆中矿屑与矿块的比例而定。

5.1.3 光片的磨制方法

矿石光片是反光显微镜下研究的主要对象。光片磨制质量的好坏，直接影响到矿相学的研究和可靠程度。

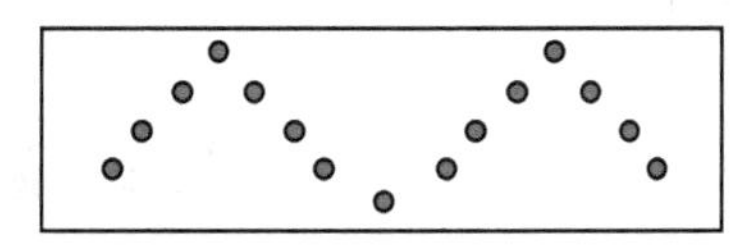

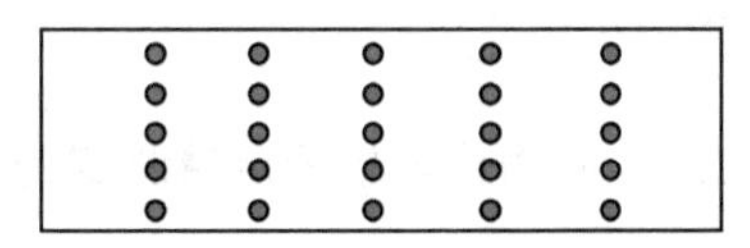

图 5-5 火车车厢中矿石取样点布置

制光片用的矿石块，可以用切片机从矿石标本上切下，也可以从标本上敲下一块。切片时所用的材料以 100 号金刚砂为适宜。

从矿石块到光片要经过粗磨、细磨和磨光三道工序。

（1）粗磨。在磨片机的铁盘上进行。先用 120 号金刚砂把矿石小块磨成 2. 5mm×2. 5mm×10mm 的立方体形，然后换用 300 号金刚砂研磨观察用的光面。如果事先用切片机把矿石小块切出所需规格，则可直接用 300 号金刚砂磨光面。

（2）细磨。先在磨片机上用 600 号金刚砂研磨已粗磨过的光面，以消除粗磨时在光片上留下的痕迹；然后再置于玻璃板上，用 800 号金刚砂手工研磨；待光片上的擦痕磨平时，换用 1600~2000 号研磨粉（一般用氧化铝浆）研磨，直至磨成光亮的平画。

（3）磨光。磨光是磨制光片的最后一道工序，研磨不良的光片在显微镜下检查有下列缺点：

1）硬软矿物间有强突起，这表示磨光时间过长。

2）软矿物发亮、硬矿物粗糙，这表示玻璃板上的细磨时间不够。

3）软矿物擦痕很多，是由于磨光时用的布料粗糙形成的。

磨光在磨光机上进行。磨光机就是在磨片机上的铁盘上蒙一层磨光布（丝绸、帆布、呢绒），再用铜圈紧紧卡住而成。

磨光分两道工序进行。

第一次磨光是用氧化铝浆在细帆布上进行，磨 3min 左右即可，目的在于进一步消灭擦痕。

根据矿物的硬软程度第二次磨光选择不同的磨料和磨光布，软矿物应用氧化铁粉在丝绸上进行，中等硬度矿物可用氧化锌粉在细帆布上磨光，而硬矿物可用氧化铬粉在呢绒上磨光。软矿物的磨光时间不宜过长，以 10min 为限。

在每道工序之间或换用不同标号的研磨材料，都必须把光片及磨片机盘、玻璃板等清洗干净，避免不同标号的研磨材料相混而损坏光面，有条件时最好配备几个磨片机，每个磨片机只用一种金刚砂，用过的金刚砂集中起来，经过分选可重新使用。

光片磨光后，在清水中漂洗，切忌手摸，光片光面用干绒布或鹿皮轻轻擦干。

若光片需要长期保存，可先制成团块，或在磨光后再制成团块。

比较疏松易碎的砂石，磨光前必须胶结。例如把矿石小块放在松香和松节油（按1∶3混合）中，煮 2~3min，冷后再磨，为了避免矿石磨片时破裂或矿物颗粒脱落，粗磨后给光面上涂一层树胶，烤干后再细磨。

对于粉状矿石和选矿产品，在磨片之前必须把它们预先制成团块，用专用的压型机来制团块，要先把适量的矿粉和塑料粉混合均匀，倒入压型机模中施以150~130kg/cm^2的压力，并逐渐加热到60~150℃，冷凝后即成团块。此外也可以用环氧树脂来制团块，不过这样制成的团块不能保证矿粉的均匀，并且常夹有一些气泡形成的空洞，磨制光片时应防止破碎。

5.2　矿物化学成分和矿物组成

矿石的化学成分及矿物组成是进行选矿工艺设计的基础参数，也是矿石工艺性质研究的重要内容之一。

5.2.1　矿物化学成分定量测定的方法

5.2.1.1　*矿石的化学成分的研究内容*

矿石的化学成分是衡量矿石质量和利用性能的重要标志。研究矿石的化学成分包括查明矿石中所含元素种类及含量，以提供矿石中有用、有害元素的含量，从而确立矿石中主要成矿元素是否有综合回收的可能性以及需要分离排除的元素。矿石的化学成分是确定矿石自然类型及工业类型或品级的划分依据，也是制定工业指标所需的基础资料之一。从矿石工艺的角度来看，对选矿矿样的化学成分分析能够进一步考核在地质勘探期间所确定的有关矿石质量指标和矿样的代表性，以及能准确地核实或确定矿石类型、品级、杂质含量、氧化程度等矿石特征在化学成分上的一致性。

矿石化学分析项目主要根据矿床成因、地球化学特点和矿物化学元素结合的一般规律来确定。此外，矿物化学成分及其变化，如类质同象、固溶体分离、胶体吸附等造成的矿物化学元素变化也是确定化学分析项目的依据。

根据地壳中化学元素含量的分布规律和化学成分以及选矿工艺研究矿石的特点，并结合冶炼要求，可以确定各种类型矿石的化学分析一般都含有造岩元素，常以其氧化物表示，如SiO_2、Al_2O_3、Fe_2O_3、CaO、MgO、K_2O、Na_2O、MnO、H_2O。

有色金属和贵金属矿石常分析的主要元素为Cu、Pb、Zn、Co、Ni、Mo、W、Sn、Bi、As、Sb、Hg、S、Pt、Au、Ag；杂质元素为Cd、Tl、Ga、Ge、Re、Se、Te、In、Ti、P、Ce、Zr、F、Cr、Y族、Pd、Ru、Rh等。

黑色金属和稀散金属矿石分析的主要元素为Fe、Mn、Cr、Ti、Ta、Nb、Zr、Li、Be、Cs、Sr、TR；杂质元素为V、Sc、Hf、Rb、Ga、Co、Ni、Sn、Mo、Cu、Pb、Zn、P、Pt族等。

放射性和非金属矿石常分析以下主要元素U、Th、Na、K、Mg、Cl、F、I、Br、B、P、S、N；杂质元素为Ba、Pb、Zn、Mo、Hg、Li、Rb、Cs、Ge、Ga、V、Ti、Ca等。

目前，从金属矿床和稀有金属矿床中提取的有益组分、综合回收的元素有Au、Ag、Ni、Co、Ti、V、Be、Li、Cs、Nb、Ta、Zr、Sr、稀土族（包括Y）、Se、Te、Tl、Sc、Cd、Pt、Os、Ir、Ru、Ph、Pd、Hf、Ga、In、La、Rb、U、Th等。这些元素常常分布在Fe、Mn、Cr、Cu、Pb、Zn、Sn、W、Mo及稀有金属矿种的矿石中，因此，在从事这些矿石的研究时，务必注意它们的含量是否已达到综合利用的指标。

此外，各种类型的矿石中有害元素的含量也是矿石化学成分测定的重要项目。

5.2.1.2 矿石的化学成分的分析方法

A 光谱半定量分析法

光谱半定量分析法的原理是：矿石中各种元素经过某种能源的作用后发射出不同波长的谱线，通过摄谱仪记录，然后与已知含量的谱线比较，即可得知矿石中有哪些元素及其大致含量。

此方法不能测定惰性气体（He、Ne、Ar、Kr、Xe、Rn）、卤素元素（F、Cl、Br、I）、普通气体（H、CO_2、N、O）以及S、Ra、Ac、Po等，此外还有一些元素，如B、As、Hg、Sb、K、Na等。对不同元素，其灵敏度有所不同。

光谱半定量分析方法是研究矿石化学成分最常用的方法之一。查明矿石的化学成分首先常用光谱半定量法，因为这种方法迅速、经济，尤其是对稀有、稀散元素、贵金属及其他微量元素灵敏度高，所以用之普查大量的样品，了解其中所含元素种类及大致含量范围，查明达综合利用指标的元素，以便作为进一步化学定量分析的项目。这在研究矿石化学成分过程中考虑综合回收以及正确评价矿石质量是非常重要的。有时对重要矿物也先作光谱半定量分析，以确定化学定量分析的元素项目。

B 化学定量分析法

化学定量分析法是将拟分析的物质与试剂在溶液中作用，产生有色反应或沉淀等，从而测定元素的种类与含量。

化学定量分析法又分为化学全分析和化学多元素分析。化学全分析是为了了解矿石中所含全部物质成分的含量，凡经光谱分析查出的元素，除痕量元素外，其他所有元素都作为化学全分析的项目，分析之总和应接近100%。化学多元素分析是对矿石中所含多个重要和较重要的元素的定量化学分析，不仅包括有益和有害元素，还包括造渣元素。如单一铁矿石可分析全铁、可熔铁、氧化亚铁、S、P、Mn、SiO_2、Al_2O_3、CaO、MgO等。

化学定量分析法适用性广，多用于硅酸盐定量分析以及多金属、稀有、分散元素的定量测定，精度较高，但需要时间长，要求试样较多，一般1~5g或更多。化学全分析要花费大量的人力和物力，通常仅对新矿床或矿石性质不明时，才需要对原矿进行一次化学全分析。选矿单元试验的产品，只对主要元素进行化学分析。选矿试验最终产品（主要指精矿和需进一步研究的中矿和尾矿），根据需要一般要做多元素分析。

化学分析法能够准确地定量分析矿石中各种元素的含量，据此决定哪几种元素在选矿工艺中必须考虑回收，哪几种元素为有害杂质需将其分离。因此，化学分析是了解选冶对象的一项重要工作。

C 其他方法

中子活化分析灵敏度高，样品量要求少。激光摄谱法具有高分辨率，可有效地激发体积微小的谱样。直流等离子焰中阶梯光栅直读光谱法可迅速、灵敏、准确地同时测定Cu、Pb、Zn、Ni、Cr、Co、V、Ti、Mn、Sr、Ba11个元素。X射线荧光光谱法准确度高、分析迅速，不仅用于测定原子序数5(B)~92(U)的所有元素，所要样品极少，灵敏度可达$10\times10^{-6}\sim100\times10^{-6}$。而电子探针能谱分析可测定原子序数11(Na)~92(U)的所有元素，其空间分辨率达几个立方微米，灵敏度约 10^{-21} g。此外，还有原子吸收光谱、红外光谱、火花源质谱法、离子探针等先进仪器和分析方法，可以高灵敏度、高精度地获取多种痕量元素的含量数据。但这些分析方法使用的仪器设备十分昂贵，在矿石的化学成分分析中，很少采用，只是在配合研究有用和有害元素赋存状态时才会用到这些方法。

5.2.2　矿石中矿物组成的定量测定方法

原矿定量工作就是用显微镜来测量矿石中各种矿物的含量，并根据测量结果计算有用组分在矿石中的品位。

测定矿物的含量时，要在待测的矿石光片上圈定 2~4cm^2 的面积，作为测定面积。所选这部分面积要有代表性，能反映矿石的质量特征。被测定的矿石光片要妥善保存，以备检查。

操作时要用机械台来平行移动光片，以保证视域在测定面积内均匀分布，计数工作可以预先制成表格分类统计，也可以使用计数器。

对原矿石中矿物含量进行测定的方法，常用模拟图比较法、面积法、计点法和直线法（线段法），现分别简介如下：

（1）模拟图比较法。模拟图比较法是以标准质量分数模拟图（见图 5-6）作比较，估定视域中矿物的相对含量。一般要测很多视域，取其平均数，才比较可靠。

这个方法可以直接估计出矿物在矿石中的百分含量，不需进行计算，但是它的精确度差，误差一般不低于 5%~10%，因而只可以作粗略的矿石定量。

（2）面积法。面积法原理是假定光片或薄片中的各矿物所占面积之比，等于该矿物的体积之比。即用显微镜的网格目镜测定光片或薄片中的各矿物所占面积的多少来计算这些矿物的体积。计算公式为：

$$V=\frac{p}{\sum \rho}\times 100\%$$

式中　V——欲测矿物的体积分数；

$\sum \rho$——矿石中各矿物格子数的总和；

p——欲测矿物在各视域中所占格子数的总和。

用面积法定量，根据经验，如试样有代表性且矿物体积分数在 5%以上时，一般要测定 25 块光片，即可保证一定精度。

（3）计点法。计点法与面积法基本相似。所不同的仅仅是不计算矿物所占的方格数，而是计算网格目镜的交点数。也就是假定欲测各种矿物的点子数之比等于矿物的面积比以至体积比。其公式为：

$$V=\frac{n}{\sum N}\times 100\%$$

式中　V——欲测矿物在矿石中的百分数；

n——欲测矿物在各视域中点子数的总和；

$\sum N$——矿石中各矿物点子数的总和。

应用此法，如用电动求积仪和电动计数器，则工作效率较高。根据经验，一般要测 1500~2000 个观测点，才可保证一定精度。

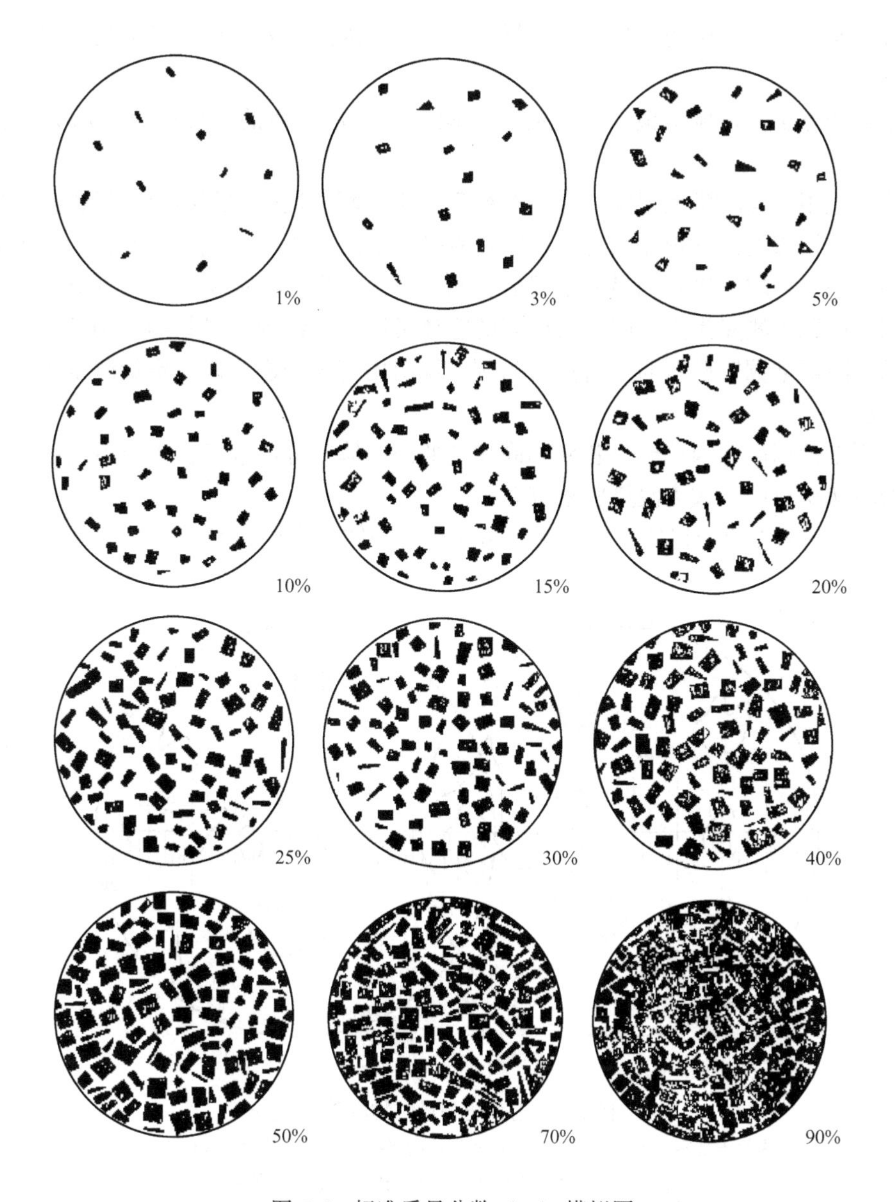

图 5-6　标准质量分数（%）模拟图

（4）直线法。此法的原理也与面积法基本相似。所不同的是假定矿物的体积比与矿物的直线长度（直径）成正比，所以将一矿物的直径测出，加起来即可算出矿物的体积分数。其计算公式为：

$$V_A = \frac{L_1 + L_2 + \cdots + L_n}{NL} \times 100\%$$

式中　V_A——欲测矿物在矿石中的体积分数；

N——测定的视域总数；

L——目镜测微尺，通常为 100；

$L_1+L_2+\cdots+L_n$——该矿物在各个视域中的截线值。

上述四种方法，测定视域越多，其精度也就越高。应用上述方法求出的含量是体积分数，而进行质量分析时矿物含量应以质量分数表示，因此，要乘以各矿物的相对密度换算为质量分数。

上述四种方法，在显微镜下测定时，其操作方法是相似的，现以直线法为例，介绍如下。

直线法是用目镜测微尺观察。在一个行列上相邻两个视域的距离等于目镜测微尺的总长度。在每个视域里，分别测量各种矿物在测微尺上的截距，再把相同矿物的截距数加在一起；测完一个视域，接着测另一个视域；测完一个行列，再换又一个行列测量，直到把圈定的测定面积都测完为止。两个行列间的距离可取得大约等于矿物的平均粒度即可。

下面以陕西某铜锌矿石的分析资料为例。说明用直线法进行矿石定量测定的一般程序和具体方法。

该矿石是黄铜矿和闪锌矿呈各种不同粒度的浸染体、分散浸染在主要由黄铁矿和重晶石构成的块状矿石中，成为浸染状铜锌矿石。

图 5-7 表示相邻两个视域中所看到的黄铜矿浸染体，它们在测微尺上的截距计算见表 5-2。

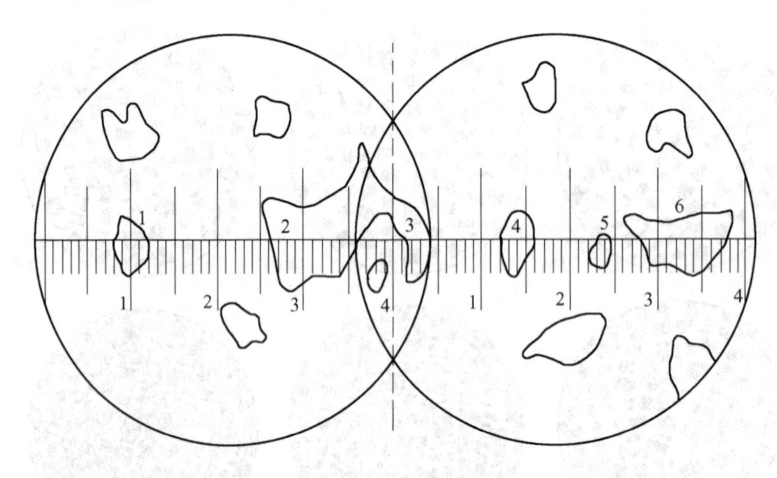

图 5-7　用直线测量矿物的截距

（为便于观察，图中只画出黄铜矿浸染体的界线，没画出其他矿物的界线；在计算截距时只统计测微尺上实际接触的矿物截距数）

表 5-2　矿物的截距计算

视域 Ⅰ			视域 Ⅱ			合计
代　号	截　距	小　计	代　号	截　距	小　计	
1	4	14	3	3	18.5	32.5
2	10		4	4		
			3	1.5		
			6	10		

在同一视域里，凡是测微尺所接触到的矿物，都要分别计算它们的截距。

其他各个视域按同样的办法统计，最后把所有视域的统计加起来，就得到各种矿物的总截距数。于是某铜锌矿石的测定结果见表 5-3。

表 5-3 某铜锌矿石的矿物含量测定

矿 物	总截距数	矿 物	总截距数
黄铜矿	53	黄铁矿	326
闪锌矿	146	重晶石	505

用上述四种方法测定矿物含量的精确度，首先与被测光片的代表性有关，其次也与矿物的含量和粒度以及矿石的结构构造特征有关。为了保证测定的精确度，除取样和选定待测面积要有代表性外，用直线法和记点法测定条带状、层状等具有一向延长构造岩矿石时，行列应尽可能平行构造延长的方向。并且，同类矿石要多测定一些光片，取其平均值。

5.2.3 原矿中矿物粒度的分析方法

5.2.3.1 原矿粒度分析的意义

有用矿物在矿石中浸染的粒度，对选矿工作有重要影响。如果说有用矿物在矿石中的含量多少是确定矿石是否符合选矿要求的重要因素，那么有用矿物在矿石中的浸染粒度，就是合理选择选矿方法的一个重要因素。

矿石中有用矿物的浸染粒度很少是均一的，经常是各种粒度的有用矿物不同程度地在一矿石中分布。这就要求进行分析，把矿物按粒度大小划分成几个粒级，确定各粒级有用矿物的相对含量和有用矿物含量占绝大多数的那些粒级，才能有针对性地选择合适的选矿方法，并且选用适当的工艺流程（特别是磨矿工艺），使各种粒度的有用矿物最大限度地被回收。

根据粒度分析资料，可以编制矿物的粒度特性曲线图，它是以矿物的浸染粒度及其在矿石中的累积含量为横坐标、纵坐标编制的，如图 5-8 所示。

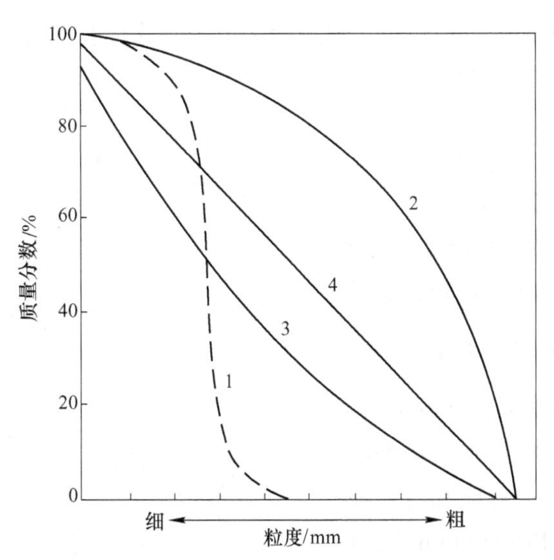

图 5-8 矿物浸染粒度特性曲线

1—均匀矿石；2—粗粒不均匀矿石；3—细粒不均匀矿石；4—极不均匀矿石

按照有用矿物的浸染粒度特性曲线，可以把矿石分为四类：

（1）均匀矿石。这种矿石中有用矿物的粒度范围很窄，在曲线上出现陡坡。这类矿石可以采用一段磨矿（当磨矿过程出现严重泥化时，也可以采用两段磨矿），直接把矿石细磨到含量最多的粒度。

（2）粗粒不均匀矿石。这类矿石中有用矿物的粒度范围较宽，但是以粗粒为主，曲线向上凸。对这类矿石应该分段磨矿、分段选别。

（3）细粒不均匀矿石。这类矿石中有用矿物的粒度范围较宽，但以细粒为主、曲线向下凹。对这类矿石也要分段磨矿、分段选别。

（4）极不均匀矿石。这类矿石中有用矿物的粒度范围很宽，各种粒度的矿物含量大致接近，曲线成为倾斜的直线。这类矿石很难确定合理的磨矿细度，应根据情况采取多段磨矿、多段选别，有时需要多种选矿方法的联合流程。

当矿石中有几种有用矿物时，对每种有用矿物都要进行粒度分析，综合各方面的条件，选择合理的选矿方法和流程，使矿石中的各种有用矿物都能最大限度地回收。

在选矿工作中，也经常采用磨矿产品的筛析、水析——化学分析方法来分析矿石的粒度特性，但这并不能反映矿石的原始粒度特性，因为这样确定的粒度组成必然由于磨矿时间不同而有所区别，要了解原矿石的粒度特征，就必须用显微镜对原矿石进行粒度分析。

5.2.3.2　粒度分析方法

粒度分析工作就是根据矿石中矿物浸染粒度的大小把它划分为几个粒级，测量大量矿物颗粒的粒度，确定各粒级矿物的相对含量，编制矿物粒度特性曲线图。

进行粒度分析时，要用测微目镜观察，目镜测微尺事先要予以标定。

在显微镜下测定矿物的粒度时，可把被测矿物颗粒移动到视域中心，旋转载物台，使欲测方向平行目镜测微尺，测出矿物颗粒在测微尺上的截距数，乘以测微尺单位格值，即可以把矿物的粒度计算出来。

对接近圆形或等轴状的矿物颗粒，只测量一个方向的长度就可以表示它的粒度，但对在一个方向上延长的矿物颗粒，则需分别测量它的长径（a）和宽径（b），才能反映它的粒度特点。对这种矿物，可以用平均粒径来表示它的粒度。

图 5-9 中矿物的截距数 $a=21$，$b=12$，测微尺单位格值为 0.01mm，该矿物的平均粒径为$\frac{21+12}{2}\times 0.01=0.165\text{mm}$。

在测量大量矿物颗粒群的粒度时，一般只用矿物颗粒的长径来表示矿物的粒度，用最大粒度、最小粒度和各颗粒的平均粒度来表示矿物颗粒群的粒度特征。

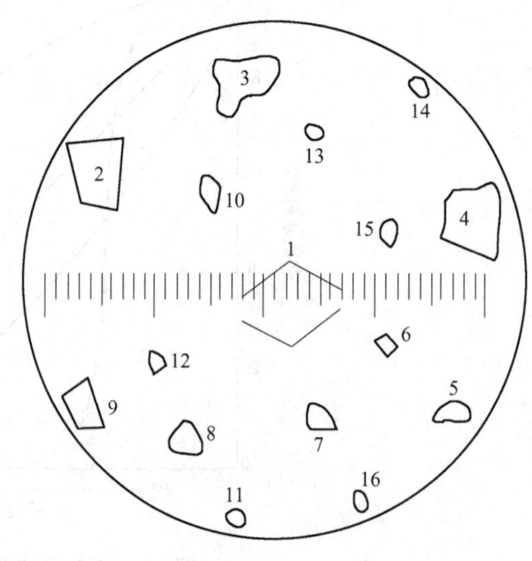

图 5-9　矿物的粒度测定

图 5-9 表示了 16 个矿物颗粒，最大

粒度（颗粒 1）为 0.09mm。最小粒度（颗粒 13）为 0.01mm。所测各矿物颗粒的截距数见表 5-4。其平均粒度为：

$$\frac{0.69}{16}=0.043\text{mm}$$

目镜测微尺的单位格值为 0.01mm。

在用直线法进行矿石定量和粒度分析时，行列间距一般不大于矿物的平均粒度，在分析前可选测包括被测矿物的最大和最小颗粒在内的数十个矿物颗粒的粒度，计算它的平均粒度。

对于大量矿物颗粒群，可以根据它的粒度范围把它划分为几个粒级，最好分得与标准筛级的划分一致，以便和筛析结果比较。如表 5-5 中可以划分为 3 个粒级：0.1～0.07（截距 10～7）；0.07～0.02（截距 7～2）；-0.02（截距小于 2）。这样就只需统计各粒级矿物颗粒的颗粒数，即可反映它的粒度特征。

表 5-4 矿物的截距计算

颗　粒	长径截距	颗　粒	长径截距	颗　粒	长径截距	颗粒数	截距数
1	9	5	5	11	1		
2	8	6	3	12	1		
3	8	7	4	13	1		
4	8	8	5	14	2		
		9	6	15	2		
		10	4	16	2		
小　计	33	小　计	27	小　计	9	16	69

表 5-5 矿物的含量计算

粒级 /mm	平均粒径 d	平均面积 d^2	颗粒数 n	截距 L	含量/%		
					$\frac{L}{\sum L}\times100\%$	$\frac{dn}{\sum dn}\times100\%$	$\frac{d^2n}{\sum d^2n}\times100\%$
0.10～0.07	0.085	0.0072	4	33	48.6	50.7	69.5
0.07～0.02	0.015	0.002	6	27	38.6	40.3	29
<0.02	0.010	0.0001	6	9	12.8	9	1.5
合计Σ			16	69	100	100	100

各个粒级矿物颗粒的相对含量可以用各粒级矿物颗粒的截距数计算，也可以用各粒级矿物颗粒的平均粒径计算。平均粒径（L）乘以矿物颗粒数（n）与矿物颗粒的截距数相当。还有一种意见认为，如果矿物的粒度范围较宽时，粗粒级和细粒级的粒度相差悬殊，计算各粒级的含量时，应用平均面积来代替平均粒径进行计算。显然：

$$d=\frac{a+b}{2},\quad d^2=\frac{(a+b)^2}{4}$$

式中　d——某粒级的平均粒径；

d^2——某粒级的平均面积；

a——某粒级的最大粒径（筛级上限）；

b——某粒级的最小粒径（筛级下限）。

根据表 5-4 的数据，按上述 3 种方法计算各粒级矿物的含量，见表 5-5。

从表 5-5 可见，用截距数计算和用平均粒径计算的结果比较接近；用平均面积计算的结果，更显著地反映了不同粒级矿物含量的差别，当矿物的粒度差别较大时，用这种计算方法比较合理。应该指出，在粒度定量方法上，究竟采取哪一种计算方法比较理想，目前还在研究之中。

5.3　元素的赋存状态及研究方法

原料与产物中元素的赋存状态研究是工艺矿物学的基本任务之一，其目的是查明化学元素在矿物原料中的存在形式和分布规律，为矿物加工和冶金工艺方法的选择和最优指标的控制提供基础资料和理论依据。

元素在矿物原料中的存在形式与其自身的晶体化学性质和矿物原料形成的物理、化学条件有关，元素在矿石或其他矿物原料和产物中的赋存状态可划分为独立矿物、类质同象和离子吸附 3 种。

从矿石利用的角度，可将所有的矿物划分为有益性质的矿物载体（如矿物原料等）和化学元素的矿物载体。人类对矿石的利用，除个别情况外，多数是从矿石中获取某种有用元素。直接将矿物拿来使用的情况很少。另一方面元素在矿石中多数都不以单质形式存在。最主要的存在方式是几种元素结合成某种矿物，或者是“寄生”在某类矿物之中。显然，为了使有用元素能够被充分合理的利用，选矿工业部门必须掌握有用元素在矿石中的存在形式。因为只有这样，才能有针对性地去富集谁，舍弃谁。因而，那些含有有用元素的矿物，特别是那些含有多量有用元素的矿物，始终是选矿工业部门最关注的对象。所以查清有用元素在矿石中的存在形式，以及它们在各组成矿物中的分配比例，就成为工艺矿物学必须回答的基本问题之一。所有这些研究内容，统称为“有用元素赋存状态”考查。

“有用元素赋存状态”考查，随着工艺加工水平和社会生产对元素利用要求的提高，日益显示出它的重要性。例如包头白云鄂博铁矿，过去一直认为是个以含铈为主的稀土—铁矿床。稀土矿物主要是氟碳铈矿、氟碳钙铈矿、独居石、铈磷灰石以及少量的磷钇矿、含铌易解石和包头石等。从未发现过锶的独立矿物。近一个时期，通过电子探针对西矿区含锶钡稀土碳酸盐岩脉的考查，结果发现了一大批含锶的独立矿物。目前已查明的就有钙菱锶矿、β-钙菱锶矿、菱锶矿、菱碱土矿等。不言而喻，这些新的独立铜矿物的发现，在包头铁矿石的综合利用上，必然要产生重要影响。

元素赋存状态研究的主要内容有：

（1）查明有益、有害元素的存在形式。即独立矿物态、显微包裹体、类质同象、吸附状态等。

（2）元素赋存状态类型、特征和变化与矿石结构、构造、蚀变类型、矿物共生组合的关系。

（3）查明元素在矿物中的分布、配分及其比值。

（4）根据元素赋存状态的研究资料，拟定合理的分选流程，预测合理的回收指标。

元素赋存状态的研究工作，综合性很强，方法很多，涉及各种基础科学，如化学、物理、数学等，还需利用现代化的仪器设备。但各种方法都有其特色和适用范围，所以研究时，应结合具体研究对象，选择适宜的方法，或者多种方法联合使用，以获得正确的结果，顺利实现元素赋存状态的考查任务。

元素在矿石中赋存状态考查工作的一般程序如下：

（1）原矿的光谱分析、初查。

（2）作化学定量分析，准确化验有益元素和有害元素的质量（体积）分数。

（3）将矿石进行简单分选，并对各分选产品进行化学分析以查定该元素在各分选产品中分散或集中的情况。

（4）对该元素富集的分选产品进行详细研究，挑选出单矿物作化学定量分析。

（5）运用显微镜、扫描（透射）电镜、电子探针等仪器，查明元素的存在形式。

（6）将该元素在各矿物中的总含量与矿石品位对比，若低于矿石品位，则说明还有部分有益元素存在于未被发现的矿物。还需用其他方法补充查定。

5.3.1 元素在矿石中的存在形式

元素的存在形式主要有独立矿物、类质同象、吸附及其他形式。

5.3.1.1 独立矿物形式

独立矿物是元素富集的最基本的形式。当以独立矿物形式出现时，一般应具备两个基本条件。首先是在一定的物理、化学条件下，具有相对的稳定性；其次是具有一定的元素含量。即某元素在熔浆中达到一定浓度时，在前一条件基础上就能够形成独立矿物。以独立矿物形式存在的元素，按其结晶程度又可分为两种类型，一种是肉眼或双筒镜下可以挑选的矿物，另一种是以微细包裹体形式存在于其他矿物中。

例如我国某地，在双筒镜下发现一种矿物富含 Ti 及 Y 族稀土，此外还有少量 Nb、Ta 以及 Si、Al、Fe 等，同时还有极少量的 U、Th、Zr。从成分上来看，该矿物接近于黑稀金—复稀金矿物族内的河边矿。之后经 X 射线结构分析，证明它与黑稀金矿属于同一结构型，即 AB2X6 型的氧化物。将其组分含量按 AB2X6 型换算，所得结果如下：

$(TR_{0.67}, U_{0.01}, Th_{0.01}, Fe_{0.07}, Al_{0.13}, Sc_{0.01}, Mg_{0.01}, Ca_{0.01})_{0.92}$

$(Ti_{0.60}, Nb_{0.12}, Ta_{0.03}, Zr_{0.01}, Si_{0.24})_{2.00}(O_{5.44}, OH_{0.36})_{5.80}$

按上述计算结果分析证明，该矿物乃是富含 Y、Ti，贫 Nb、Ta 的黑稀金—复稀金矿族的端员矿物，定名为钛钇矿。在白云母花岗岩风化壳中，钛钇矿与白云母相互穿插，形成钛钇矿与白云母的连生体。根据产状推断，可能是黑云母在白云母化过程中释放出的 Ti、Nb、Ta 与磷钇矿风化后释放的 $\sum$Y 稀土在一定浓度下彼此作用的结果。

独立矿物的另一种类型是以微细包裹体状态存在。我国某地发现的含钴黄铁矿—磁黄铁矿型钴矿床，其中的钴则是以微细包裹体状态存在。矿石中的组成矿物有黄铁矿、磁黄铁矿、磁铁矿、白云石、方解石、辉钴矿。对钴进行的单矿物分析结果见表 5-6。

表 5-6　某地含钴矿床中单矿物分析结果

矿物名称	试样 1	试样 2	试样 3	备　注
	$w(Co)/\%$	$w(Co)/\%$	$w(Co)/\%$	
结晶状黄铁矿	0.98	0.87	0.99	晶形完好
胶状黄铁矿	1.06	1.20	1.26	晶形不好，小晶粒集合体
磁黄铁矿	0.80	1.11	0.52	
磁铁矿	0.62	0.18	0.40	
白云石、方解石	0.004	0.003	0.0015	两种矿物合一起分析
辉钴矿	29.82			

由表 5-6 可知，除辉钴矿外，主要含钴矿物为胶状黄铁矿，其次是结晶黄铁矿、磁黄铁矿（矿床中 75.34%~85.41%的钴存在于黄铁矿中）。将资料分析对比后可以看出，辉钴矿是以微细包裹体状态存在于胶状黄铁矿中。

5.3.1.2　类质同象形式

自然界生成的矿物中，类质同象是一种很普遍的现象。因此，对类质同象的研究，构成了地质领域中的一个重要方面。从元素赋存状态来看，稀有分散元素主要也就是以类质同象形式存在于自然界的。下面就类质同象的实际意义予以介绍。

例如：在我国某地矽卡岩中，与硅镁石、金云母、铈磷灰石、方解石和烧绿石共生的一种褐铈铜矿。这种褐铈铜矿就是 $\Sigma YNbO_4-\Sigma CeNbO_4$ 连续类质同象系列的端员矿物（$\Sigma CeNbO_4$）。结构与褐钇铜矿一致。褐铈铌矿是个完全配分型矿物。通常条件下，它只能在贫钇族稀土钽而富铈族稀土和铌的地质环境中形成。换句话说，Nb/Ta、$\Sigma Ce/\Sigma Y$ 比值高的地质环境有利于这种矿物生成。另外，如果 ΣY 浓度高，但又同时存在对 ΣY 有强烈亲和力的铬阴离子时，同样对褐铈铌矿有利。当 $\Sigma Ce/\Sigma Y>1$ 时，称为褐铈铌矿。当 $\Sigma Ce/\Sigma Y<1$ 时，称为褐钇铌矿。$\Sigma Ce/\Sigma CeY=1$ 时，称为铈褐钇铌矿或者钇褐铈铌矿。

上面谈到的类质同象属于连续系列无限混入。此外，还有相当部分元素是以“寄生”的方式类质同象于某种矿物之中，并由于有用元素的类质同象混入，使得载体矿物工业价值发生了改变。例如：磁黄铁矿本属于工业价值不高的一种矿物，但如果其中有大量镍元素类质同象混入，便可作为镍矿开采。

现将常见的含稀散元素的矿物列于表 5-7 中。

表 5-7　稀散元素常见的载体矿物

载体矿物名称	较经常含有的稀散元素	有时含有的稀散元素
辉钼矿（MoS_2）	Re	
黄铜矿（$CuFeS_2$）	Se，Te	
黄铁矿（FeS_2）	Se，Te	Ge，In，Cd，Ga
方铅矿（PbS）	In，Cd，Tl	Ag

续表 5-7

载体矿物名称	较经常含有的稀散元素	有时含有的稀散元素
橘红色闪锌矿（ZnS）	Ge	
浅褐色闪锌矿（ZnS）	Ga	
蜜黄色闪锌矿（ZnS）	Ga	
深色至蓝色闪锌矿（ZnS）	In，Se，Te	
锡　石	Na，Ta，In，Ge	
锆　石	Hf	
黑钨矿	In，Sc，Ta，Nb	
磷灰石	Th（稀土，主要是 Ce）	
萤　石	Y	
正长石（天河石）	Rb，Cs	
光卤石、钾盐	Rb，Cs	
玫瑰绿柱石	Cs	

5.3.1.3 吸附形式

胶体矿物和土状细分散矿物因颗粒极小，具有大的表面能，表面含有未饱和的电荷，因而具有很强的吸附能力，常吸附多种伴生元素。如带正电荷的含水氧化铁胶体常吸附带负电的金的络离子，带负电荷的含水氧化锰胶体可吸附带正电的银离子，因而在金矿床的氧化带中，褐铁矿常含吸附状态的金，锰的氧化物中常有吸附状态的银存在。

吸附物质的数量不仅与吸附剂的粒度有关，还与被吸附物质的浓度和离子半径有关。被吸附物质浓度越高，吸附量也越多。被吸附物质的离子半径越大，吸附能力越强。例如：$Li^+<Na^+<K^+<NH_4^+<Rb^+<Cs^+$，$Mg^{2+}<Ca^{2+}<Sr^{2+}<Ba^{2+}$。

金属元素通过吸附作用可导致富集。例如，哈萨克斯坦某沉积铁矿，锗在赤铁矿中呈典型的吸附状态，赤铁矿中含锗约 $30\times10^{-6}\sim40\times10^{-6}$。我国华南某风化壳离子吸附稀土矿床，稀土元素呈吸附状态赋存于各种黏土矿物中，多水高岭石的稀土吸附量最大，平均 0.6%TR_2O_3，其次是高岭石 0.254%TR_2O_3。此外，磷、砷、钒、金常呈吸附态富集于褐铁矿中，锂、钴、镍、锌、钡、钾、银常呈吸附态于硬锰矿中富集。

以吸附形式存在的元素用一般的物相分析和岩矿鉴定方法是无能为力的。当化学分析发现某元素品位高于工业要求，但岩矿鉴定和一般物相分析都未发现其独立矿物或类质同象时，就应作专门分析，深入研究，查定是否以吸附形式存在。

以吸附形式存在的有用元素，可以通过化学选矿、湿法冶金或离子交换等方法处理，获得较好的效果。

5.3.1.4 其他赋存形式

A 显微包体和超显微包体

显微包体是指一种矿物在另一种矿物中呈极细小的包体，其粒度仅数微米，为显微观察的极限。当粒度更细小，仅能用电子显微镜才能观察清楚时，则为超显微包体。贵金属和稀有分散元素有时呈显微包体或超显微包体存在于有关矿物中，自然金在黄铁矿中，辉钴矿在胶体黄铁矿中呈显微—超显微包体。

显微—超显微包体主要在下列条件下形成：

（1）以独立矿物从溶液中结晶出来，如铜蓝中自然金显微包体。

（2）从固溶体出溶而分解析出，如钛磁铁矿中钛铁晶石沿磁铁矿（111）面分布的格状微薄晶片。

（3）从胶体矿物中晶出。胶体矿物吸附的元素在胶体老化结晶时，不能进入新结晶矿物的晶格，呈单矿物晶出。如含水氧化铁胶体吸附的金的负胶粒，由于含水氧化铁胶体的老化形成结晶的赤铁矿或针铁矿，而金不能进入它们的晶格，便呈显微—超显微包体的自然金析出。

由于显微—超显微包体鉴定较困难，不借助现代测试技术做深入研究，易误认为是类质同象的形式。

B 晶格缺陷

晶格缺陷矿物晶体内部质点常呈非理想空间格子状排列而表现出各种缺陷，如位错、空位、镶嵌构造等。形成这些晶格缺陷的原因，首先由于晶体生长过程并非处于绝对理想的条件，且常常伴随某些运动。此外晶体内局部之间常发生相对位移等，这些都可能导致晶体的缺陷构造，由此会造成晶体内异常的孔隙，外来质点就可能充填其中而形成晶格缺陷赋存状态。一般认为铼在辉钼矿中均以类质同象状态存在，并用钼离子和铼离子在晶体化学上的相似性加以说明。但据波科洛夫（1971）通过淋滤实验研究，指出铼在辉钼矿中并非全部呈类质同象，还有一部分存在于辉钼矿的晶格缺陷中。

以显微—超显微包体及晶格缺陷形式赋存的有用组分用通常的机械方法是无法回收的，但有的可以用冶金方法加以回收。

5.3.2 元素赋存状态的研究方法

矿石中元素赋存状态的研究与矿床学、结晶学、矿物学及地球化学等学科关系密切，是一项综合性极强的工作。元素赋存状态的研究方法很多，研究方法的选择主要取决于原料的性质，常用的研究方法包括重砂法、选择性溶解法、电渗析法、电子探针分析法以及数理统计法等。

5.3.2.1 重砂法

重砂法是比较常用的一种方法，它简单、可靠。重砂法是通过分离矿物来研究元素在不同矿物中的分布，该法主要适用于那些矿物组成简单、矿物结晶粒度粗大、易于分离提纯的矿物原料。对很大一部分矿石都适用。

它所进行的分析研究，主要是建立在分离矿物定量（或提纯目估法）基础上。重砂法考查元素赋存状态的基本程序如下：

（1）将试样送交化验室进行化学全分析，了解矿石中存在的元素种类及其含量即可初步掌握矿石中可能有利用价值的元素种类。

（2）鉴别试样中的组成矿物类别，并测定各组成矿物的相对含量。

（3）分离提纯单矿物。

（4）查明目的元素在各单矿物中的百分含量。

（5）计算有益（有害）元素在试样各组成矿物中的配分比。

上述程序中，关键性的步骤是矿物定量和分离提纯单矿物。因为这两项工作的好坏，直接影响本方法质量的高低。此外，要考虑矿石类型是否适宜用本方法定量和分离，如颗粒细小、选矿回收率很低的、金属矿床中伴生的金、银等都不适用。因重砂矿物计算的独立矿物量，仅仅是选矿回收了的那部分独立矿物。那些颗粒细小的显微包体，虽然属于独立矿物之列，但由于无法回收进入尾矿，无形中人为地划归到“分散量”中去了。特别是那些设备条件差、分离技术不佳的地方，“分散量”将大大地超过矿石中的实际情况。

分离提纯出来的单矿物量和矿石中实际存在的单矿物量，由于回收率低而产生很大的误差。

5.3.2.2 选择性溶解法

选择性溶解法就是选择合适的溶剂，在一定条件下，有目的地溶解矿石中的某些组分，保留另一些组分，并通过对所处理产品的分析、鉴定，查清矿石中元素的赋存状态。该法一般可用于其他方法难以解决的细粒、微量、嵌布关系复杂的矿石中元素赋存状态的研究。选择性溶解法也包括化学物相分析、淋洗、浸出试验等。该法最大缺点是难以选择专用性的溶剂，故常需进行条件试验，测定溶解系数加以校正。

以类质同象或微细包体形式存在于载体矿物中的有用元素，可用酸或碱浸取；呈离子吸附状态赋存的有用元素，则要用盐或稀酸处理。元素以类质同象形式存在时，其溶解曲线呈连续变化，当浸取率达到某一值时将出现一拐点，拐点之后再增加浸出时间或者提高酸碱度，曲线除稍微增长外，并不发生明显的改变。如广东某地钴矿，含钴载体矿物主要是毒砂，将毒砂置于不同浓度的硝酸中浸取，结果溶液中 Co 和 Fe 的溶解率基本一致，即随着毒砂的溶解和晶格破坏，Co 和 Fe 按比例转入溶液中，两者呈大致相同的浸出率。后对毒砂单矿物进行电子探针分析，也证明了这一浸出特点，即毒砂中的 Fe 部分地被 Co 所代替。因为外来元素以类质同象的形式均匀地取代了矿物中部分某主体元素，因此，当矿物被浸取晶格破坏时，外来元素必然是和主体元素按比例地转入溶液中。若元素呈微细包体赋存于矿物中，由于分布的不均匀性，浸出曲线常呈现不连续的特点，并且还有孤立高含量突然出现的情况。

5.3.2.3 电渗析法

电渗析法是基于在外加直流高压电场的作用下，使被吸附的离子解吸下来，并移向电性对应的电极。由于元素的赋存状态不同，被解吸的程度也不同。故常用来研究呈分散状态的元素，尤其是对用显微镜看不见的呈吸附状态存在的元素特别有效。

矿物溶解到水中的离子浓度，与该矿物中该种元素的总量之比，称为该元素的渗析率，以 η 表示。根据 η 的数值大小，即可判定元素的赋存状态。如闪锌矿中含有铁（Fe^{2+}），在电渗析过程中，有如下反应：

$$(Zn, Fe)S \rightleftharpoons Zn^{2+}(Fe^{2+}) + S^{2-}$$

$$Zn^{2+}(Fe^{2+}) \xrightarrow{\text{电迁移}} \text{阴极}$$

随着铁闪锌矿的溶解，Zn^{2+}、Fe^{2+}也不断移向阴极。在外界条件固定的情况下，该种反应是处于动态平衡的状态。如果每隔一定时间收集阴极液，分析 Zn^{2+}、Fe^{2+}，那么在单位时间内溶解锌与铁之比是一个定值，在整个电渗析过程中 Zn 的溶解曲线与 Fe 的溶解曲线其斜率基本一致，这就证明了 Fe 在闪锌矿中是以类质同象状态存在的。如果得到与此相反的结果，表明不是呈类质同象状态存在。

用电渗析法对某白泥矿中铁的赋存状态进行了考查。试验条件：原矿细度 $-74\mu m$，固液比为 5g∶100mL，室温10℃，连续搅拌，pH=5，最大电压 15V，起始电流 15mA。

试验结果见表 5-8。电渗析结果表明，铁的电渗率极低，说明样品中没有呈离子状态存在的铁，经多种手段研究结果表明，铁主要以独立矿物针铁矿、赤铁矿形式存在，微量呈类质同象赋存于硅酸盐矿物中。

表 5-8　电渗析试验结果

试验结果 / 产物	试验次数及项目					
	1			2		
	pH	w(TFe)/%	电渗率/%	pH	w(TFe)/%	电渗率/%
可溶性铁		微			微	
阴极室溶液	5~5.5	微	0	4~5	微	
阳极室溶液	6~7	微	0	4.5	微	0
中室溶液	5.0	微		5.0	微	0
残　渣		1.64		0	1.60	
原　矿		1.64		0	1.64	

在电渗析过程中，直流高压电场对被吸附离子的作用力远远大于由于化学亲和力而产生的吸附力，所以被吸附离子能被解吸下来，并向极性相反的电报迁移。如果元素呈吸附态，由于胶体表面有剩余电场，能对溶液中异性离子产生吸附，其吸附量远远大于元素呈类质同象分散状态的量。矿物对某元素吸附量越大，其电渗析率也越高。如某高岭石内含吸附铀，铀的渗析率 $\eta=70\%\sim80\%$。显而易见，呈吸附状态的 η 远远大于呈其他状态的 η 值，这是呈吸附状态的元素的一个极为重要的特征。由 η 的大小就可将呈吸附态的元素与呈其他状态的元素区别开来，其渗析率 η 的大小顺序为：吸附态、矿物态、类质同象态及原子、分子分散状态。

5.3.2.4　电子探针及扫描电镜法

电子探针分析法则是一种适应性较强的研究方法，通过检测元素在矿物表面的分布规律，来判断元素的存在形式。矿石中有益、有害元素，除表生条件下常以吸附状态存在外，主要有两种形式：一是参与矿物的结晶格架（或为主要成分，或为类质同象混入物）；一是微细的矿物包裹体。

电子探针在光片或薄片上的扫描图像，可直接显示元素的分布状况。如果元素在矿物中是分散而均匀地分布，便可初步认定是以类质同象混入物状态存在。以微细包裹体状态存在的元素，它的分布通常是极不均匀的，其特点是在一点、几点或小面积上非常富集。例如云南某砂岩铜矿中辉铜矿的电子探针面扫描图像显示，银在辉铜矿中分布极不均匀，变化很大。部分辉铜矿中含银很少或根本就不含银，而另一部分辉铜矿中银却很多。有时在一颗辉铜矿边缘可见到附着蠕虫状的角银矿。许多铅锌矿床和铜矿床中，凡伴生银品位稍高者，均发现银有一定比例以独立矿物形式包裹在伴生的矿物之中。矿床中有害杂质的查定，像铁矿床中的 Sn、As、Si、P 等，利用电子探针分析也起到了良好的作用。如广西一些铁矿床中，有害杂质元素含量较高，回收的精矿中杂质元素不符合要求。例如赤铁矿精矿中高含量 Si，选矿曾以为是磨矿粒度不够细所致。但进一步细磨后，并未达到降低精矿含 Si 的目的。通过电子探针分析发现，虽然其中一部分赤铁矿颗粒中心有石英的独立矿物，但也有相当数量的赤铁矿鲕粒是 Si、Fe 比例不一的混合物。从而为选矿工艺的改进提供了依据。

5.3.2.5 数理统计法

元素的数理统计法是在上述赋存状态研究基础上，根据矿物定量研究结果和元素在不同矿物中含量的测定结果，计算元素在原料不同矿物中的分布量，对矿物的赋存状态进行定量描述。通过元素配分计算，可以掌握元素在原料中的分布规律，确定矿物加工过程的主要目的矿物和有害矿物的种类和数量，以及矿物加工和冶金工艺方法的选择和最优指标。

在研究元素赋存状态时，人们常利用矿石中两种元素之间的消长关系、离散程度、变化系数来判断其存在形式。

一般当两元素平均值之比$\left(\dfrac{\bar{x}_{\mathrm{m}}}{\bar{x}_{\mathrm{n}}}\right)$和均方差之比$\left(\dfrac{s_{\mathrm{m}}}{s_{\mathrm{n}}}\right)$相差较大时，以独立矿物形式存在；反之，则以分散形式存在。平均值和均方差的计算公式为：

$$\bar{x}=\frac{\sum x_i}{N_{\mathrm{SO}}}$$

$$s=\sqrt{\frac{\sum(x_i-\bar{x})^2}{N_{\mathrm{SO}}-1}}$$

式中 $\bar{x}$——分析平均值；

x_i——第 i 个分析值；

N_{SO}——样品个数；

s——均方差。

从表 5-9 中可知，按照平均值和均方差判断独立矿物和分散矿物形式的原则，很容易确定：由于 Fe、V 的平均值和均方差的比值很接近，故 V 是以类质同象存在于铁矿物中，同理 Co 在硫化物中同样也是以分散形式存在，而 Ag、Pb、Zn 分别以独立矿物形式存在，后经多方面证实，V 和 Co 分别呈类质同象赋存于钒磁铁矿和含钴黄铁矿中，Ag 以银的独立矿物存在于方铅矿和闪锌矿中。

也可利用均方差和平均值之比，即变化系数来比较。当两元素的变化系数（$s/\bar{x}$）相差小时，一般认为是小于 20%，则可能以分散形式存在；当变化系数相差大时，一般认为大于 80%，可能以独立矿物形式存在。

表 5-10 说明了元素间变化系数与赋存形式关系的几个实例。

表 5-9　$\bar{x}_m/\bar{x}_n$ 与 s_m/s_n 值的比较表

分析项目	统　计　值				
	平均值	均方差	$\bar{x}_m/\bar{x}_n$	s_m/s_n	矿石类型
Fe V	22.76 0.198	6.736 0.063	115	107	塔东变质铁矿石
S Co	3.126 0.0078	1.538 0.0048	259	320	塔东变质铁矿石
Zn Ag	56.16 0.118	2.15 0.05	476	43	孟恩铅锌矿 纯闪锌矿
Pb Ag	85.2 0.28	0.90 0.13	304	7	孟恩铅锌矿 纯方铅矿

表 5-10　元素间变化系数比较表

样品名称	元素	变化系数	赋　存　形　式	矿石产地
磁铁矿石	Fe V	0.296 0.32	(0.32-0.296)/0.32=7.5%，故V是以类质同象方式存在于磁铁矿中	塔东铁矿
黄铁矿-磁铁矿石	S Co	0.49 0.55	(0.55-0.49)/0.55=11%，故Co在黄铁矿中呈类质同象	塔东铁矿
镍黄铁矿-黄铜矿石	Cu Ni Co	0.16 0.93 0.78	(0.93-0.16)/0.93=83%；　(0.78-0.16)/0.78=79%，Ni和Co相对于黄铜矿形成独立矿物。(0.93-0.78)/0.93=16%，Co与Ni在镍黄铁矿中形成类质同象	赤松柏铜镍矿
闪锌矿	Zn Ag Sb	0.038 0.424 0.87	(0.424-0.038)/0.424=91%，故Ag在闪锌矿中形成独立矿物，同理Sb也是以独立矿物存在	孟恩铅锌矿
方铅矿	Pb Ag Sb	0.0105 0.464 0.70	(0.464-0.0105)/0.464=97%，故Ag在方铅矿中形成独立矿物，同理，Sb也是以独立矿物形式存在	孟恩铅锌矿

用数理统计法来研究元素赋存状态，除了上述运用统计参数进行分析外，还有用一元线性回归的相关系数分析、因子分析、群分析等多种计算方法来分析稀土矿床中稀土元素赋存状态和铜镍型铂矿床中铂族元素赋存状态等。这种方法随着计算机应用的不断发展日臻完善。

5.4　矿物的嵌布粒度及解离性

5.4.1　矿物的嵌布嵌镶关系

5.4.1.1　*矿物工艺粒度的概念*

一般在矿物学、矿床学、岩石学等学科中谈到的矿物颗粒大小指的是结晶粒度，而矿石工艺研究中指的却是工艺粒度。结晶粒度是指单个结晶体的相对大小和由大到小的相应百分含量。结晶粒度是研究矿石结构的主要内容之一，主要是为了解决成因问题。

工艺粒度又称嵌布粒度，是指矿物颗粒的相对大小和由大到小的相应百分含量。工艺粒度常将相同矿物聚合在一起所占据的空间划归到一个颗粒中。故此，这个颗粒范围内的矿物可能是一个单晶的矿物，也可能是若干个同种矿物单晶的集合体，或者是工艺性质相同的几种矿物的集合体（如黄铜矿—斑铜矿—黝铜矿等矿物的集合体）。工艺粒度是决定矿物单体解离的重要因素。在选矿工艺过程中，它是选择碎矿、磨矿作业和选矿方法的主要依据之一。

一个重结晶的方铅矿集合体，从矿石成因分析角度看它是很强的许多结晶颗粒。而从矿石工艺分析角度来看，则是一个很大的单矿物颗粒，只要将矿石粗粒破碎一下就能达到方铅矿单体解离的要求。反之，一个几厘米大的辉铋矿骸晶，矿物学及矿床学认为它是一个很大的颗粒，而从选矿学角度则认为它需要经过很细的磨矿才能将单体解离出来，因为辉铋矿骸晶内许多部分已被其他矿物占据。

5.4.1.2 矿物的嵌布特性

矿物的嵌布特性主要指有用矿物在矿石中的分布情况和特点，包括有用矿物的粒度、分布的均匀性、方向性、稠密度和包体的分布情况等。显然，这些特性的观测，不凭借显微镜，单凭肉眼是无能为力的。这里的嵌布类型都是在显微镜下观测的。从矿石工艺的角度来考虑各式各样的矿石构造可以归纳如下的胶体类型见表 5-11。

表 5-11 矿石的嵌布类型

粒度大小＼空间分布		均匀浸染状	带状	脉状	结集状	不规则（不均匀）状
等粒状	粗	粗粒均匀浸染嵌布	粗粒带状嵌布	粗粒脉状嵌布	粗粒结集状嵌布	粗粒不规则（不均匀）嵌布
	中	细粒均匀浸染嵌布	细粒带状嵌布	细粒脉状嵌布	细粒结集状嵌布	细粒不规则（不均匀）嵌布
	细	微粒均匀浸染嵌布	微粒带状嵌布	微粒脉状嵌布	微粒结集状嵌布	微粒不规则（不均匀）嵌布
不等粒状		不等粒均匀浸染嵌布	不等粒带状嵌布	不等粒脉状嵌布	不等粒结集状嵌布	不等粒不规则（不均匀）嵌布

5.4.1.3 连生矿物的嵌镶关系

矿物解离性不仅与矿物本身粒度的嵌布特性有关，还与其连生矿物间的结合特点有关。连生矿物的嵌镶关系就是指连生矿物之间的相对粒度大小、空间关系和接触面形态特征。

嵌镶关系不同于矿石结构，前者是从选矿工艺的角度来研究的，后者则是从矿石成因的角度来研究的。例如，黄铜矿在闪锌矿中呈乳浊状结构，从成因角度则要分析其是黄铜矿和闪锌矿固溶体分解形成的还是黄铜矿交代闪锌矿形成的，但从选矿工艺角度来看，这属于包裹嵌镶关系，说明要使黄铜矿单体解离很困难。

根据有用矿物与连生矿物间的粒度相对大小、空间关系和接触面形态特征，一般将连生矿物的嵌镶关系分为以下 4 个类型：

(1) 毗连嵌镶型。它指几种不同矿物颗粒连生在一起，互相毗连嵌镶。根据连生矿物的相对粒度大小又可分为等粒毗连嵌镶和不等粒毗连嵌镶。就接触面形态可分为规则毗连嵌镶与不规则毗连嵌镶。规则者，接触面平直；不规则者，其接触面呈港湾状或锯齿状参差不齐。

(2) 脉状嵌镶型。它是指一种矿物呈脉状或网脉穿插于另一种矿物中。

(3) 包裹嵌镶型。它是指一种矿物作为机械包裹物或固溶体分解物嵌镶在另一矿物内部。如自然金被包裹在黄铁矿中，黄铜矿呈乳浊状被包裹在闪锌矿中。

(4) 皮膜嵌镶型。它是指一种矿物被另一种皮膜状矿物所包裹。例如，锡石被一薄层皮膜状黝锡矿所包裹。

5.4.2　矿物嵌布粒度的测定

下面仅对最常用的显微镜测定粒度的方法作详细介绍。显微镜下的粒度测量又分为过尺面测法、过尺线测法、顺尺线测法及点测法 4 种。

5.4.2.1　过尺面测法

过尺面测法是借助目镜测微尺、显微镜载物台移动尺和分类计数器配合进行的。将目镜测微尺左右横放视域中，借助移动尺把光片顺次向前移动（视域影像则向后移动），移动方向与测微尺相垂直。同一纵行（见图 5-10）的各类颗粒先后通过视域中的目镜测微尺，当每一颗粒通过测微尺时，则根据该颗粒的定向最大截距刻度数属于哪一测量粒度区间时，就认为是哪一粒级的颗粒。按动分类计数器的相应按钮，以便累加上该粒级的一个颗粒数，这样把全部通过测微尺，把全部各粒级的颗粒数都分别累加起来。对于那些在指定范围边界上的颗粒则可以人为地规定只测左边的颗粒，右边的颗粒不予以测算，这样可免除多测了大颗粒造成人为的误差。一个纵行测数完毕后横向移动一定间距，再测第二纵行、第三纵行……每一纵行实际上就是一个长条形的独立测面，这些测面均匀地分布在整个光磨面上。至于一块感光面上要测多少纵行测面，则要根据矿物的粒度均匀性、测量精度的要求和光片的数量来决定。

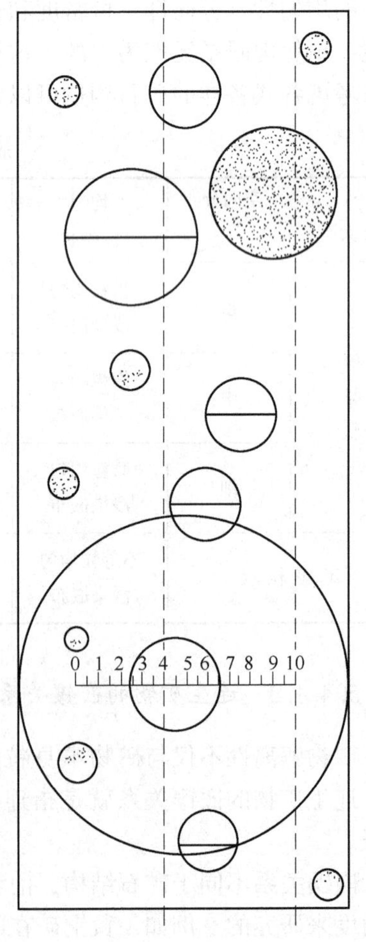

图 5-10　过尺面测法示意图

现以某矿石的黄铜矿为例，说明采用过尺面测法的具体测量方法与程序如下：

（1）先对原矿石进行肉眼考察，初选出供磨制光片的样品。

（2）取磨制好的矿石光片置显微镜下进行初步普查，以便了解矿石中黄铜矿的粒度范围和各粒级的分布情况，按数量比例复选出供测量用的光片 10 块，每块均匀分布测线 5 条纵行。

（3）根据黄铜矿颗粒的粒度选用合适的物镜与目镜组合：目镜 5×，物镜 4×，目镜测微尺的刻度位为 0.0357。

（4）选定目镜测微尺刻度数，以 2 为公比。过尺面测法示意图的等比级数数列（2、4、8、16、32、64、…）作为划定测量粒级的界线。

（5）选定测微尺刻度数 40~100 为测量纵行的范围。

（6）在显微镜下进行各粒级颗粒数的实测工作。

（7）根据各粒级的面测颗粒数比，换算各粒级的含量比，即用该粒级的面测颗粒数乘以该粒级的比粒径的平方，求出各粒级中矿物的含量比。

某矿石中黄铜矿的粒度测量计算记录列于表 5-12 内。

表 5-12　某矿石中黄铜矿的粒度测量计算记录（采用过尺面测法）

粒　级　序	刻度数（刻度值 0.0357mm）	粒级范围 /mm	比粒径		面测颗粒数	含量比	含量分布	累计含量
			d	d^2	n'	$n'd^2$	$n'd^2$/%	$\sum n'd^2$/%
Ⅰ	-64+32	-1.792+0.896	16	256	30	7680	46.1	46.1
Ⅱ	-32+16	-0.896+0.448	8	64	70	4480	26.8	73.0
Ⅲ	-16+8	-0.448+0.224	4	16	165	2640	15.9	88.9
Ⅳ	-8+4	-0.224+0.112	2	4	358	1432	8.0	97.5
Ⅴ	-4+2	-0.112+0.056	1	1	417	417	2.5	100.0

（8）绘制粒度特性曲线，根据各粒级中的矿物含量绘制黄铜矿的粒度特性曲线图，如图 5-11 所示。通常取等间距纵坐标表示各粒级的累计含量，以对数横坐标表示粒径。

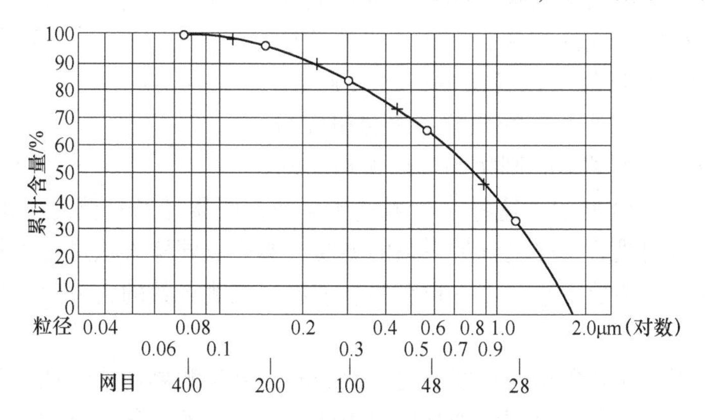

图 5-11　某矿石中黄铜矿的粒度累计曲线

过尺面测法仅适用于粒状矿物，尤其适用于含量较稀疏的矿物。对于非粒状矿物则需采用顺尺线测法，因过尺面测法无法判断非粒状矿物的粒径大小。

5.4.2.2　过尺线测法

过尺线测法的实测工作与过尺面测法相近似，所不同的是当矿物颗粒经过目镜测微尺时，仅测数经过测微尺中点上的矿物颗粒，而不是整个纵行的全部各粒级颗粒，如图 5-12 所示。计算各粒级中矿物含量比时采用该粒级测颗粒数乘以该粒级比粒径。

由于本法是测线测量，必然易漏掉粒径较小的颗粒，因而，与过尺面测法相比，本法测量结果相对粗粒级偏高，细粒级偏低。过尺线测法适用于稠密嵌布的矿物。

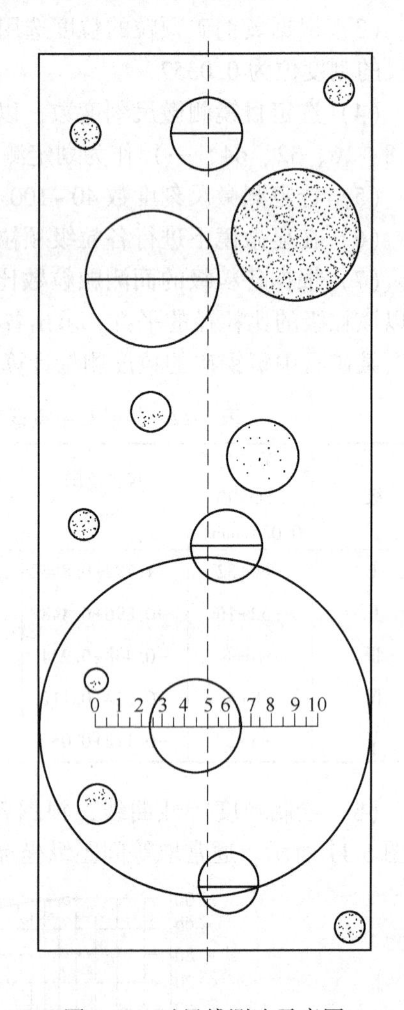

图 5-12　过尺线测法示意图

5.4.2.3　顺尺线测法

顺尺线测法的测量程序基本与过尺线测法一致，不同之处在于只测计视域中南北向竖放的目镜测微尺测线上出现的颗粒。光片随机械台按一定间距的测线南北向移动，按微尺上所遇到矿物颗粒的随遇截距作为该颗粒的粒径，归入相应粒级，进行统计测量。

顺尺线测法适用于非粒状的不规则颗粒的粒度分布测量。

5.4.2.4　点测法

点测法的实测工作是借助显微镜点法求积台与目镜测微尺配合进行的，首先指定分类累加器上的各按钮代表的粒级，用以分别累计不同粒级的颗粒数。测量时观测者注视落在视域中测点上是什么矿物，假如是待测矿物则借测微尺判断该颗粒应属哪一粒级，再拨动相应粒级的按钮，使矿石光片往前移动一定的间距，便累加了该粒级的一个颗粒数。接着又根据第二个测点上的矿物颗粒，按动相应的按钮，若是他种伴生的矿物时则按动空白按钮移动测点的位置，如图 5-13 所示。这样逐个测点测下去，便累计通过测点上的大小粒级的颗粒数。当测完一条测线后，移动到另一条的测线，继续以同样方法进行测数，直至将全部需要测量的光片全部测数完毕，则各粒级的点子数与总测点数的百分比，即为各粒级含量百分比。

点测法主要用于粒状矿物的粒度测量。此法的优点是测算简便迅速。若受设备条件的限制，如果没有显微镜点法求积台则难以应用此法。可是若把普通显微镜移动尺换上一个齿轮和一片弹簧定位销子便可用手转动移动尺的旋钮，借齿轮与定位销子作跳跃式移动，这样若与分类计数器相配合，便可进行点测法的粒度测算。

5.4.3　矿物解离度及其测定

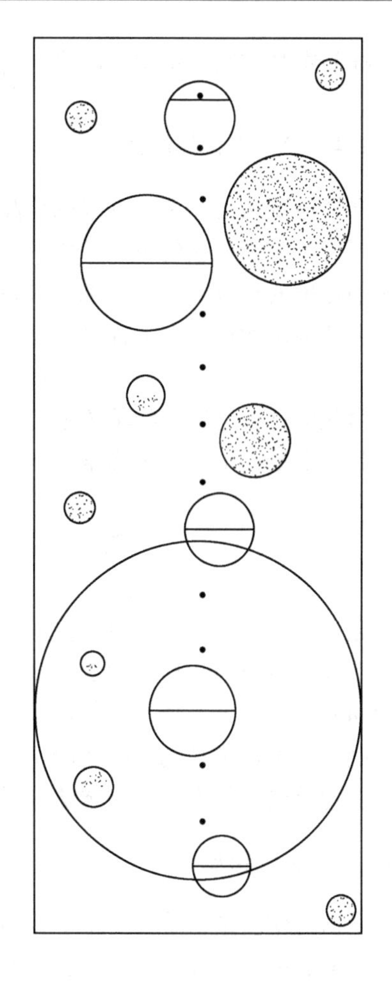

图 5-13　点测法示意图

矿石经过破碎和磨矿后，有些矿物呈单矿物颗粒从矿石其他组成矿物中解离出来，这种单矿物颗粒称为某矿物单体（例如闪锌矿单体、黄铁矿单体等）；有些未被解离为单矿物颗粒而呈两种或多种矿物连在一起的颗粒则称为矿物连生体（例如闪锌矿—方铅矿连生体、闪锌矿—脉石连生体等）。某种矿物解离为单体的程度称为单体解离度，用以表示某矿物解离为单体颗粒的质量分数或体积分数。

$$\text{某矿物的解离度} = \frac{\text{该矿物的单体含量}}{\text{该矿物总含量}} \times 100\%$$

矿物解离度的测定方法最常用的是显微镜测定法。显微镜测定法又可分为分级样品检测法和全样检测法两类，以下分别介绍。

5.4.3.1　分级样品检测法

此法要先对样品进行粒度分级，并分别测定各粒级的质量及单元素化学组成或矿物含量。对样品粒度分级，一般可采用筛析，即用一套筛子将破碎样品过筛，从而分成若干粒级。但对很细或极细的矿粒，由于无法或很难通过套筛分级，则可用水力沉降原理将粒度分级，即所谓的水析法。

然后，将各筛析、水析的样品磨制成砂光片，在反光显微镜下分别统计各粒级样品各待测矿物的单体颗粒数和各类连生体的颗粒数，以便算出矿物该粒级样品中的粒级解离率。例如，某黄铜矿在-0.147～+0.074mm 粒级样品中的含量分布情况见表 5-13。

表 5-13　-0.147～+0.074mm 粒级黄铜矿的含量分布

颗粒种类	单体颗粒数	连生体颗粒数		
		1/4	2/4	3/4
颗粒数	503	114	32	26
折算为单体颗粒数	503×1.00=503	114×0.25=28.5	32×0.50=16.0	26×0.75=19.5

黄铜矿在-0.147～+0.074mm 粒级中的粒级解离率为：

$$\text{黄铜矿的粒级解离率} = \frac{503}{503 + (114 \times 1/4 + 32 \times 2/4 + 26 \times 3/4)} \times 100\% = 88.7\%$$

各个粒级的粒级解离率计算出来后，就可以根据各粒级的产率和某元素的含量计算整个样品的单体解离度。其计算公式为：

$$全样品中某矿物的单体解离度=\frac{各粒级中某矿物单体含量的总和}{各粒级中单体及连生体中某矿物含量的总和}\times 100\%$$

5.4.3.2　全样检测法

全样检测法是取未经分级的样品，制成砂光片，用前述的过尺线测法或过尺面测法，分别累计各测量粒级的被测矿物的单体及各类连生体的颗粒数。接着按线测法或面测法计算体积含量的相应方法，分别计算单体颗粒及连生体颗粒中被测矿物的体积含量。最后分别根据被测矿物在整个样品的单体及连生体中的总和，计算整个样品中该矿物的单体解离度。

由此可见，进行矿物单体解离度的测算时，单体颗粒与连生体颗粒的划分应按最终选矿产品的质量要求标准来确定。

5.5　矿物物性及其工艺特性

选矿的目的是为了分离、富集有用矿物，而矿石中组成矿物种类繁多，但矿物的性质千差万别，甚至同一种矿物因其成因或世代不同也会有不同的性质。选矿的基础正是利用矿物间的性质差异选择不同的选矿方法将矿石分离出有益的单矿物产品或多种矿物混合产品。例如：重选法是利用矿物的密度差来分选；磁选法是利用矿物的磁性差异；电选法是利用矿物导电性的不同；浮选法则是根据矿物表面的物理化学性质的差异来进行分选的。

5.5.1　矿物的密度

矿物的密度是指单位体积矿物所具有的质量。矿物间的密度差是影响重力分选效果的主要因素。在重力分选过程中，不同密度的矿粒在介质（水、空气或其他相对密度较大的介质）中因具有不同的沉降速度而得以分离，所以可以用矿粒间的密度差来评价重选的难易程度。常用重选可选性指数来判断。

$$重选可选性指数=\frac{重矿物的相对密度-分选介质的相对密度}{轻矿物的相对密度-分选介质的相对密度}$$

按密度分选矿粒的难易程度分级，见表5-14。

表5-14　按密度分选矿粒的难易程度

可选性指数 e	>2.5	2.5~1.75	1.76~1.5	1.5~1.25	<1.25
分选难易程度	极易选	易选	可选	难选	极难选
举例 (在水介质中)	锡石/石英 $e=3.8$	闪锌矿/石英 $e=1.9$	蔷薇辉石·石英 $e=1.5$	萤石/石英 $e=1.3$	白云石/石英 $e=1.16$

根据矿石组成矿物的可选性指数的大小，可粗略地判断该矿石采用重选的分选效果。

5.5.2　矿物的磁性及比磁化系数

磁选法是利用矿石各组成矿物磁性的不同进行分选的一种方法。被分选矿物的磁性差别越大，则分选的效果越佳。假若组成矿物的磁性很接近，也就是说磁性差别不大时，磁选的效果则很差。因此，研究矿石各组成矿物的磁性，可大致判断矿石应用磁力分选的可能性。

5.5.2.1 矿物的磁性

矿物的磁性是指在外磁场作用下矿物被磁化时所表现的性质，为表征矿物被磁化程度。

观测矿物的磁性和用刻划法测定矿物的硬度的方法相似，先用钢针在被测的矿物上刻下一些粉末（高硬度可以用钻石笔刻），然后把一根磁化钢针的针尖移向矿物粉末，以判断矿物有无磁性（普通的缝衣针在磁铁上摩擦以后，也可代替磁化钢针，但用它只能测定强磁矿物的磁性）。

5.5.2.2 矿物的比磁化系数

矿物的比磁化系数与本身密度之比值称为质量磁化系数，或称比磁化系数，即

$$x_0 = \frac{K}{\delta} = \frac{M}{mH} \tag{5-1}$$

式中 x_0——矿物比磁化系数，即为 1g 物质在 80A/m（1Oe）磁场中获得的磁矩，m^3/kg；

K——矿物的磁化系数（比例常数）；

δ——矿物的密度，g/cm^3 或 kg/m^3；

M——矿物的磁矩，A/m；

m——矿物的质量，g 或 kg；

H——磁化矿物使用的外磁场强度，A/m。

在磁选过程中，通常以矿物的比磁化系数来衡量矿物磁性的差异：强磁性矿物的比磁化系数特别大，此类矿物只有磁铁矿、磁性赤铁矿、磁黄铁等几种。弱磁性矿物的比磁化系数比强磁性矿物小得多。

矿物比磁化系数的测定有 3 种方法，即有质动力法、感应法和间接法。对测定矿物磁性来说，有质动力法装置简单，有足够的灵敏度，一般试验室采用磁力天平测定就能满足要求。有质动力法分古依法和法拉第法两种。

A 古依法测定矿物的比磁化系数

这是能直接测定强磁性和弱磁性矿物比磁化系数的一种方法。其测量装置如图 5-14 所示，主要由分析天平、薄壁玻璃管、多层螺线管、直流安培计、电阻器和开关等部分组成。

如果试样的长度很长时，通常 $L=30cm$, $S = \frac{\pi}{4}(0.6 \sim 0.8)^2 cm^2$, $m = \frac{L}{\sqrt{S}} \approx 106 \sim 60$,

$$x_0 = \frac{2L\Delta pg}{pH_1^2} \tag{5-2}$$

式中 x_0——试样的比磁化系数，cm^3/g；

L——试样的长度，cm；

Δp——样品在磁场中的增量（与无磁场相比），g；

g——重力加速度，$g=980\text{cm/s}^2$；

p——试样质量，g；

H_1——试样两端最高磁场强度，Oe（1Oe＝80A/m）。

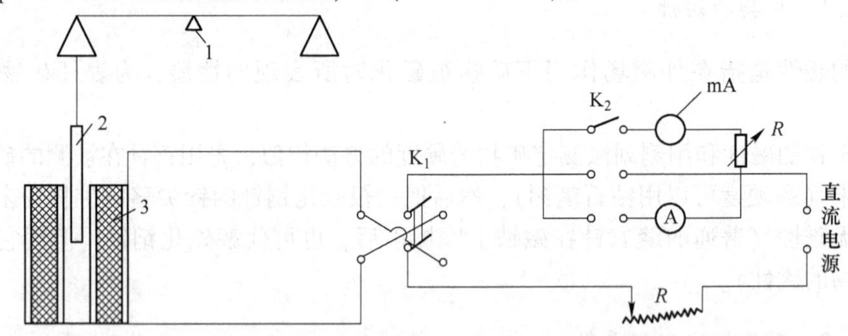

图 5-14　古依法测量装置

1—分析天平；2—薄壁玻璃管；3—多层螺线管

测定前先称量试管的重量，然后将破碎到 0.1mm 的试样装入试管并慢慢压实，装到所要求的高度为止，再加塞称重。然后将带试样的玻璃管挂在天平的左秤盘下，使其下端接近螺线管的中心（不要碰到线圈）。接通直流电源，在不同电流下称量带试管的试样重量，每次测得的有关数据代入前述公式，即可求出矿物的比磁化系数和磁化强度。

测定弱磁性矿物时，为了提高测量的精确度，要求采用高精密度的电流表和天平，并提高磁场强度，反复测量 3~4 次，取其平均值。

B　法拉第法测定矿物的比磁化系数

此法一般用来测定弱磁性矿物的比磁化系数，和古依法的主要区别是样品体积小。因此，可以认为在样品所占空间内，磁场力是个恒量。

法拉第法通常采用的测量装置有普通天平（即磁力天平法）、魏斯天平、自动平衡天平、库利—琴奈汶扭秤、苏克史密斯环秤、切娃利尔—皮尔测量仪等。普通天平法即磁力天平法，由于设备结构简单，精密度虽不甚高（一般为 10^{-6} 数量级），但能满足要求，所以国内普遍采用。

a　磁力天平法

该法又称比较法。

$$x_2 = \frac{F_{磁2}}{F_{磁1}} x_1 \tag{5-3}$$

式中 x_1——标准试样的比磁化系数；

x_2——待测试样的比磁化系数；

$F_{磁1}$，$F_{磁2}$——标准试样和待测试样在不均匀磁场 HgradH 中所受到的磁场力。

测定时，采用化学性质较稳定并已知比磁化系数的物质作标准试样。通常采用的几种标准物质及其比磁化系数值见表 5-15。

其测定装置如图 5-15 所示，图 5-15（b）所示的是等磁力天平，因其磁系能在两极整个空间内产生相同的磁力，HgradH 较易精确测定，因而可用来作绝对测定。由于试样（弱磁性矿物）所受的磁力很小，所以一般采用分析天平。为了防止磁场对天平发生影响，采用磁屏，把天平放在磁屏上面，只留一个小孔用来通过悬挂试样的细线。

表 5-15 几种常用的标准物质及其比磁化系数

物质名称	比磁化系数
焦磷酸锰（$Mn_2P_2O_7$）	$146\times10^{-8}m^3/kg$（$117\times10^{-6}cm^3/g$）
氯化锰（$MnCl_2$）	$143.1\times10^{-8}m^3/kg$（$115\times10^{-6}cm^3/g$）
硫酸锰（$MnSO_4\cdot4H_2O$）	$81.5\times10^{-8}m^3/kg$（$65.2\times10^{-6}cm^3/g$）
纯水（三次蒸馏）	$-9\times10^{-8}m^3/kg$（$0.72\times10^{-6}cm^3/g$）

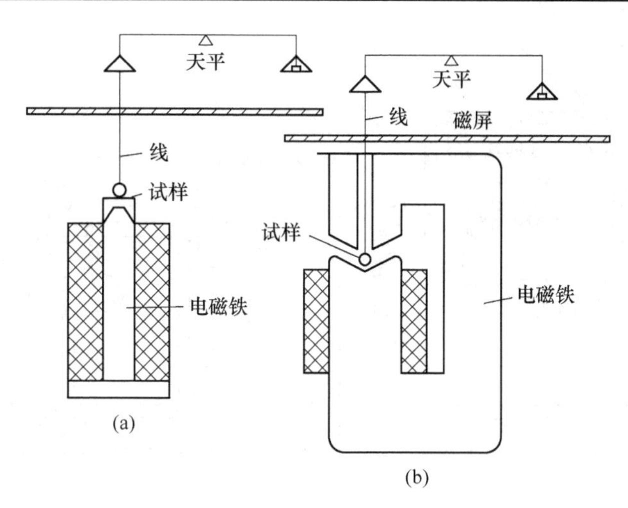

图 5-15 磁力天平装置示意图

（a）普通天平；（b）等磁力天平

测定时先将试样制成粉状，放入直径 1cm 的非磁性球形小瓶中（用玻璃或铜制成），再用非磁性材料的细线，把小球吊在天平的秤盘上，使之平衡。然后使电磁铁通入直流电，测定试样所受磁力大小，同样操作进行 4~5 次。测定结果，按式（5-1）~式（5-3）计算待测试样的比磁化系数。

此法的天平改为物理天平，也可用作测定强磁性矿物的比磁化系数，因为强磁性矿物所受的比磁力大。

b 扭力天平法

国产 WCF-2 型扭力天平，是一个用绝对法测定矿物比磁化系数的仪器，测量精度可达 10^{-6}~10^{-8}数量级，为目前测定矿物比磁化系数的主要设备。既可用于测定弱磁性矿物的比磁化系数，也可用于测定强磁性矿物的比磁化系数。其结构如图 5-16 所示。

该仪器主要由天平、砝码盘、观测镜筒等部分组成。天平臂中点悬挂在水平面上与天平臂垂直的细金属扁丝上。臂中点有一圆形反光镜。当天平两臂平衡时，镜面是水平的。观测镜筒侧面有一进光小窗，可使外界光通过镜筒射至天平臂的反光镜上。由于光在镜筒内通过一个划有三条刻线的透明板，所以可通过这三条刻线的反射像。在镜筒的圆镜上有标尺。当天平两臂平衡时，三条刻线中，中间的一条和标尺中点的刻线重合。当天平摆动时，三条刻线的像便在标尺上移动。刻线在标尺上移动一格相当于天平臂偏一分的角度。天平臂的哪一侧较重时，刻线即向哪一方向偏。每一格对应的重量可用小砝码校正。没有特殊要求时，每格调节到 0.1mg。为使天平量程大，2mg 以上数字由砝码读出。为了天平感量不随样品重量而变化，砝码和待测样品放在天平臂的同一侧。

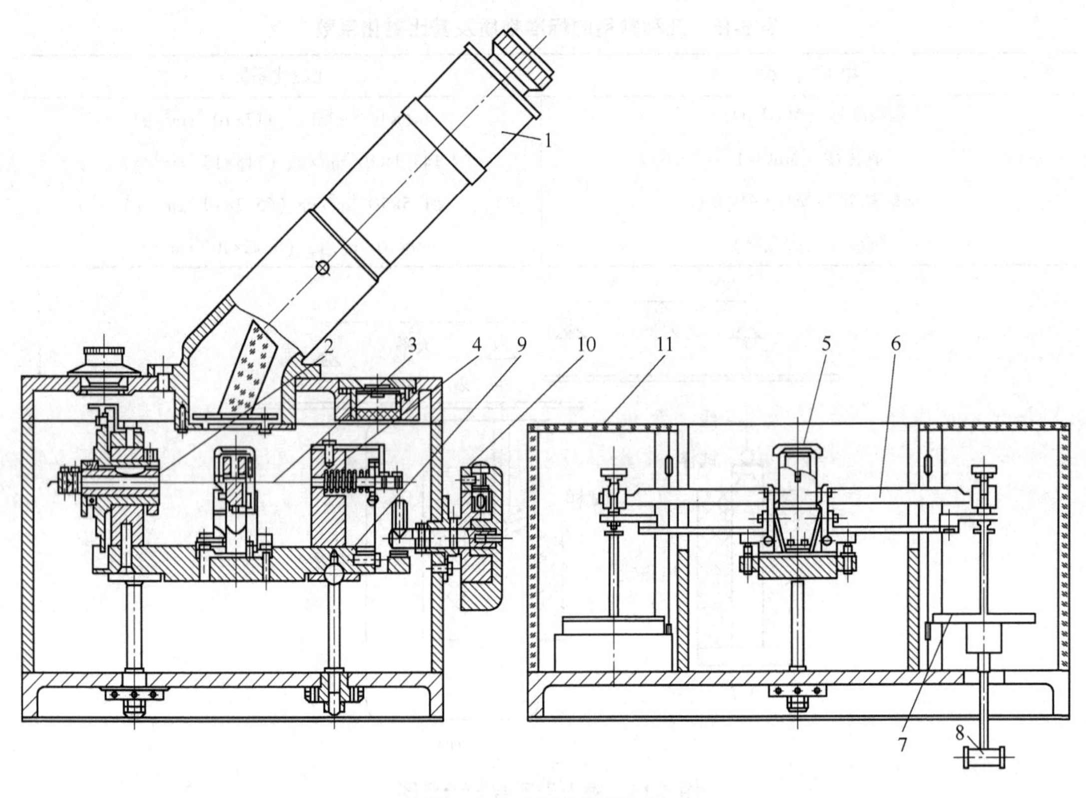

图 5-16　扭力天平结构

1—观测镜筒；2—扭鼓轮装置；3—金属扁丝；4—弹簧座；5—反光镜；6—天平臂；7—砝码盘；8—样品盒；9—支座；10—旋钮；11—秤盘外罩

其磁系采用等磁力磁极对，磁极断面为双曲线，并有二角形中性极，如图 5-17 所示。磁极间工作间隙对称面上，磁场力不随位置而变化，即 HgradH 为常数，磁场力的方向是由中性极指向磁极之间的最小间隙。

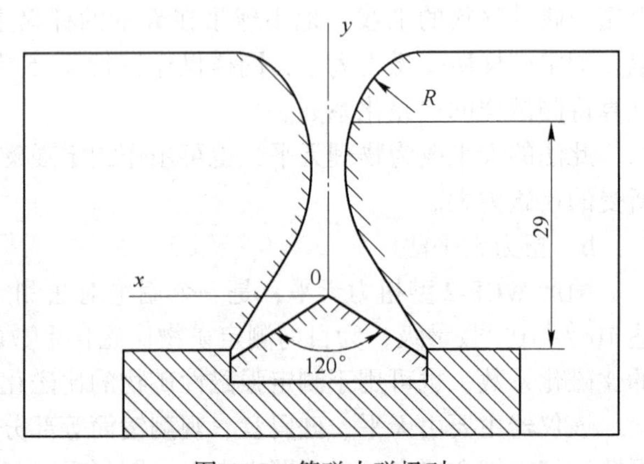

图 5-17　等磁力磁极对

测定时首先把扭力天平上所附圆水泡细调至水平，然后依被测样品的磁性强弱选择适当大小的样品桶（磁性弱的用大号样品桶，强的则用小号）。将样品桶挂在右秤盘下，在右秤盘上加砝码，并调节扭鼓轮旋转，使中间刻线指零，达到平衡，记下此时砝码数值。再调节励磁电流，从 500mA 开始，每隔 500mA 测定一次空样品桶所受的磁力。样品桶内加欲测样品，称量样品的质量（也可用其他天平称出一定数量的样品，再装入样品桶内），调节扭鼓轮旋钮，使中间刻线指零后，调节励磁电流达到所需的数值称量样品所受的总磁力。

$$总磁力 = 砝码变化数 + 标尺读数 \times 0.1\text{mg}$$

$$样品所受磁力 f_{磁} = 总磁力 - 空样品桶所受磁力$$

应该注意的是，测得的磁力单位为 mg，在计算比磁化系数时应换算为 N。

为使读数稳定和避免样品因受到水平方向的分力而被磁极吸引，样品数量应以使其受磁力不超过 1.96×10^{-3}N（相当于 200×10^{-6} kgf）为宜。

用该仪器测定比磁化系数的优点是：样品处于等磁场力区域内，由于样品所处位置变化引起的误差小；能反映出比磁化系数随外磁场的变化情况（对强磁性矿石而言）；可以测定不规则形状样品和不均匀样品的比磁化系数。

5.5.3 矿物的电性

矿物的电性是指矿物导电的能力和在外界能量作用下矿物发生带电的现象。电选分离过程是在高压电场条件下，主要根据矿物电性差异将矿粒分离。

各种矿物的导电性能是不大相同的，根据导电性能力可分为：

（1）第一类导电性良好的矿物，如大多数的硫化矿物和石墨。

（2）第二类导电性中等的矿物，如黑钨矿、锡石、闪锌矿等。

（3）第三类导电性不良的矿物，如大多数的硅酸盐矿物、碳酸盐矿物等。

利用各矿物导电性的不同，以及矿物通过电场时，作用于矿物上电力的差别而将矿物分选富集起来。因此，考查矿石各组成矿物的电性差有助于选矿试验方案的拟订。

5.5.3.1 介电常数的测定

介电常数以符号 ε 表示，ε 越大表示矿物的导电性越好，反之则导电性差。一般情况下，$\varepsilon>10\sim12$ 以上者属于导体，能利用通常的高压电选分开，而低于此数值者则难以采用常规的电选法分选。当然大多数矿物主要属于半导体矿物。

介电常数不取决于电场强度的大小，而与所用的交流电的频率有关，还与温度有关。R. M. Foss 研究后指出，极化物料在低频时介电常数大，高频时介电常数小。现在各种资料所介绍的介电常数，都是在 50 Hz 或 60 Hz 条件下测定的。

介电常数的测量方法如图 5-18 所示，是两个面积为 A 的平行电容板，两极板 A 之间的距离为 d，但 d 远比 A 为小。先如图 5-18（a）所示，即两极板之间为空气时以测定其电容，然后如图 5-18（b）所示，两极板之间换以待测矿物，并充满整个空间以测出其电容。两电容之比即为矿物的介电常数 ε。

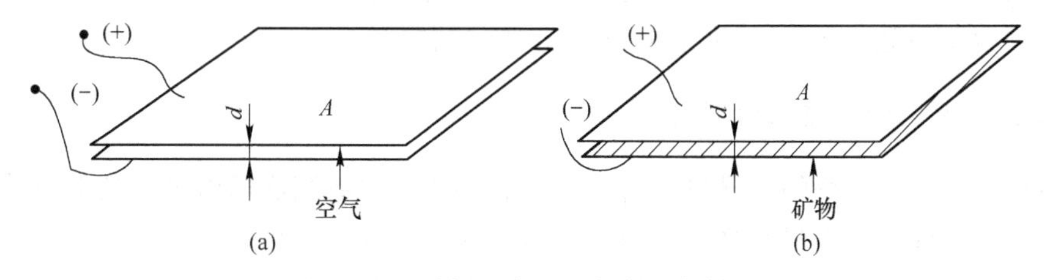

图 5-18 平板电容法测定介电常数 ε

$$\varepsilon=\frac{C}{C_0}$$

式中 C_0——两极板之间为真空或空气时的电容；

C——两极板之间为待测定矿物时的电容。

电容单位常以法拉或微法计，在 SI 单位制中，介电常数 ε 等于真空中介电常数 ε_0 与相对介电常数 ε_s 的乘积，即

$$\varepsilon = \varepsilon_0 \cdot \varepsilon_s$$

式中，$\varepsilon_0 = 8.85 \times 10^{-12}$，$C^{-1}m^{-2}$ 或 F/m。

如果两种矿物其介电常数均较大，且属于导体者，则视其相差的程度而定，如相差很悬殊，用常规电选，仍可利用其差别使之分开，当然比之导体与非导体矿物的分选效果会差。如果两种矿物均属非导体时，常规电选则难以分开，但仍可利用其差别，用摩擦带电的方法，例如磷灰石与石英，仍可使之分开。

5.5.3.2　矿物的比导电度的测定

根据矿物电阻的大小，决定电子在其表面流动的难易程度。此外，根据实验还得出，电子流入或流出矿粒的难易，还与矿粒和电极间的接触界面电阻有关，而界面电阻又与矿粒和电极的接触面和点的电位差有关。电位差小，电子不能流入或流出导电性差的矿粒，只有在电位差很大时，电子才能流入或流出，即获得电子或损失电子而带负电或正电。在高压电场中非导体和导体颗粒在电场中表现出的运动轨迹也不相同。人们利用此种原理在电极上通以不同电压以测定各种矿物的偏离情况。

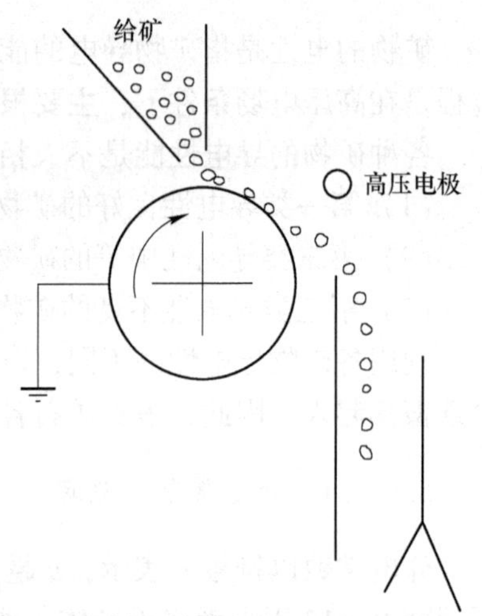

图 5-19　比导电度和整流性测定装置

测定的装置如图 5-19 所示，为一接地金属圆筒，在其旁边安装一带高压电的金属圆管，且平行于鼓筒。欲测的矿粒给入鼓筒并进入电场后，当电极的电压升高到一定程度时，矿粒不按正常的切线方向落下，受到高压电极的感应而偏离正常的轨迹，加上离心力、重力分力的作用，比正常落下的轨迹更远。此时所加在电极上的电压即为最低电压，用此种方法测定各种矿物发生偏移的最低电压。习惯上常以石墨作为标准，这是因为其导电性好，所需的电压最低，只有 2800V。其他矿物所需的电压与之对比，即可求出另一种矿物的比导电度。如磁铁矿所需的电压为 7800V，则其比导电度为 2.79，其余各种矿物则依此类推。

必须说明的是，此种数据只是相对的，因测定时以静电场为条件，加之矿物的组分也不相同（因含杂质数量不一），但仍可作为分选时的参考。

5.5.3.3　矿物的整流性的测定

人们在实际测定矿物的比导电度时发现，有些矿物只有当高压电极带负电时才作为导体分出，而另一种矿物则只有高压电极带正电时才作为导体分出，这样在电选中提供了一个进一步使矿物分选的选择条件。例如，当偏转电极带负电时，石英属非导体，从鼓筒的后方排出，但当电极改为正电时，石英却成为导体从前方排出。显然，由于电极所带电的符号不同，同种矿粒成为导体或非导体有别，而不论电极带电符号如何，均能成为导体从鼓筒的前方分出，如磁铁矿、钛铁矿等，矿物所表现出的这种性质，称为整流性。由此规定：

(1) 只获得负电的矿物称为负整流性，此时的电极应带正电，如石英、锆英石等。

(2) 只获得正电的矿物称为正整流性，此时的电极应带负电，如方解石等。

(3) 不论电极带正电或负电，矿粒均能获得电荷，此种性质称为全整流性，如磁铁矿、锡石等。

根据前述矿物介电常数和电阻的大小，可以大致确定矿物用电选分离的可能性；根据矿粒的比导电度，可大致确定其分选电压，当然此种电压是最低电压；还可通过查表以了解矿物的整流性，然后确定电极采用正电或负电。但在实际中往往都采用负电进行分选，而很少采用正电，因为采用正电时，对高压电源的绝缘程度要求更高，且并未带来更好的效果。

5.5.4 矿物的湿润性（接触角）

矿物的湿润性是指矿物表面被液滴所湿润的性质。由于矿石中组成矿物的湿润性不同，易被湿润的亲水性矿物（如石英、云母、长石等脉石矿物）被水等液体所湿润而下沉，而其他不易被湿润的疏水性矿物（如硫化物、自然金、石墨等）在水中与气泡相遇，矿物表面的水层破裂而附着于气泡上而上浮，从而使不同湿润性的矿物分离。硫化物矿石和其他一些矿石通常就是根据此原理，通过浮选法使有用矿物与脉石等分离的。

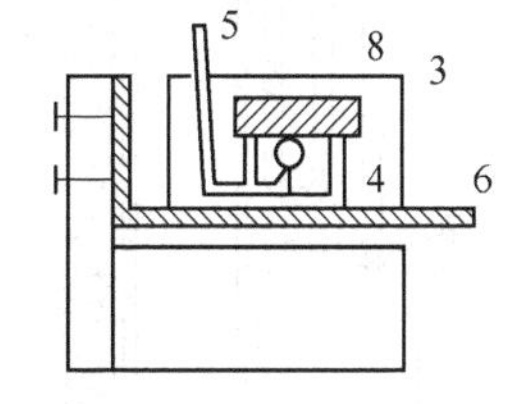

图 5-20 接触角示意

1—气泡；2—矿块磨片

矿物湿润性大小常用水在矿物的表面上所成的接触角（θ）的大小来确定，如图 5-20 所示。θ 越小者越易湿润，θ 越大者越难湿润。

根据矿物的湿润性不同，浮选时还可以采取加适当药剂的方法，以改变矿物的湿润性，使矿物浮起不下沉，以达到分离矿物的目的。

5.5.4.1 接触角的测定方法

测定大块矿物的接触角常用接触角的测定仪，接触角的测定装置如图 5-21 所示。

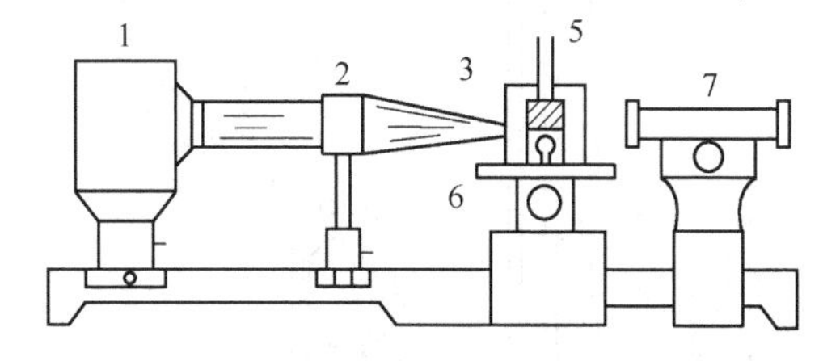

图 5-21 接触角测定装置

1—光源；2—聚光透镜；3—有机玻璃盒；4—矿块支架（有机玻璃制）；5—导入气泡的玻璃毛细管，气泡直径为 0.3~0.5mm；6—载物台；7—装有目镜测微尺的显微镜；8—被测矿块

接触角的测定方法及过程如下：

(1) 首先将待测纯矿物在切片机上切出新鲜断面。

(2) 在磨光机上将断面磨光。

(3) 用蒸馏水清洗干净。

(4) 用脱脂绒布擦干。

(5) 用镊子将待测矿物放在矿物支架上。

（6）向容器内注满水。

（7）用针头弯曲的注射器从矿物下方给入一个气泡。

（8）调好光源及焦距。

（9）用测角仪直接测量液—气界面与液—固界面间的夹角—接触角。

（10）也可用带测微尺的测微目镜测量气泡的高度 h 及气泡与矿物表面接触长度 L，然后再计算接触角。

5.5.4.2　接触角的计算

接触角的计算公式如下：

$$\theta = 2\arctan\frac{l}{2h}$$

式中 θ——矿物的接触角，(°)；

l——气泡与矿物表面的最大接触宽度，mm；

h——气泡的高度，mm。

上述接触角测定装置仅用于大块矿物接触角的测定，微细粒矿物因为粒度很细，接触角难以测定，下面仅就单泡浮选试验及真空浮选试验测定微细粒可浮性的方法简单介绍如下。

5.5.4.3　单泡浮选试验

单泡浮选试验就是利用单泡管在没有起泡剂的情况下测定矿物的可浮性的一种方法。单泡管及单泡管浮选装置分别如图 5-22 及图 5-23 所示。

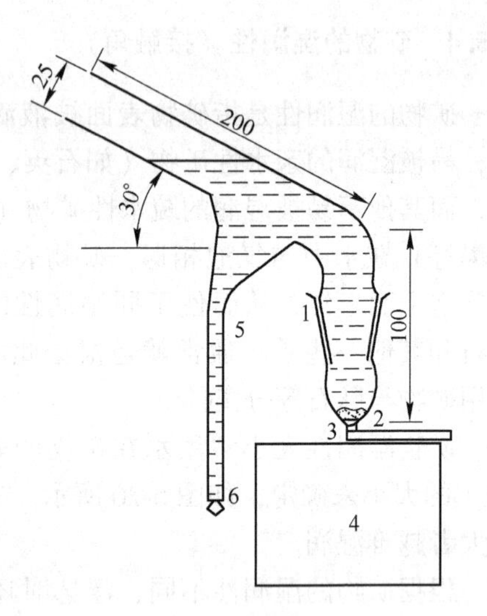

图 5-22　改进后的哈里蒙德（单泡）管

1—29/42 磨矿接口；2—磁棒；3—60μm 毛细管；4—电磁搅拌器；5—精矿管；6—橡皮塞

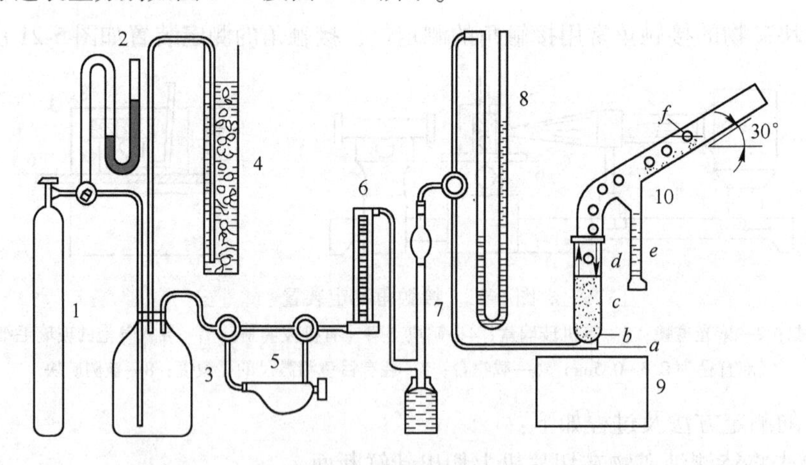

图 5-23　单泡浮选装置

1—N_2气筒；2—水银测压计；3—储气瓶；4—压力调节器；5—针阀；6—转子流量计；7—皂膜流量计；8—水柱测压计；9—电磁搅拌器；10—单泡浮选管；a—多孔板；b—磁棒；c—矿浆；d—34.5mm×35mm 磨砂接口；e—浮出矿粒；f—液面

单泡浮选试验的简要步骤及过程如下：

（1）取粒度为 75~150μm 试样 1~3g，在烧杯中加水润湿，加浮选药剂，搅拌均匀。

（2）将试样移至单泡浮选管中。

（3）搅拌约 5min 使矿粒呈悬浮状态。

（4）净化后的空气或氮气以恒压通入单泡浮选管中。

（5）可浮性矿粒随气泡上升至液体表面。

（6）气泡破裂后已浮矿粒下落，滑落至精矿收集器中。

（7）分别收集已浮又下落后的矿粒和未浮的矿粒。

（8）分别脱水、烘干、称重、化验品位。

（9）计算回收率，单泡浮选上浮矿物回收率计算公式如下：

$$\varepsilon = \frac{q_1\beta}{q_1\beta + q_2\theta} \times 100\%$$

式中 ε——上浮物的回收率,%；

q_1——上浮物的重量，g；

β——上浮物的品位,%；

q_2——未浮物的重量，g；

θ——未浮物的品位,%。

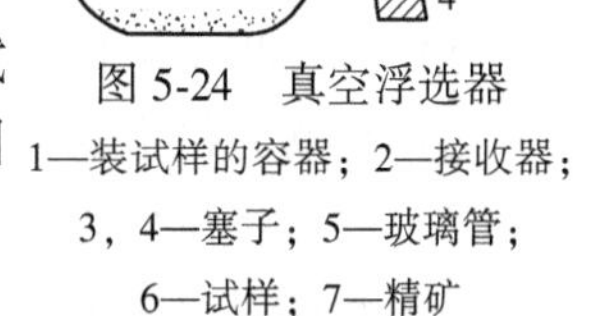

图 5-24 真空浮选器

1—装试样的容器；2—接收器；3，4—塞子；5—玻璃管；6—试样；7—精矿

5.5.4.4 真空浮选试验

真空浮选试验是在茄型玻璃瓶中负压条件下进行的浮选试验，真空浮选试验的真空浮选器及真空浮选试验装置分别如图 5-24及图 5-25 所示。

真空浮选试验的简单步骤及过程如下：

（1）取待试矿样 0.1~1.0g 放入真空浮选器中。

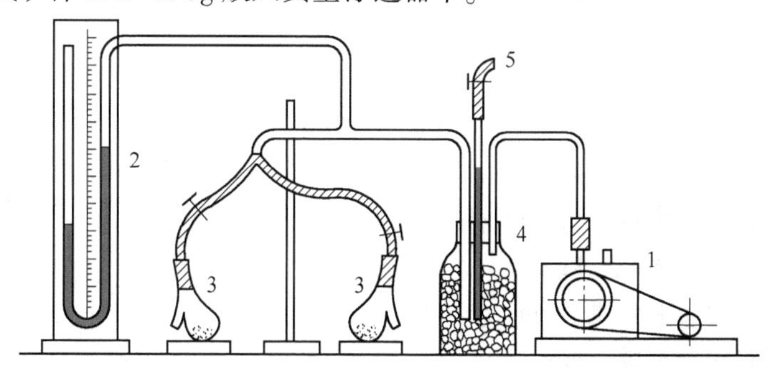

图 5-25 真空浮选装置

1—真空泵；2—水银压力计；3—真空浮选器；4—干燥瓶；5—调节口

（2）加水及浮选药剂振动 5min，使其均匀，上面如有空气泡应及时除掉。

（3）将浮选器按图 5-25 所示装配成一套试验装置。

（4）开动真空泵抽出空气，使压力为（6~9.3）$\times 10^4$Pa。

（5）随压力下降逐渐有空气析出并吸附于矿粒表面形成气泡。

（6）载矿气泡上升至液面后自行破裂，将滑落的矿粒收集器中。

（7）试验结束，停止抽气。

（8）分别取出上浮后又滑落的矿物和未浮矿物。

（9）将上述两产物分别脱水、烘干、称重、化验品位。

（10）计算上浮矿物的回收率，计算公式与单泡浮选相同。

上述单泡浮选法和真空浮选法仅适用细粒物料可浮性的测定。除前者为常压，后者为负压外，其余基本相同。

5.5.5　硬度

矿石的硬度就是矿石软硬的程度，矿石的软硬程度与它的提压强度有关。矿石硬度有两种表示方法：其一是相对硬度；其二是绝对硬度。相对硬度就是将有代表性的不同硬度的矿石按软硬程度不同，由软至硬分成十个等级，最前面的最软，最后面的最硬，前面的比后面的软，后面的比前面的硬。这十个等级的代表矿石分别为滑石、石膏 、方解石、萤石 、磷灰石、长石、石英、黄玉、刚玉、金刚石。想确定某矿石的硬度时可凭目视、手感、划痕等方法与上述矿石相比对，即可确定该矿石的相对硬度，在不需对矿石的硬度做精确评定时，也可把矿石的硬度粗略地分为软、较软、中硬、较硬、硬五种，有时又简单分为硬矿石、中硬矿石、软矿石三种不同硬度矿石。

5.5.5.1　*矿石绝对硬度的测定*

矿石的绝对硬度常用硬度系数表示。矿石绝对硬度的测定方法及过程如下：

（1）首先将待测矿石制成 5cm×5cm×5cm 的立方体标准试件。

（2）在磨光机上磨光。

（3）然后将试件置于压力试验机的工作平台上。

（4）开动电机启动压力试验机，以每秒 5~10kg/cm^{3}的压力强度对试件施压。

（5）直至试件破坏为止，记录试件破坏时的负载。

矿石硬度系数公式如下：

$$f = \frac{R}{100} = \frac{P}{100ab}$$

式中　f——矿石的硬度系数，kg/cm^2；

R——试件的拉压强度，kg/cm^2；

P——试件的破坏荷载，kg；

a——试件的受压面长度，cm；

b——试件的受压宽度，cm。

因矿石的结构具有不均匀性，不同方向的抗压强度不同，试验时应在 x 轴、y 轴、z 轴 3 个方向进行测试，取其平均值；此外，测试结果常带有偶然性，为使测试结果准确，至少应进行 3 次以上，再取其平均结果。

5.5.5.2　*矿物硬度的镜下鉴定*

A　矿物光面特征比较法

不同硬度的矿物在同一光片中的磨光程度往往不同，因此可以根据矿物光面特征比较出矿物相对硬度的大小。常用的比较特征有以下几种：

（1）相对突起比较法（即亮线法）。光片在磨制过程中，软矿物因易磨而凹下，硬矿物不易磨而突出，所以在软硬矿物接触形成一个斜面。这个斜面使垂直的入射光斜着反射上去，这些斜反射的光和整个光片垂直反射的光重合在一起，构成一条亮带。同时靠硬矿物一边，由于没有反射光而形成一条暗带，这条暗带衬托着使亮带更加明显，这种亮带随镜筒缓慢提升而向软矿物方向移动，下降镜筒则相反。

观测时可用中倍物镜，缩小光圈，可使亮带清楚。但是，当相邻两矿物的硬度相差悬殊，因接触的斜面太陡，而使光线水平反射出去，形成较宽暗带，此时，不宜作硬度的相对比较。

（2）磨光程度观察法。在磨制光片过程中，硬度较大的矿物表面不易磨平，常留下微小的洼坑，显得粗糙不平而出现麻点，如黄铁矿光面上常有这种现象。硬度较小或解理、裂隙很发育的矿物在磨片时又容易剥落，也不容易全部磨光，如铜蓝就很难磨出大块的光面。硬度中等的矿物，如黄铜矿、闪锌矿等，就比较容易磨成光面。

（3）擦痕观察法。在磨制不好的光片上常可保留磨片时形成的擦痕。如果同一条擦痕穿过不同的矿物，则可以根据擦痕的深浅、宽窄和边缘是否整齐来判断矿物硬度的相对大小。硬度小的矿物擦痕宽而深，边缘不整齐；硬度大的矿物擦痕窄而浅，边缘整齐；硬度很大的矿物没有擦痕。

B 金属针刻划法

用钢针或铜针在显微镜下刻划矿物的光面，并观察其刻痕的方法来确定矿物的硬度。这是最简便的方法，按此法可将矿物硬度分为三级：

（1）低硬度矿物。硬度小于铜针（铜针能刻动），即低于摩氏硬度3，如方铅矿、铜蓝、辉钼矿。

（2）中等硬度矿物。硬度大于铜针小于钢针，相当摩氏硬度3~5.5，如黄铁矿、石英。

（3）高硬度矿物。硬度大于5.5，小刀刻不动。

测定时，先在镜下找好适应大小的矿物颗粒，手持铜针，将针尖接触物镜下亮点范围内，针保持30°左右倾斜向后拉（不要向前推），若铜针刻不动，可改换钢针，即可确定是哪一级。在刻划前必须注意保持光片清洁，否则光片上的尘土污垢等会被针刻划后留下线条，误认为是矿物的条痕，会影响测定结果。

此法的优点是简单方便，缺点是仅适用于大颗粒，而且会破坏中低硬度的矿物光片。

C 压痕法

这是一种可以精确测定矿物绝对硬度的方法。具体方法是利用金刚石制成的正方形锥体，在其上加一定压力（砝码），使之压入矿物光片内形成一个压痕，根据压痕大小、形状及压入的深度测量矿物抗压硬度的绝对数值。所使用的仪器为显微硬度计，该仪器的主要组成部分是一架反光显微镜和金刚石角锥体。目前在国内外矿相学研究中主要是方锥体，称为维克（Vicker）压锥，还有目镜测微尺。金刚石角锥的各种锥面角为136°，其负荷为0.1~500g，能测定直径小于1μm的矿物颗粒。

5.5.6 矿石的粒度

矿石的粒度就是矿粒或矿块的几何尺寸，常用它的直径表示，对于粒度较大的矿粒或矿块的长度单位常用 mm 表示，而对于微细矿粒则用 μm 表示。

生产实践中的矿石均由不同形状的矿粒群组成，若对浑圆形、多角形、长方形、扁平形等各种形状矿粒的粒度进行精确测定比较困难，有时所测定的结果也只能与实际尺寸相接近，为表示矿石的粒度，常用的测定方法如下：

（1）直接实测法。直接实测法就是对矿石的长、宽、高三个方向用尺直接测量其尺寸，然后取这三个方向的平均值。此测定法仅适用于粒度较粗的块状矿石，每次测得的结果可能不同，而且差别较大，为较确切反映矿石的粒度，常需测定几次再取其平均结果。一般用于 10mm 以上的物料。

（2）筛分分析法。将矿石用筛分的方法进行筛分，使其通过筛孔，则筛孔的尺寸就是筛下产物的最大粒度，如：振动筛的筛孔为 2mm，那么，筛下产物的最大粒度就是 2mm。用筛孔尺寸大小表示矿石粒度的方法，现已成为比较常见的方法之一。一般用于粒度为 100~0.043mm 的物料。

（3）水力沉降分析法。利用不同尺寸的颗粒在水中的沉降速度不同而分成若干个级别的分析方法。一般用于粒度为 0.043~0.005mm 的物料。其具体测定方法可参照其他专业书籍中连续水析仪的操作与使用内容。

（4）显微镜分析。主要用来分析微细物料，其最佳测定粒度范围为 0.004~0.001mm。一般用来校正水析。

5.5.7 浸蚀

在鉴定矿物的时候，经常遇到某些矿物的物理性质十分相似，则需要依赖化学方法——浸蚀鉴定，来帮助判断属于哪种矿物。

浸蚀鉴定是利用一定的化学试剂浸蚀矿物的光面，经一定时间后（约 1min），在显微镜下观察有无溶解、发泡、沉淀、变色等现象发生及其程度如何。由于矿物对试剂的浸蚀反应不相同，可用于鉴别矿物。

5.5.7.1 试剂和工具

常用试剂有以下 6 种：硝酸（1∶1HNO_3）、盐酸（1∶1HCl）、氰化钾（KCN 的 20% 水溶液）、氯化铁（$FeCl_3$ 的 20% 水溶液）、氢氧化钾（KOH 的 40% 水溶液）、氯化汞（$HgCl_2$ 的 5% 水溶液）。

此外，附加两种辅助的常备试剂双氧水（H_2O_2 的 20% 水溶液）和王水（3HCl+1HNO_3），专试氧化锰矿物和一些与上述 6 种试剂都不起反应的矿物。

5.5.7.2 操作步骤

操作步骤如下：

（1）先将光片擦净，以去掉其表面的氧化膜、灰尘、油污，使光片有一光滑的新鲜面。

（2）将光片放在镜下，找好足够大小的预测矿物。

（3）把要用的试剂用小滴瓶中的滴棒滴在清洗过的铂金丝上。

（4）将蘸有试剂的铂丝环放在光片与物镜间（切勿与物镜接触），在视域中见到铂丝环后，要求试剂准确地滴在欲试矿物颗粒上，立即开始观察其有无变化。

（5）浸蚀作用的时间以 1min 为限，但有的矿物变化迅速，有的则缓慢。

（6）最后用吸水纸将试液吸干，观察其矿物表面有无变化，然后用吸管吸一滴清水冲洗浸蚀处并在用吸纸吸干，观察其有无变化，此时，有变化者为正反应，无变化者为负反应。

（7）再用吸管吸水冲洗浸蚀面，在擦板上擦净，然后做第二种试剂的实验。依次做完 6 种试剂的浸蚀，记录结果。

5.5.7.3 浸蚀反应

几种浸蚀反应如下。

（1）发泡（起泡）。将试剂加在矿物光面上，有试剂与矿物起反应产生的气泡自试剂液滴中逸出，此现象称为发泡（起泡），如辉铜矿加 1∶1HNO_3后的反应。有些矿物发泡很强烈，发泡如同开水沸腾一样，如辉铜矿、砷钴矿加 HNO_3后的反应。起泡缓慢者称缓慢起泡，如针镍矿加 HNO_3后的反应。

（2）变色。矿物光片在研磨过程中产生了一层非晶质薄膜，厚千分之几毫米，当滴上试剂后，首先与试剂起作用的就是这层薄膜。当侵蚀作用只将非晶质薄膜溶解时，矿物表面变成无光泽，这就是正反应。

当试剂与矿物表面的浸蚀作用比较强烈时，除非晶质薄膜溶解外，矿物本身也被浸蚀，结果使矿物表面变得粗糙不平，在镜下看是矿物变暗了，一般变为褐色、黑色及蓝色。变黑—如方铅矿加 HNO_3变黑；变褐—如红砷镍矿加 $FeCl_3$变褐；变蓝—如辉铜矿加 HNO_3变蓝。

（3）沉淀。当侵蚀作用特别强烈时，大多产生沉淀物而形成较厚的皮膜。这种沉淀物比变色沉淀皮膜厚而显著，以至不能向上垂直反光，只能在显微镜系统外从侧面观察其沉淀的颜色。加入试剂后产生沉淀，对某些矿物来讲也是一种很好的鉴定特征。如赤铜矿加 HCl——白色沉淀；辉镝矿加 KOH——黄色沉淀；斑铜矿加 $FeCl_3$——棕色沉淀。

（4）显结构。由于各种浸蚀试剂的作用，使非晶质薄膜溶解消失，进而显现矿物的颗粒界限及内部结构，例如辉铜矿经 1∶1HNO_3浸蚀后，显现颗粒界限及理解；毒砂加 1∶1HNO_3后显现双晶和晶粒内部环带结构。

（5）晕色。加入试剂后产生的沉淀物为一层细小的无色透明晶体，当光波进入晶体内部再度反射时，因干涉作用而形成红、黄、蓝、棕等干涉色的晕圈或斑点称之为晕色。这证明试剂与矿物有反应产生沉淀，如磁铁矿加 KOH 或砷铅矿加 $HgCl_2$都可产生晕色。

5.5.8 相对密度

矿石的相对密度就是矿石的质量与同体积水的质量之比，又常视成单位体积的重度。矿石的相对密度是影响分选效果的重要因素之一，特别是在重力选矿中相对密度的影响更为突出。

5.5.8.1 块状矿石相对密度主要测定方法

A 普通天平法

普通天平法就是利用精度为 0.01~0.02g 的普通工业天平测定矿石质量和体积的办法

来测定矿石的相对密度。测定装置如图 5-26 所示。

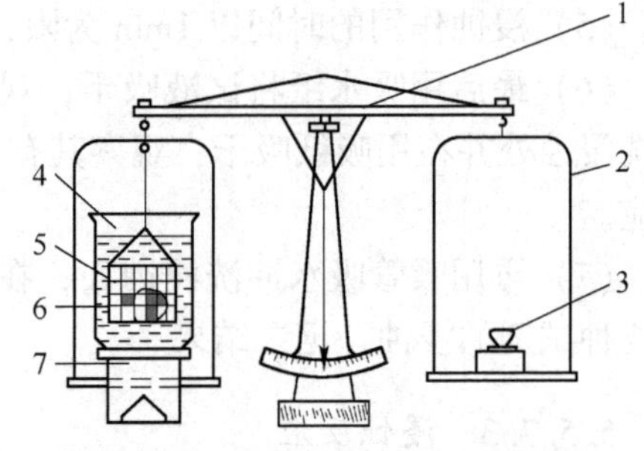

图 5-26　普通天平测相对密度装置

1—普通工业天平；2—天平盘；3—砝码；4—水杯；5—金属笼子；6—矿石；7—桥形承物台架

普通天平法的测定过程如下：

(1) 为便于在水中称矿石的质量，首先制作一个盛矿石的容器——金属丝小笼子。

(2) 然后在空气中称笼子质量（G_1）。

(3) 称笼子和干矿石在空气中的质量（G_3）。

(4) 称笼子在水中的质量（G_2）。

(5) 称笼子和矿石在水中的质量（G_4）。

(6) 最后计算矿石的相对密度，普通天平法测定矿石比重的计算公式如下：

$$\delta = \frac{G_3 - G_1}{(G_3 - G_1) - (G_4 - G_2)}\Delta$$

式中　δ——矿石的相对密度，g/cm³；

G_3——矿石和笼子在空气中的质量，g；

G_1——笼子在空气中的质量，g；

G_4——矿石和笼子在水中的质量，g；

G_2——笼子在水中的质量，g；

Δ——介质水的相对密度。

测定矿石相对密度也可在其他介质中进行，但在其他介质中测定矿石相对密度的方法少用。

上述在水中测定质量时应注意如下几点：

(1) 即桥形承物台架不得影响天平盘升降。

(2) 笼子不得与盛水杯接触。

(3) 笼子应为细金属丝等制成的非吸水性质物。

(4) 需测 3 次以上，每次相差不得大于 0.02g。

B　比重天平法

比重天平法就是利用专用于测定相对密度的天平进行测定矿石相对密度的一种方法。它的原理与上述普通天平相同，测定过程比较简捷，对测定结果无需进行计算而直接从比重天平读出矿石相对密度的数值。此法除适用于测定块状物料相对密度外，也适用于细粒矿石相对密度的测定。

5.5.8.2　粉状物料相对密度的测定

测定松散粉状物料相对密度的方法较多，如比重瓶法就是其中之一，该法首先将松散物料装在比重瓶中，然后再用比重瓶法测定，粉状物料相对密度的测定过程如下：

(1) 取试样一份。

(2) 将烘干的试样约 15g 小心倒入比重瓶内。

(3) 向装有试样的比重瓶内注入蒸馏水至满。同时振动比重瓶使试样充分松散。

(4) 将比重瓶及待用蒸馏水中的空气抽出，余压小于 2cm 汞柱，抽气时间为 1h 以上，具体抽气时间视余压而定。

（5）将已抽出空气的待用蒸馏水补加至比重瓶中至满，比重瓶用塞子塞紧以防进入空气。

（6）称比重瓶+蒸馏水+试样合重。

（7）将比重瓶倒空洗净。

（8）再注入蒸馏水至满，塞紧塞子。

（9）称比重瓶+蒸馏水合重。

（10）最后用下式计算试样的相对密度：

$$\delta = \frac{G\Delta}{G_1 + G - G_2}$$

式中 δ——试样相对密度；

G——试样干重，kg；

G_1——瓶、水合重，kg；

G_2——瓶、水、样合重，kg；

Δ——介质相对密度。

比重瓶法可根据排出空气方法不同分为煮沸法、抽真空法、煮沸和抽真空联合法 3 种，这 3 种相对密度测定法除排出气体方法不同外其余均相同。

测定松散粉状物料的相对密度除上述比重瓶法外，还有量筒法、湿微比重法、扭力天平法、重液变温法以及利用磁流体技术的微比重仪法，但用处不广故此处略。

5.5.8.3 堆密度的测定

堆密度就是松散物料在自然堆积状态下，物料的质量与包括空隙体积在内的总体积之比，堆密度并非是矿石的真密度。因此，又称假密度，单位可为 t/m^3 或 kg/cm^3，具体采用哪种单位视物料的多少适当选用，如一大堆物料宜用 t/m^3 而不宜用 kg/cm^3 表示。

A 堆密度的测定方法：

堆密度的测定方法比较简单。测定过程如下：

（1）首先选取或制作一个容积为 V 的标准容器。

（2）称其质量。

（3）然后在容器内装满待测试样刮平。

（4）再称合重。

（5）最后根据上述称重结果计算矿堆的堆密度。

B 堆密度的计算

矿石堆密度的计算公式如下：

$$\delta_D = \frac{G_1 - G_0}{V}$$

式中 δ_D——试样的堆密度，kg/m^3；

G_1——容器和试样合重，kg；

G_0——容器净重，kg；

V——容器的容积，m^3。

当试样量较少时，可采用厘米制、克制、秒制。

C　空隙度的计算

从上述物料的堆密度可知，在容器内除含有一定体积的物料外，还有一定的空隙。孔隙度就是物料的空隙占总体积的比值，常用小数表示，孔隙度的计算公式如下：

$$e = \frac{\delta_s - \delta_D}{\delta_s}$$

式中　e——孔隙度；

δ_s——物料的密度；

δ_D——物料的堆密度。

上述堆密度及孔隙度是从不同角度表示物料的质量与体积间的关系。多在矿仓设计或已知矿仓容积计算矿石储量时采用。

5.5.9　堆积角

堆积角就是物料在自然堆积条件下，物料的斜面与水平面间的夹角，堆积角的测定如图 5-27 所示。

堆积角的测定方法比较简单，测定过程如下：

（1）操作时将待测物料从顶部中心处给下。

（2）并使沿四周方向均匀下滑，直至物料斜面与水平面的夹角稳定为止。

（3）再用量角仪测量物料斜面与水平面间的夹角即可。若无测量仪器可用料堆高度及料堆半径进行计算，再查其角度。

5.5.10　摩擦角

摩擦角就是物料与接触面间保持静止不动时的最大角度，摩擦角的测定如图 5-28 所示。

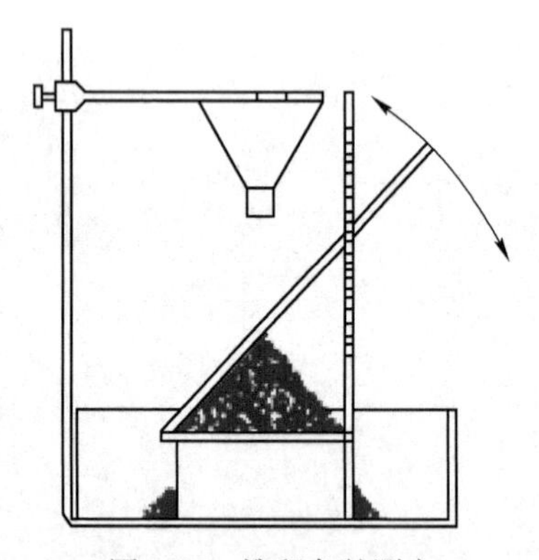

图 5-27　堆积角的测定

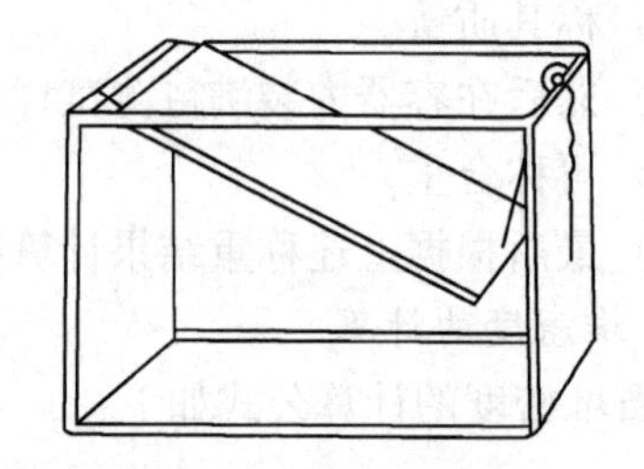

图 5-28　摩擦角的测定

摩擦角的测定过程：将铰链连接的平板（平板的材质可为木质，也可为塑料、橡胶等）提平，将待测物料置于板面上，然后将平板以铰链处为轴缓缓放下，测量物料即将开始滑动时板面与水平面的夹角。

上述堆积角及物料的摩擦角的用处与前述堆密度和空隙度的用处基本相同，主要用于矿仓设计及计算。

5.5.11 含水率

矿石含水率就是矿石中水分的质量与物料总质量之比的百分数，矿石含水率又常称为矿石的水分。

矿石含水率的测定方法有直接烘干法和浓度换算法。

5.5.11.1 直接烘干法

直接烘干法的测定过程如下：

（1）对盛矿容器称重。

（2）对待测物料连同容器称合重。

（3）在烘干器上加热使水分全部蒸发，加热时谨防过热，注意加热温度控制在105~110℃。

（4）烘干后的容器连同物料称其合重。

（5）计算含水量。矿石含水量的计算公式如下：

$$C = \frac{G_1 - G_0}{G_1} \times 100\%$$

式中 C——物料含水量,%；

G_1——湿样重，g；

G_0——干样重，g。

5.5.11.2 浓度换算法

浓度换算法就是用100%减去矿浆的质量百分浓度，它可用于稀矿浆中含水率计算，如矿浆浓度为5%，100%-5 %= 95%，则含水率为95%。

该法仅适用于物料的粒度细、浓度较小、含水量较大时采用，矿浆浓度测定在其他专业书中另有介绍。

除上述各种矿物的物性外，还有矿物的孔隙性、可溶性、氧化性及矿物表面的吸附性等，对矿石的加工工艺都有一定程度的影响。

复习思考题

5-1 简述矿石的化学成分的分析方法。

5-2 简述原矿中矿物粒度的分析方法。

5-3 简述元素的赋存状态及研究方法。

5-4 简述矿物解离度及其测定。

5-5 简述矿物物性的工艺方法的选择。

6 矿物的选矿工艺研究

6.1 矿物性质的研究

6.1.1 矿石研究的内容和程序

选矿试验方案，是指试验中准备采用的选矿方案，包括所欲采用的选矿方法、选矿流程和选矿设备等。为了正确地拟定选矿试验方案，首先必须对矿石性质进行充分的了解、同时还必须综合考虑政治、经济、技术诸方面的因素。在本章，将着重讨论如何根据矿石性质选择选矿试验方案。

矿石性质的研究内容极其广泛，所用方法多种多样，并在不断发展中。考虑到这方面的工作是由各种专业人员承担，并不要求选矿人员自己去做。因而，在这里只着重解决三个问题，即：

（1）初步了解矿石可选性研究所涉及的矿石性质研究的内容、方法和程序。

（2）如何根据试验任务提出对于矿石性质研究工作的要求。

（3）通过一些常见矿产试验方案实例说明如何分析矿石性质的研究结果，并据此选择选矿方案。

矿石性质研究的内容取决于各具体矿石的性质和选矿研究工作的深度，一般大致包括以下几个方面：

（1）化学组成的研究。其内容是研究矿石中所含化学元素的种类、含量及相互结合情况。

（2）矿物组成的研究。其内容是研究矿石中所包含的各种矿物的种类、含量，有用元素和有害元素的赋存形态。

（3）矿石结构构造、有用矿物的嵌布粒度及其共生关系的研究。

（4）选矿产物单体解离度及其连生体特性的研究。

（5）粒度组成和比表面的测定。

（6）矿石的物理、化学、物理化学性质以及其他性质的研究。其内容较广泛，主要有密度、磁性、电性、形状、颜色、光泽、发光性、放射性、硬度、脆性、湿度、氧化程度、吸附能力、溶解度、酸碱度、泥化程度、摩擦角、堆积角、可磨度等。

不仅原矿试样根据需要按上述内容进行研究，也要对选矿产品的性质进行考查，只不过前者一般在试验研究工作开始前就要进行，而后者是在试验过程中根据需要逐步去做。二者的研究方法也大致相同，但原矿试样的研究内容要求比较全面、详尽。而选矿产品的考查通常仅根据需要选做某些项目。

一般矿石性质的研究工作是从矿床采样开始。在矿床采样过程中，除了采取研究所需的代表性试样外，还需同时收集地质勘探的有关矿石和矿床特性等方面的资料。由于选矿试验研究工作是在地质部门已有研究工作的基础上进行的，因而在研究前对该矿床矿石的性质已有一个全面而定性的了解，再次研究的主要目的应该是：

（1）核对本次所采试样同过去研究试样的差别，获得准确的定量资料。

（2）补充地质部门未做或做得不够，但对选矿试验又非常重要的一些项目，如矿物嵌布粒度测定、考查某一有益或有害成分的赋存形态等。

矿石性质研究需按一定程序进行，但不是一成不变的，如某些特殊的矿石需采取一些特殊的程序，对于放射性矿石，就首先要进行放射性测量，然后具体查明哪些矿物有放射性，最后才进行分选取样并进行化学组成及矿物鉴定工作。对简单的矿石根据已有的经验和一般的显微镜鉴定工作即可指导选矿试验。

选矿试验所需矿石性质研究程序，一般可按图 6-1 进行。

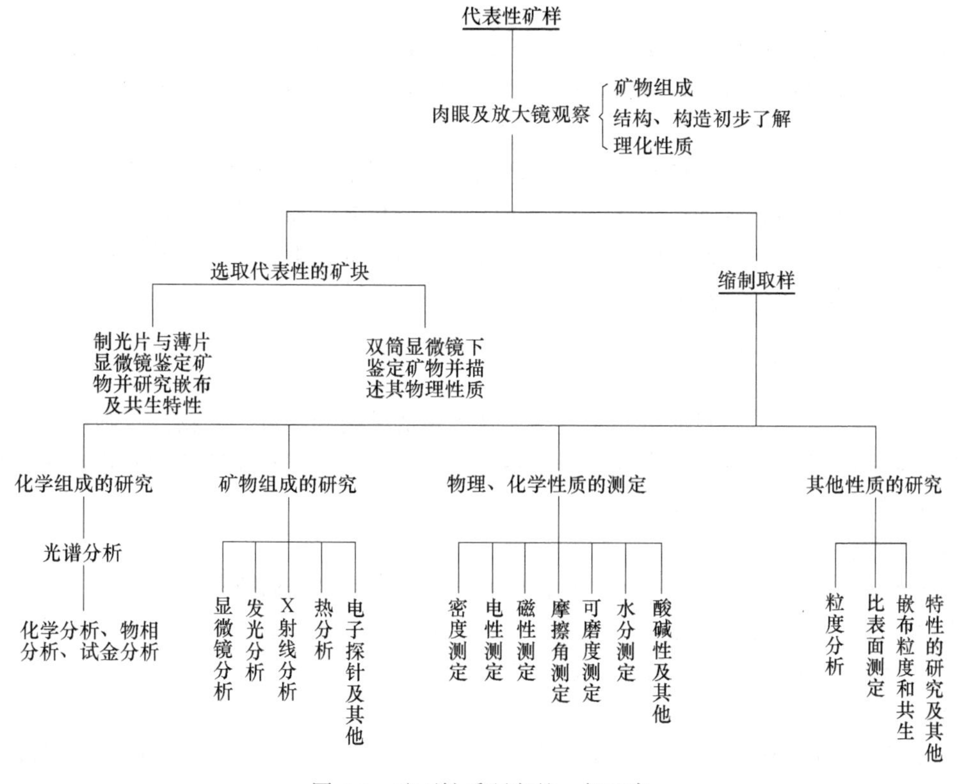

图 6-1 矿石性质研究的一般程序

6.1.2 矿物的研究方法

一般把研究矿石的化学组成和矿物组成的工作称为矿石的物质组成研究。其研究方法通常分为元素分析方法和矿物分析方法两大类。

在实际工作中经常借助于粒度分析（筛析、水析）、重选（摇床、溜槽、淘砂盘、重液分离、离心分离等）、浮选、电磁分离、静电分离、手选等方法预先将物料分类，然后进行分析研究。近年来不断有人提出各种新的分离方法和设备，如电磁重液法、超声波分离法等，以解决一些过去难以分离的矿物试样的分离问题。

6.1.2.1　元素分析

元素分析的目的是为了研究矿石的化学组成，尽快查明矿石中所合元素的种类、含量。分清哪些是主要的，哪些是次要的，哪些是有益的，哪些是有害的，至于这些元素呈什么状态，通常需靠其他方法配合解决。

元素分析通常采用光谱分析、化学分析等方法。

A　光谱分析

光谱分析能迅速而全面地查明该矿石中所含元素的种类及其大致含量范围，不至于遗漏某些稀有、稀散和微量元素。因而选矿试验常用此法对原矿或产品进行普查，查明了含有哪些元素之后，再去进行定量的化学分析。这对于选冶过程考虑综合回收及正确评价矿石质量是非常重要的。

B　化学全分析和化学多元素分析

化学分析方法能准确地定量分析矿石中各种元素的含量，据此决定哪几种元素在选矿工艺中必须考虑回收，哪几种元素为有害杂质需将其分离。因此，化学分析是了解选别对象的一项很重要的工作。

化学全分析是为了了解矿石中所含全部物质成分的含量，凡经光谱分析查出的元素，除痕迹外，其他所有元素均作为化学全分析的项，分析之总和应接近100%。

化学多元素分析是对矿石中所含多个重要和较重要的元素的定量化学分析，不仅包括有益和有害元素，还包括造渣元素。

6.1.2.2　矿物分析

光谱分析和化学分析只能查明矿石中所含元素的种类和含量。矿物分析则可进一步查明矿石中各种元素呈何种矿物存在，以及各种矿物的含量、嵌布粒度特性和相互间的共生关系。其研究方法通常有物相分析和岩矿鉴定等。

A　物相分析

物相分析的原理是：矿石中的各种矿物在各种溶剂中的溶解度和溶解速度不同，采用不同浓度的各种溶剂在不同条件下处理所分析的矿样，即可使矿石中各种矿物分离，从而可测出试样中某种元素呈何种矿物存在和含量多少。

B　岩矿鉴定

岩矿鉴定可以确切地知道有益和有害元素存在于什么矿物之中；查清矿石中矿物的种类、含量、嵌布粒度特性和嵌镶关系；测定选矿产品中有用矿物单体解离度。

测定方法包括肉眼和显微镜鉴定等常用方法和其他特殊方法。肉眼鉴定矿物时，有些特征不显著的或细小的矿物是极难鉴定的，对于它们只有用显微镜鉴定才可靠。常用的显微镜有实体显微镜（双目显微镜）、偏光显微镜和反光显微镜等。

6.1.2.3　矿石物质组成研究的某些特殊方法

对于矿石中元素赋存状态比较简单的情况，一般采用光谱分析、化学分析、物相分析、偏光显微镜、反光显微镜等常用方法即可。对于矿石中元素赋存状态比较复杂的情况，需进行深入的查定工作，采用某些特殊的或新的方法，如热分析、X射线衍射分析、电子显微镜、电渗析、激光显微光谱仪、离子探针、电子探计、红外光谱等。

6.2 矿物的可选性研究

6.2.1 元素赋存状态与可选性的关系

6.2.1.1 独立矿物形式

金属元素赋存的主要形式是选矿的主要对象，如铁和氧组成磁铁矿和赤铁矿，铅和硫组成方铅矿，铜、铁、硫组成黄铜矿等。同一元素可以一种矿物形式存在，也可以不同矿物形式存在。这种形式存在的矿物，有时呈微小珠滴或叶片状的细小包裹体赋存于另一种成分的矿物中，如闪锌矿中的黄铜矿、磁铁矿中的钛铁矿、镍黄铁矿中的黄铁矿等。元素以这种方式赋存时，对选矿工艺有直接影响，如某铜锌矿石中，部分黄铜矿呈细小珠滴状包裹体存在于闪锌矿中，要使这部分铜单体分离，就需要提高磨矿细度，但这又易造成过粉碎。当黄铜矿包裹体的粒度小于2μm时，目前还无法选别，从而使铜的回收率降低。

胶体是一种高度细分散的物质，带有相同的电荷，所以能以悬浮状态存在于胶体溶液中。由于自然界的胶体溶液中总是同时存在有多种胶体物质，因此当胶体溶液产生沉淀时，在一种主要胶体物质中，总伴随有其他胶体物质，某些有益和有害组分也会随之混入，形成像褐铁矿、硬锰矿等的胶体矿物。一部分铁、锰、磷等的矿石就是由胶体沉淀而富集的。由于胶体带有电荷，沉淀时往往伴有吸附现象。这种状态存在的有用成分，一般不易选别回收；以这种状态混进的有害成分，一般也不易用机械的方法排除。但是，同一是相对的，差异才是绝对的，由于沉淀时物质分布不均匀，这样就造成矿石中相对贫或富的差别，给用机械选矿方法分选提供了一定有利条件。

6.2.1.2 类质同象形式

在冶铁矿石中部分铁与镁呈类质同象矿物存在于矿石中，组成镁菱铁矿（Fe，Mg）CO_3，对选矿不利。

某些稀有元素，尤其是分散元素，本身不形成独立矿物，只能以类质同象混入物的状态分散在其他矿物中，如闪锌矿中的镓和铟、辉钼矿中的铼、黄铁矿中的钴等，由于这些元素含量通常极少，因而一般在化学式中不表示出来。这些稀散元素一般用冶金方法回收。

6.2.1.3 吸附形式

某些元素以离子状态被另一些带异性电荷的物质所吸附，而存在于矿石或风化壳中，如有用元素以这种形式存在，则用一般的物相分析和岩矿鉴定方法查定是无能为力的。因此，当一般的岩矿鉴定查不到有用元素的赋存状态时，就应送去作X射线、差热分析或电子探针等专门的分析，才能确定元素是呈类质同象还是呈吸附状态。例如我国某花岗岩风化壳，过去曾作过化学分析，发现品位高于工业要求的稀土元素，但通过物相分析和岩矿鉴定等，都未找到独立或类质同象的矿物，因而未找到分离方法。之后经过专门分析，深入查定，终于发现了这些元素呈离子形式被高岭石、白云母等矿物吸附。

元素的赋存状态不同，处理方法和难易程度都不一样。矿石中的元素呈独立矿物存在时，一般用机械选矿方法回收。除此之外，按目前选矿技术水平都存在不同程度的困难，如铁元素呈磁铁矿独立矿物存在，采用磁选法易于回收；然而呈类质同象存在的硅酸铁中的铁，通常机械选矿方法是无法回收的，只能用直接还原等冶金方法回收。

6.2.2　矿石结构构造与可选性的关系

矿石的结构、构造说明矿物在矿石中的几何形态和结合关系。结构是指某矿物在矿石中的结晶程度、矿物颗粒的形状、大小和相互结合关系；而构造是指矿物集合体的形状、大小和相互结合关系。前者多借助显微镜观察，后者一般是利用宏观标本肉眼观察。

矿石的结构、构造所反映的虽是矿石中矿物的外形特征，但却与它们的生成条件密切相关，因而对于研究矿床成因具有重要意义。在一般的地质报告中都会对矿石的结构、构造特点给以详细的描述。

矿石的结构、构造特点，对于矿石的可选性同样具有重要意义，而其中最重要的则是有用矿物颗粒形状、大小和相互结合的关系，因为它们直接决定着破碎、磨碎时有用矿物单体解离的难易程度以及连生体的特性。

选矿试验时，若已有地质报告或过去的研究报告作参考，不一定要再对矿石的结构和构造进行全面的研究。

6.2.2.1　*矿石的构造*

矿石的构造形态及其相对可选性可以大致划分如下：

（1）块状构造。有用矿物集合体在矿石中占80%左右，呈无空洞的致密状，矿物排列无方向性者，即为块状构造。其颗粒有粗大、细小、隐晶质的几种。若为隐晶质者称为致密块状。

此种矿石如不含有伴生的有价成分或有害杂质（或含量甚低），即可不经选别，直接送冶炼或化学处理。反之，则需经选矿处理。

选别此种矿石的磨矿细度及可得到的选别指标取决于矿石中有用矿物的嵌布粒度特性。

（2）浸染状构造。有用矿物颗粒或其细小脉状集合体，相互不结合地、孤立地、疏散地分布在脉石矿物构成的基质中。这类矿石总的来说是有利于选别的，所需磨矿细度及可能得到的选别指标取决于矿石中有用矿物的嵌布粒度特性，同时还取决于有用矿物分布的均匀程度，以及其中有否其他矿物包体、脉石矿物中有否有用矿物包体、包体的粒度大小等。

（3）条带状构造。有用矿物颗粒或矿物集合体，在一个方向上延伸，以条带相间出现，当有用矿物条带不含有其他矿物（纯净的条带），脉石矿物条带也较纯净时，矿石易于选别。条带不纯净的情况下其选矿工艺特征与浸染状构造矿石相类似。

（4）角砾状构造。指一种或多种矿物集合体不规则地胶结。如果有用矿物成破碎角砾被脉石矿物所胶结，则在粗磨的情况下即可得到粗精矿和废弃尾矿，粗精矿再磨再选。如果脉石矿物为破碎角砾，有用矿物为胶结物，则在粗磨的情况下得到一部分合格精矿，残留在富尾矿中的有用矿物需再磨再选，方能回收。

（5）鲕状构造。根据鲕粒和胶结物的性质可大致分为：

1）鲕粒由一种有用矿物组成，胶结物为脉石矿物，此时磨矿粒度取决于鲕粒的粒度，精矿质量也取决于鲕粒中有用成分的含量。

2）鲕粒为多种矿物（有用矿物和脉石矿物）组成的同心环带状构造。若鲕粒核心大部分为一种有用矿物组成，另一部分鲕核为脉石矿物所组成，胶结物为脉石矿物，此时可在较粗的磨矿细度下（相当于鲕粒的粒度），得到粗精矿和最终尾矿。欲再进一步提高粗精矿的质量，常需要磨到鲕粒环带的大小，此时磨矿粒度极细，造成矿石泥化，使回收率急剧下降。因此，复杂的鲕状构造矿石采用机械选矿的方法一般难以得到高质量的精矿。

与鲕状构造的矿石选矿工艺特征相近的有豆状构造、肾状构造以及结核状构造。这些构造类型的矿石如果胶结物为疏松的脉石矿物，通常采用洗矿、筛分等方法得到较粗粒的精矿。

（6）脉状及网脉状构造。一种矿物集合体的裂隙内，有另一组矿物集合体穿插成脉状及网脉状。如果有用矿物在脉石中成为网脉，则此种矿石在粗磨后即可选出部分合格精矿，而将富尾矿再磨再选；如果脉石在有用矿物中成为网脉，则应选出废弃尾矿，将低品位精矿再磨再选。

（7）多孔状及蜂窝状构造。指在风化作用下，矿石中一些易溶矿物或成分被带走，在矿石中形成孔穴，则多为孔状。如果矿石在风化过程中，溶解了一部分物质，剩下的不易溶或难溶的成分形成了墙壁或隔板似的骨架，称为蜂窝状。这两种矿石都容易破碎，但如孔洞中充填、结晶有其他矿物时，则对选矿产生不利影响。

（8）似层状构造。矿物中各种矿物成分呈平行层理方向嵌布，层间接触界线较为整齐。一般铁、锰、铝的氧化物和氢氧化物具有这种构造。其选别的难易取决于层内有用矿物颗粒本身的结构关系。

（9）胶状构造。胶状构造是在胶体溶液的矿物沉淀时形成的，是一种复杂的集合体，是由弯曲而平行的条带和浑圆的带状矿瘤所组成。这种构造裂隙较多。胶状构造可以由一种矿物形成，或者由一些成层交错的矿物带所形成。如果有用矿物的胶体沉淀和脉石矿物的胶体沉淀彼此孤立而不是同时进行，则有可能选别。如二者同时沉淀，形成胶体混合物，而且有用矿物含量不高时，难以用机械方法进行选分。

6.2.2.2 *矿石的结构*

矿石的结构是指矿石中矿物颗粒的形态、大小及空间分布上所显示的特征。构成矿石结构的主要因素为矿物的粒度、晶粒形态（结晶程度）及镶嵌方式等。

A *矿物颗粒的粒度*

矿物粒度大小的分类原则及划分的类型还很不统一，但是在选矿工艺上，为了说明有用矿物粒度大小与破碎、磨碎和选别方法的重要关系，常采用粗粒嵌布、细粒嵌布、微粒和次显微粒嵌布等概念。至于怎样是粗，怎样是细，这完全是一个相对的概念，它与采用的选矿方法、选矿设备、矿物种类等有着密切关系。一般可大致划分如下：

（1）粗粒嵌布。矿物颗粒的尺寸为20~2mm，也可用肉眼看出或测定。这类矿石可用重介质选矿、跳汰或干式磁选法来选别。

（2）中粒嵌布。矿物颗粒的尺寸为 2~0.2mm，可在放大镜的帮助下用肉眼观察或测量。这类矿石可用摇床、磁选、电选、重介质选矿、表层浮选等方法选别。

（3）细粒嵌布。矿物颗粒尺寸为 0.2~0.02mm，需要在放大镜或显微镜下才能辨认，并且只有在显微镜下才能测定其尺寸。这类矿石可用摇床、溜槽、浮选、湿式磁选、电选等。矿石性质复杂时，需借助于冶金或化学的方法处理。

（4）微粒嵌布。矿物颗粒尺寸为 20~2μm，只能在显微镜下观测。这类矿石可用浮选、水冶等方法处理。

（5）次显微（亚微观的）嵌布。矿物颗粒尺寸为 2~0.2μm，需采用特殊方法（如电子显微镜）观测。这类矿石可用水冶方法处理。

（6）胶体分散。矿物颗粒尺寸在 0.2μm 以下。需采用特殊方法（如电子显微镜）观测。这类矿石一般可用湿法或火法冶金处理。

有用矿物嵌布粒度大小不均的，可称为粗细不等粒嵌布、细微粒不等粒嵌布等。

嵌布粒度特性是指矿石中矿物颗粒的粒度分布特性。实践中可能遇到的矿石嵌布粒度特性大致可分为以下 4 种类型：

（1）有用矿物颗粒具有大致相近的粒度，如图 6-2 中曲线 1 所示，可称为等粒嵌布矿石，这类矿石最简单，选别前可将矿石一直磨细到有用矿物颗粒基本完全解离为止，然后进行选别，其选别方法和难易程度则主要取决于矿物颗粒粒度的大小。

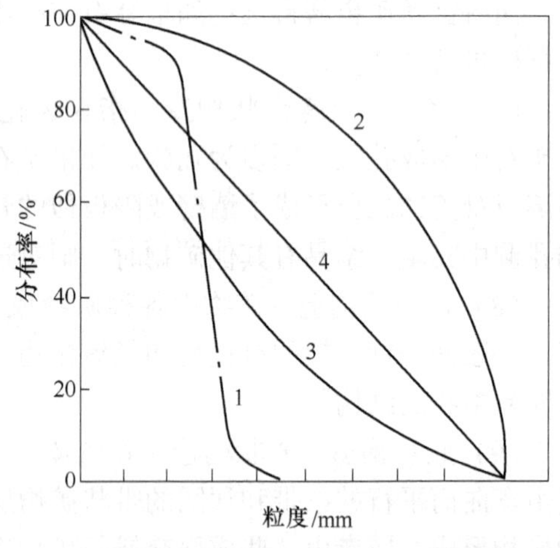

图 6-2　矿物嵌布粒度特性曲线

（2）粗粒占优势的矿石，即以粗粒为主的不等粒嵌布矿石，如图 6-2 中曲线 2 所示，一般应采用阶段破碎磨碎、阶段选别流程。

（3）细粒占优势的矿石，即以细粒为主的不等粒嵌布矿石，如图 6-2 中曲线 3 所示，一般需通过技术经济比较之后，才能决定是否需要采用阶段破碎磨碎、阶段选别流程。

（4）矿物颗粒平均分布在各个粒级中，如图 6-2 中曲线 4 所示，即所谓极不等粒嵌布矿石，这种矿石最难选，常需采用多段破碎磨碎、多段选别的流程。

由上可见，矿石中有用矿物颗粒的粒度和粒度分布特性，决定着选矿方法和选矿流程的选择，以及可能达到的选别指标，因而在矿石可选性研究工作中，矿石嵌布特性的研究通常具有极重要的意义。

还需注意的是，选矿工艺上常用的“矿石嵌布特性”（有人称为浸染特性）一词的含义，除了指矿石中矿物颗粒的粒度分布特性以外，有时还包含者有用矿物颗粒在矿石中的散布是否均匀等方面的性质。散布均匀的，称为均匀嵌布矿石；散布不均匀的，称为不均匀嵌布矿石。(在过去的教材中，以及其他许多选矿专业书刊上把不等粒嵌布称为不均匀嵌布，注意区别)。矿物颗粒极度很小时（如胶体矿物），矿物散布的不均匀性，往往有利于选别。若多种有用矿物颗粒相互毗连，紧密共生，形成较粗的集合体分布于脉石中，则称为集合嵌布矿石。这类矿石往往可在粗磨条件下丢出贫尾矿，然后将粗精矿再磨再选，这就可以显著节省磨矿费用，减少下一步选别作业的处理矿量。

B 晶粒形态和嵌镶特性

根据矿物颗粒结晶的完整程度，可分为：

（1）自形晶——晶粒的晶形完整。

（2）半自形晶——晶粒的部分晶面残缺。

（3）他形晶——晶粒的晶形全不完整。

矿物颗粒结晶完整或较好，将有利于破碎、磨矿和选别。反之，矿物没有什么完整晶形或晶面，对选矿不利。

矿物晶粒与晶粒的接触关系称为嵌镶。如果晶粒与晶粒接触的边缘平坦光滑，则有利于选矿。反之，如为锯齿状的不规则不利于选矿。

常见矿石结构类型简述：

（1）自形晶粒状结构。矿物结晶颗粒具有完好的结晶外形。一般是结晶较早的和结晶生长力较强的矿物晶粒，如铬铁矿、磁铁矿、黄铁矿、毒砂等。

（2）半自形晶粒状结构。由两种或两种以上的矿物晶粒组成，其中一种晶粒是各种不同自形程度的结晶颗粒，较后形成的颗粒则往往是他形晶粒，并溶蚀先前形成的矿物颗粒。如较先形成的各种不同程度自形结晶的黄铁矿颗粒与后形成的他形结晶的方铅矿、方解石所构成的半自形晶粒状结构。

（3）他形晶粒状结构。由一种或数种呈他形结晶颗粒的矿物集合体组成。晶粒不具晶面，常位于自形晶粒的空隙间，其外形取决于空隙形状。

（4）斑状结构和包含结构。斑状结构的特点是某些矿物在较细粒的基质中呈巨大的斑晶，这些斑晶具有一定程度的晶形，而被溶蚀的现象不甚显著，如某多金属矿石中有黄铁矿斑晶在闪锌矿基质中构成斑状结构。包含结构是指矿石成分中有一部分巨大的晶粒，其中包含有大量细小晶体，并且这些细小晶体是毫无规律的。

（5）交代溶蚀及残余结构。先结晶的矿物被后生成的矿物溶蚀交代则形成交代溶蚀结构。若交代以后，在一种矿物的集合体中还残留有不规则状、破布状或岛屿状的先生成的矿物颗粒，则为残余结构。

（6）乳浊状结构。指一种矿物的细小颗粒呈珠滴状分布在另一种矿物中，如某方铅矿滴状小点在闪锌矿中形成乳浊状。

（7）格状结构。在矿物内，几个不同的结晶方向分布着另一种矿物的晶体，呈现格子状。

（8）结状结构。是一种矿物较粗大的他形晶颗粒被另一种较细粒的他形晶矿物集合体所包围。

（9）交织结构和放射状结构。片状矿物或柱状矿物颗粒交错地嵌镶在一起，构成交织结构。如果片状或柱状矿物成放射状嵌镶时，则称为放射状结构。

（10）海绵晶铁结构。金属矿物的他形晶细粒集合体胶结硅酸盐矿物的粗大自形晶体，形成一种特殊的结构形状，称为海绵晶铁结构。

（11）柔皱结构。具有柔性和延展性矿物所特具的结构。特征是具有各种塑性变形而成的弯曲的柔皱花纹。如方铅矿的解型交角常剥落形成三角形的陷穴，陷穴的连线发生弯曲，形成柔皱。又如辉铜矿（可塑性矿物）受力后产生形变，也可形成柔皱状。

(12) 压碎结构。为脆硬矿物所特有。例如黄铁矿、毒砂、锡石、铬铁矿等常有。在矿石中非常普遍，在受压的矿物中呈现裂缝和尖角的碎片。

矿物的各种结构类型对选矿工艺会产生不同的影响，如呈交代溶蚀状、残余状、结状等交代结构的矿石，选矿要彻底分离它们是比较困难的。而压碎结构一般有利于磨矿及单体解离。格状等固溶体分离结构，由于接触边界平滑，也比较容易分离，但对于呈细小乳滴状的矿物颗粒，要分离出来就非常困难。其他如粒状（自形晶、半自形晶、他形晶）、交织状、海绵晶铁状等结构，除矿物成分复杂、结晶颗粒细小者外，一般比较容易选别。

6.3　选矿产品的考查

6.3.1　选矿产品考查的目的和方法

6.3.1.1　*磨矿产品的考查*

目的是考查磨矿产品中各种有用矿物的单体解离情况、磨矿产品的粒度特性以及各化学组分和矿物组分在各粒级中的分布情况。

6.3.1.2　*精矿产品的考查*

精矿产品的考查包括：

(1) 研究精矿中杂质的存在形态、查明精矿质量不高的原因。考查多金属的粗精矿，可为下一步精选提供依据。例如某黑钨精矿含钙超过一级一类产品要求值 0.68%～0.77%，查明主要是白钨含钙所引起，通过浮选白钨后，黑钨含钙可降至标准以内。

(2) 查明稀贵和分散金属富集在何种精矿内（对多金属矿而言），为冶炼和化学处理提供依据。如某多金属矿石中含有镉和银，查明镉主要富集在锌精矿内，银主要富集在铜精矿中，可随冶炼回收。

6.3.1.3　*中矿产品考查*

中矿产品考查包括：

(1) 研究中矿矿物组成和共生关系，确定中矿处理的方法。

(2) 检查中矿单体解离情况。如大部分解离即可返回再选，反之，则应再磨再选。

6.3.1.4　*尾矿产品考查*

考查尾矿中有用成分存在形态和粒度分布，了解有用成分损失的原因。

表 6-1 所列为某铜矿选矿厂的尾矿水析各级别化学分析和物相分析结果。由表中数据可以看出，铜品位最高的粒级是 $-10\mu m$，但该粒级产率并不大，因而铜在其中的分布率也不大；铜品位占第二位的为 $+53\mu m$ 级别，该粒级产率较大，因而算得的分布率达 30.56%，是造成铜损失于尾矿的主要粒级之一。至于 $-30+10\mu m$ 级别，虽然铜分布率达 34，82%，但这是由于产率大所引起，铜品位却是最低的，不能把该粒级看做是造成损失的主要原因。再从物相分析结果看，细级别中次生硫化铜和氧化铜矿物比较多，粗级别中

则主要是原生硫化铜矿物，说明氧化铜和次生硫化铜矿物较软，有过粉碎现象；而原生硫化铜矿物却可能还没有充分单体解离，故铜主要损失于粗级别中。这在选矿工艺上是常见的所谓“两头难”的情况，从铜的分布率来看，主要矛盾可能还在粗级别，适当细磨后回收率可能会有所提高。

表 6-1 某铜矿选矿厂尾矿水析结果

粒级/μm	产率/%	铜化学分析		铜物相分析，铜分布率/%			
		品位/%	分布率/%	氧化铜	次生硫化铜	原生硫化铜	共计
+53	26.93	0.240	30.56	6.25	25.00	68.75	100.00
+40	8.30	0.222	8.70	3.15	22.54	74.31	100.00
+30	15.97	0.197	14.90	5.08	22.84	72.08	100.00
+10	42.03	0.175	34.82	12.57	40.00	47.43	100.00
-10	6.77	0.345	11.02	15.06	53.64	31.30	100.00
合计	100.00	0.211	100.00				

从水析和物相分析结果可知，铜主要呈粗粒的原生硫化铜矿物损失于尾矿中。为了进一步考查粗粒级的原生硫化铜矿物为什么损失的原因，需对尾矿试样再做显微镜考查，其结果见表 6-2，考查结果基本上证实了原来的推断，但原因更加清楚。粗级别中铜矿物主要是连生体，表明再细磨有好处。细级别中则还有大量单体未浮起，表明在细磨的同时必须强化药方，改善细粒的浮选条件。除此以外还需注意到，连生体中铜矿物所占的比率均小，再细磨后是否能增加很多单体，还需通过实践证明。

表 6-2 某铜矿选矿厂尾矿显微晶考查结果

粒级/μm		+74	-74+53	-53+30	-30+10	-10
单体黄铜矿/%		9.1	15.4	27.5	65.6	大部分
连生体	黄铜矿和黄铁矿毗连/%	51.0	30.4	27.0	8.5	个别
	黄铜矿在黄铁矿中呈包裹体/%	32.8	34.5	28.0	9.0	个别
	铜蓝和黄铁矿/%	0.5	9.5	3.5	1.0	个别
其他①/%		6.6	9.2	14.0	15.9	—
铜矿物在连生体中的粒度和分布/%	-10μm	52.3	43.1	85.0	89.3	—
	-20+10μm	47.7	56.9	15.0	10.7	—

①其他栏包括其他铜矿物（如铜蓝）的单体和其他类型的连生体。

尾矿中所含连生体中，黄铜矿和黄铁矿毗连形式有利于再磨使其分离。而被黄铁矿包裹形式的连生体再磨时单体解离较难，这将对浮选指标有很大影响。

由此可知，选矿产品考查的方法为：将产品筛析和水析，根据需要，分别测定各粒级的化学组成和矿物组成，测定各种矿物颗粒的单体解离度，并考查其中连生体的连生特性。由于元素分析和矿物分析问题前面已介绍，本节将着重讨论后两方面的问题。

6.3.2 选矿产品单体解离度的测定

选矿产品单体解离度的测定，用以检查选矿产品（主要指磨碎产品、精矿、中矿和尾矿等）中有用矿物解离成单体的程度，作为确定磨碎粒度和探寻进一步提高选别指标的可能性依据。

一般把有用矿物的单体含量与该矿物的总含量的百分比率成为单体解离度。计算公式如下：

$$F = \frac{f}{f + f_i} \cdot 100\%$$

式中 F——某有用矿物的单体解离度,%；
f——该矿物的单体含量；
f_i——该矿物在连生体中的含量。

测定方法是首先采取代表性试样，进行筛分分级，74μm 以下需事先水析，再在每个粒级中取少量代表性样品，一般 10~20g，制成光片，置于显微镜下观察，用前述直线法或计点法统计有用矿物单体解离个数与连生体个数，连生体中应分别统计出有用矿物与其他有用矿物连生或与脉石连生的个数。此外，还应区分有用矿物在连生体中所占的颗粒体积大小，一般分为 1/4、1/2、3/4 几类，不要分得太细以免统计繁琐。一般每一种粒级观察统计 500 颗粒左右为宜。由于同一粒级中矿物颗粒大小是近似相等的，同一矿物其密度也是一样的，这样便可根据颗粒数之间的关系先分别算出各粒级中有用矿物的单体解离度，而后求出整个产品的单体解离度。

6.3.3 选矿产品中连生体连生特性的研究

考查选矿产品时，除了检查矿物颗粒的单体解离程度以外，还常需研究产品中连生体的连生特性。

由前段尾矿产品显微镜考查示例（见表 6-2）可知，连生体的特性影响着它的选矿行为和下一步处理的方法。例如，在重选和磁选过程中，连生体的选矿行为主要取决于有用矿物在连生体中所占的比率。在浮选过程中，则还与有用矿物和脉石（或伴生有用矿物）的联结特征有关，若有用矿物被脉石包裹，就很难浮起；若有用矿物与脉石毗连，可浮性取决于相互的比率；若有用矿物以乳油状包裹体形式高度分散在脉石中（或反过来，杂质分散于有用矿物中），就很难选分，因为即使细磨也难以解离。由此可知，研究连生体特征时，应对如下三方面进行较详细的考查：

（1）连生体的类型。有用矿物与何种矿物连生，是与有用矿物连生，还是与脉石矿物连生，或者好几种矿物连生。

（2）各类连生体的数量。有用矿物在每一连生体中的相对含量（通常用有用矿物在连生体中所占的面积分数来表示），各类连生体的数量，及其在各粒级中的差异。

（3）连生体的结构特征。主要研究不同矿物之间的嵌镶关系。大体有三种情况：

1）包裹连生——一种矿物颗粒被包裹在另一种矿物颗粒的内部。原矿呈乳浊状，残余结构等易产生这类连生体。

2）穿插连生——一种矿物颗粒由连生体的边缘穿插到另一种矿物颗粒的内部。原矿具交代溶蚀结构、结状结构等易产生这类连生体。

3）毗邻连生——不同矿物颗粒彼此邻接。原矿具粗粒自形、半自形晶结构、格状结构等可能产生这类连生体。

在穿插和包裹连生体中，要注意区别是有用矿物穿插或被包裹在其他矿物颗粒内或是相反的情况。不同矿物颗粒相互接触界线是平直的，还是圆滑的，或者是比较曲折的。矿物或连生体的形态是粒状还是片状，磨圆程度如何，这些都会影响可选性。

6.4 铁矿石选矿试验方案示例

6.4.1 某地表赤铁矿试样选矿试验方案

拟定试验方案的步骤是：

（1）分析该矿石性质研究资料，根据矿石性质和同类矿产的生产实践经验及其研究成果，初步拟定可供选择的方案。

（2）根据党的方针政策，结合当地的具体条件以及委托一方的要求，全面考虑，确定主攻方案。

6.4.1.1 *矿石性质研究资料的分析*

A　光谱分析和化学多元素分析

该试样的光谱分析结果见表6-3，化学多元素分析结果见表6-4。

表6-3　某地表赤铁矿光谱分析结果

元素	Fe	Al	Si	Ca	Mg	Ti	Cu	Cr
大致含量 w/%	>1	>1	>1	>1	0.5	0.1	0.005	—
元素	Mn	Zn	Pb	Co	V	Ag	Ni	Sn
大致含量 w/%	0.02	<0.002	<0.001	<0.001	0.01~0.03	0.00005	0.005~0.001	—

表6-4　某地表赤铁石化学多元素分析结果

项目	TFe	SFe	FeO	SiO_2	Al_2O_3	CaO	MgO	S	P	As	灼减
含量 w/%	27.40	26.27	3.25	48.67	5.39	0.68	0.76	0.25	0.15	—	3.10

由光谱分析和化学多元素分析结果看出：矿石中主要回收元素是铁，伴生元素含量均未达到综合回收标准，主要有害杂质硫、磷含量都不高，仅二氧化硅含量很高，故仅需考虑除去有害杂质硅。

化学多元素分析表中TFe、SFe、FeO、SiO_2、Al_2O_3、CaO、MgO等项是铁矿石必须分析的重要项目，下面分别介绍各项的含义及其目的：

（1）TFe，全铁（指金属矿物和非金属矿物中总的含铁量）。该矿全铁质量分数27.40%，属贫铁矿石。

（2）SFe，可溶铁（指化学分析时能用酸溶的含铁量）。用TFe减去SFe等于酸不溶铁，常将其看做是硅酸铁的含铁量，并用以代表“不可选铁”量。该矿“不可选铁”含量很低，因而在拟订方案时，无需考虑这部分铁的回收问题；选矿指标不好的原因主要不是由于“不可选铁”造成的。

在实践中发现，将酸不溶铁看做硅酸铁的含铁量，这种概念还不够确切，原因是铁矿石中经常是几种铁矿物共生，各种铁矿物溶于酸中的情况比较复杂，硅酸铁矿物有的溶于酸，有的也不溶于酸，因而具体应用时必须根据具体情况考虑。

（3）FeO，氧化亚铁。一般用 TFe/FeO（称亚铁比或氧化度）和 FeO/TFe 的比值（铁矿石的磁性率）表示磁铁矿石的氧化程度。它们是地质部门划分铁矿床类型的一个重要指标，也是选矿试验拟订方案时判断铁矿石可选性的一项重要依据。

根据 TFe/FeO 和 FeO/TFe 比值大小可将铁矿石划分为如下几种类型：

1）(FeO/TFe)×100(%)≥37%，TFe/FeO<2.7，原生磁铁矿（青矿），易磁选。

2）(FeO/TFe)×100(%)＝29%～37%，TFe/FeO＝2.7～3.5，混合矿石，磁选与其他方法联合。

3）(FeO/TFe)×100(%)<29%，TFe/FeO>3.5，氧化矿石（红矿），磁选困难。

本实例亚铁比 TFe/FeO＝8.43，属氧化矿类型，因而较难选。

实践证明，采用上述比值划分矿石类型的方法，仅适用于铁的工业矿物是磁铁矿或具有不同程度氧化作用的磁铁矿床，矿物成分比较简单。对于矿物成分复杂、含有多种铁矿物的磁铁矿床，矿石类型的划分应结合矿床的具体特点并根据试验资料确定。

（4）CaO、MgO、SiO_2、Al_2O_3 等是铁矿石中主要脉石成分。一般用比值 $(CaO+MgO)/(SiO_2+Al_2O_3)$ 表示铁矿石和铁精矿的酸碱性，它直接决定着今后冶炼炉料的配比。

据 $(CaO+MgO)/(SiO_2+Al_2O_3)$ 比值大小可将铁矿石划分为如下几类：

1）比值小于 0.5 为酸性矿石，冶炼时需配碱性熔剂（石灰石）。

2）比值＝0.5～0.8 为半自熔性矿石，冶炼时需配部分碱性熔剂或与碱性矿石搭配使用。

3）比值＝0.8～1.2 为自熔性矿石，冶炼时可不配熔剂。

4）比值大于 1.2 为碱性矿石，冶炼时需配酸性熔剂（硅石）或与酸性矿石搭配使用。

本矿样由于 SiO_2 含量很高，故比值小于 0.5，为酸性矿石，冶炼时需配大量的碱性熔剂。因此，选矿的任务就是要尽可能地降低硅的含量，减少熔剂的消耗。

综合上述分析资料可知，本试样属于硅高而硫磷等有害杂质含量低的贫铁矿石，其亚铁比为 8.43，属氧化矿类型。由于 SiO_2 含量高，为酸性矿石，冶炼时需配大量的熔剂。

B　岩矿鉴定

该试样的岩矿鉴定结果介绍如下：

（1）矿物组成。该试样所含铁矿物的相对含量列于表 6-5 中。

表 6-5　各种铁矿物的相对含量

铁矿物	赤铁矿	磁铁矿	褐铁矿
含量 w/%	69	14	17

从表 6-5 可知铁矿物主要呈赤铁矿存在，其次是磁铁矿和褐铁矿。磁铁矿采用弱磁选易选别，主要要解决赤铁矿和褐铁矿的选矿问题。

脉石矿物以石英为主，绢云母、绿泥石、黑云母、白云母、黄铁矿等次之，并含有一定数量的铁泥质杂质等。含铁脉石矿物以绿泥石为主，黑云母次之，另含少量黄铁矿。

（2）铁矿物的嵌布粒度特性。在显微镜下用直线法测定结果见表 6-6。

表 6-6 铁矿物的嵌布粒度特性

粒级/μm	-2000+200	-200+20	-20+2	按 12μm 计	
				+12	-12
含量 w/%	4	69	27	80	20

测定结果表明，该矿石属细粒、微粒嵌布类型，在选别前需细磨。但是，磁铁矿、赤铁矿、褐铁矿等嵌布粒度并不完全一样，其中磁铁矿相对较粗，且较均匀，大部分在-200+20μm 范围内；赤铁矿最细，以-20+2μm 粒级居多，大部分不超过 50μm，极少数达 100μm；褐铁矿介于二者之间。由于主要选别对象是赤铁矿，嵌布又细，故较难选。

该矿石中的磁铁矿、赤铁矿、褐铁矿之间的嵌镶关系有利于弱磁选。从矿相报告得知：磁铁矿大部分呈磁铁矿—赤铁矿连晶体，约占铁矿物总量中的 50%。又因地表风化作用，致使部分磁铁矿次生氧化成褐铁矿，并部分呈磁铁矿—褐铁矿连晶产出。磁—赤和磁—褐连晶体具有较强的磁性（比磁铁矿磁性弱，但比赤铁矿和褐铁矿磁性强）。铁矿石的这种嵌镶关系对弱磁选是非常有利的因素，但必须控制磨矿细度，防止磁—赤和磁—褐连晶破坏。

岩矿鉴定结果表明：根据试样中磁铁矿含量（质量分数）为 14%和磁铁矿—赤铁矿连晶体约占铁矿物总量 50%的特点，选矿流程中应该具有弱磁选作业。由于主要含铁矿物为赤铁矿，故不可能采用单一磁选流程，必须与其他方法联合。但究竟采用什么联合流程，必须综合考虑多种因素，具体如何考虑，将在下面介绍。

此外，出于地表风化作用比较严重，致使含泥较多，必须增加脱泥作业。

6.4.1.2 试验方案的选择

综合上述矿石性质研究结果，本试样属高硅、低硫低磷的细微粒嵌布贫赤铁矿类型的单一铁矿石。选别此类矿石可供选择的方案主要有：

(1) 直接反浮选，包括阳离子捕收剂反浮选和阴离子捕收剂反浮选。

(2) 选择性絮凝—阴离子捕收剂反浮选。

(3) 用弱磁选回收强磁性氧化铁矿物，然后用重选法回收弱磁性氧化铁矿物。

(4) 弱磁选—正浮选，或正浮选—弱磁选。

(5) 弱磁选—强磁选—强磁选精矿重选。

(6) 弱磁选—强磁选—强磁选精矿反浮选。

(7) 焙烧磁选。

(8) 直接还原法。

以上各法中，焙烧磁选法指标最稳定，国内已有成熟的生产经验可供参考，但成本较高，特别是燃料消耗量大，而本矿区燃料资源缺乏，因而没有考虑。正浮选方案流程简单，但由于本矿样中赤铁矿嵌布粒度太细，效果不好。强磁选的主要缺点是难以获得合格精矿，因而最后选定的主攻方案只有 3 个，即：

(1) 选择性絮凝—反浮选。

(2) 弱磁—重选（离心机）。

(3) 弱磁—强磁—强磁精矿重选（离心机）。

最初试验结果表明，3 个方案中以选择性絮凝—反浮选方案指标最高，精矿品位超过 60%，但所需解决的技术问题也最多：矿石需细磨至-38μm；大量废水需净化；药剂来源要解决，并且成本较高。弱磁—重选方案成本最低，但指标不好，特别是精矿质量低（平均不超过 55%），离心机生产能力低，占地面积大。采用弱磁—强磁—离心机方案的好处是可利用强磁选丢弃一部分尾矿，减少需送离心机处理的矿量，但不能解决精矿质量不高的问题。最后将各方案取长补短，综合成弱磁—强磁—离心机，加上选择性絮凝脱泥的方案，获得了较好的指标，基本上满足了设计部门的要求，但还需进一步解决工业细磨、矿泥沉降和回水利用等一系列技术问题。同絮凝反浮选方案相比，药剂费用可大大减少，因而生产成本较低。

6.4.2　其他类型铁矿石选矿试验的主要方案

上述实例属于比较简单的铁矿石，试验中所遇到的困难主要是由于嵌布细，而物质成分并不复杂，既无在目前条件下可供综合回收的伴生有用元素，有害元素硫、磷等含量也不高，因而流程组合并不很复杂。

多金属铁矿石，矿物种类较多，物质组成复杂，为了充分综合利用国家资源，一般采用较复杂的流程，如以下几种。

6.4.2.1　含铜钴等硫化物的磁铁矿矿石

根据铁矿物的嵌布粒度和硫化物的含量，可采用如下方案：

（1）如果硫化物含量少，而磁铁矿又是呈粗粒嵌布，则可先用干式磁选和湿式磁选选出磁铁矿精矿，然后将尾矿磨至必需的细度用浮选法选出铜、钴硫化物。

（2）如果硫化物含量很高，且铁矿物呈细粒嵌布，则可将矿石直接磨至必需的粒度，首先浮选硫化物，然后再从浮选尾矿中选别铁矿物。

6.4.2.2　含萤石和稀土矿物的铁矿石

此类型矿石是稀土和铁的综合性矿床，由于萤石和稀土矿物可浮性好，通常都是采用浮选法选出。因而此类铁矿石的基本选别方案是：

（1）弱磁—浮选—强磁（或重选、浮选）。即先用弱磁选选出磁铁矿，再用浮选法回收萤石和稀土矿物，最后用浮选、强磁选和重选等方法选别弱磁性铁矿物。

（2）弱磁—强磁—浮选。那先用弱磁和强磁选选出全部铁精矿，尾矿再用浮选法回收萤石和稀土矿物。

（3）弱磁—反浮选—正浮选。那先用弱磁选选出强磁性铁矿物，磁选尾矿反浮选选出萤石和稀土矿物，反浮选槽内产品进行正浮选分离弱磁性矿物和脉石。

（4）焙烧磁选—浮选。即先用焙烧磁选选出全部铁精矿，尾矿再用浮选回收萤石和稀土矿物。

（5）先浮选萤石和稀土矿物，然后用选择性絮凝（或加反浮选）法脱脉石得铁精矿。

6.4.2.3　含磷的铁矿石

根据磷和铁的存在形态可分如下两种情况：

（1）磷以磷灰石的形态存在。这是铁矿石含磷的主要存在形式，铁主要呈磁铁矿或磁铁矿—赤铁矿存在，此种情况，常用浮选方法选出磷灰石，可能的方案有：

1）重选—反浮选。用重选法选出铁精矿，然后将铁精矿用反浮选法去磷灰石。

2）弱磁—浮选—强磁选。先用弱磁选选出磁铁矿，尾矿再用浮选选出磷灰石，最后浮选尾矿用强磁选选别赤铁矿。

3）磁选—浮选或浮选—磁选。当铁矿石中主要矿物是磁铁矿和磷灰石时，用浮选选出磷灰石，弱磁选选别磁铁矿。也可考虑在磁场中浮选磷灰石。

（2）磷呈胶磷矿形态存在。铁矿石以鲕状构造为主，此种矿石属难选矿石，目前有希望的方案是：

1）焙烧磁选。

2）重选—直接还原—磁选。重选铁精矿经直接还原焙烧，焙烧产品经磨矿，用弱磁选回收金属铁粉。

6.4.2.4 *含钒钛磁铁矿石*

含钒磁铁矿是强磁性矿物，钛铁矿是弱磁性矿物，但密度较大，可用重选回收，如矿石中含有硫化物和磷灰石，则还需考虑钛精矿浮选除硫、磷，或在选钛之前优先浮选硫、磷。若矿石中共生矿物嵌布很细，致密共生或呈类质同象，常需直接采用冶金方法或选冶联合流程分离。故此类矿石的选别方案有：

（1）用弱磁选回收磁铁矿，重选法回收钛铁矿，钛铁精矿用浮选法脱除钴、镍硫化物。

（2）用弱磁选回收磁铁矿，浮选法选钴、镍硫化物，重选—浮选联合流程或重选（选粗粒）—强磁选（选细粒）—强磁精矿浮选联合流程选钛铁矿。

（3）用弱磁选回收磁铁矿，浮选法选钴、镍硫化物，重选—强磁选—浮选联合流程选钛，最后用电选法精选钛精矿，以提高钛精矿品位。

国外目前主要采用磁选和磁选—浮选两种流程。单一磁选流程生产一种含钒的钛磁铁矿或含钒的磁铁矿精矿。磁选—浮选联合流程可生产 3 种精矿：含钒铁精矿、钛铁矿精矿和以黄铁矿为主的硫化物精矿。

由于钒与铁呈类质同象，铁与钛致密共生，采用机械选矿方法无法分离，需用冶金方法解决。

6.5 有色金属硫化矿选矿试验方案示例

6.5.1 某铅锌萤石矿选矿试验方案

6.5.1.1 *矿石性质研究资料的分析*

此矿属粗粒不等粒嵌布的简单易选硫化铅锌萤石矿。根据表 6-7 化学多元素分析和表 6-8 物相分析结果可知主要回收对象为铅、锌、萤石。其他元素含量甚微，无工业价值。铅、锌主要呈方铅矿、闪锌矿存在。铅锌氧化率均在 10% 以下。金属矿物呈粗粒不等粒嵌布，只有少量铅锌呈星点状嵌布在千枚岩中。大多数呈不规则粒状，其次呈自形和半自形的立方体，并且大多数都是单独出现，在石英中呈粗粒或中细粒嵌布。矿石以块状构造为主。故此矿石的嵌布特性和嵌镶关系、结构、构造等均有利于破碎、磨矿和选别，属简单易选矿石。

表 6-7　某铅锌萤石矿化学多元素分析结果

项目	Pb	Zn	PbO	ZnO	Cu	Fe	CaF_2	$CaCO_3$	$BaSO_4$	SiO_2	R_2O_3
含量 w/%	1.18	1.57	0.22	0.26	0.09	2.14	10.73	0.95	0.33	67.84	9.92

注：R 代表三价金属元素。

表 6-8　某铅锌萤石矿物相分析结果

相　名	铅含量 w(Pb)/%	相　名	锌含量 w(Zn)/%
铅矾（$PbSO_4$）	0.0032	闪锌矿（ZnS）	1.530
白铅矿［$PbCO_3$（PbO）］	0.0420	铁闪锌矿（Zn，Fe）S	0.000
方铅矿（PbS）	1.0700	水溶性硫酸锌矿（$ZnSO_4$）	0.000
铬酸铅（$PbCrO_4$）	痕迹（0.00085）	红锌矿（ZnO）	0.000
铅铁钒及其他[$PbO_4Fe_2(SO_4)_34Fe(OH)_3$]	0.0170	菱锌矿（$ZnCO_3$）	0.000
		异极矿（H_2Zn：SiO_5）	0.000

6.5.1.2　试验方案的选择

根据所研究矿石的性质选择了如下 3 个方案：

（1）优先浮选流程。据矿石性质研究结果可知，此矿石属粗粒不等粒嵌布的简单易选硫化铅锌萤石矿。方铅矿和闪锌矿的结构构造、嵌布特性和嵌镶关系都有利于选别，磨矿易于单体解离，不需要细磨，加上方铅矿的可浮性很好，天然的闪锌矿较易浮选，这些均是采用优先浮选的有利条件。萤石可从硫化矿浮选尾矿中用浮选回收。

（2）铅锌混合浮选流程。铅锌混合浮选的主要矛盾是铅锌分离的问题，混合精矿分离要除去过剩的药剂，处理手续繁杂。若混合浮选指标与优先浮选指标接近，则应首先考虑优先浮选流程。

（3）重介质跳汰浮选联合流程。该矿石属粗粒不等粒嵌布，如方铅矿颗粒一般为 5mm，最大可达 20mm；闪锌矿颗粒一般为 2～10mm，最大可达 22mm，再加上密度较大，故可考虑采用重选。

先进行密度组分分析，采用的重液为 HgI_2 和 KI，其密度为 2.65，分选给矿粒度 25～3mm 的矿石，可以丢掉占原矿 25%～32%的废弃尾矿，废弃尾矿品位：Pb 0.01%～0.2%、Zn7%～0.14%、CaF 21.1%～4.2%。表明本矿石可采用重介质选矿丢尾。通过显微镜观察、分析等均证明在较粗粒度下也可得合格精矿，故决定先按如下两方案进行试验：

（1）将矿石中-25+3mm 的级别进行重介质选矿，以丢弃部分废石。

（2）用跳汰分选出合格精矿，并除去一部分废弃尾矿。进行跳汰试验时，可以将原矿直接跳汰；也可将原矿经重介质分选后所获得的重产物再进行跳汰。

跳汰试验结果表明，获得高品位铅精矿（78%）比较容易，获得高品位的锌精矿很困难，获得合格的萤石精矿及有用金属含量（质量分数）在 0.2%以下的废弃尾矿则是不可能的，同时给矿粒度最大不能超过 12mm。

矿物鉴定结果表明，不能获得高品位锌精矿的主要原因，是由于已解离的闪锌矿不能很好地与重晶石及萤石分开；不能获得废弃尾矿的原因，是由于尾矿中的脉石含有扁状晶体星点状嵌布的方铅矿及闪锌矿占 10%~15%左右，并且绝大多数与石英连生，即使将它磨至 0.5~1mm，也不易解离，因此不可能采用跳汰法丢尾矿。

跳汰可产部分精矿，不能废弃的尾矿可进行浮选试验。合理的方案是经重介质（相对密度 2.65）分选后的重产物用跳汰回收粗颗粒的铅和锌精矿，然后将重选尾矿和未进重选细粒物料送浮选。

试验结果表明，重浮联合流程同单一浮选流程指标相近，但可在磨矿前丢去 25%~32%废弃尾矿，减少磨矿费用，降低生产成本。

优先浮选和混合浮选两个方案对比，二者指标相同，磨矿细度也相同，而前者的操作比较容易控制，因而推荐优先浮选流程。

原试验报告最终推荐两个方案供设计部门考虑，即：

（1）重介质—跳汰—浮选联合流程。

（2）单一浮选流程（优先浮选）。

实际上由于重浮联合流程主要优点仅仅是可以减少磨浮段的处理量，指标并未提高，而浮选所需磨矿粒度较粗，过粉碎问题不突出，因而不一定要用跳汰法回收粗粒精矿，可考虑用较简单的重介质—浮选联合流程和单一浮选流程。由于重选丢去的尾矿量不多，加上当时国内还缺乏重介质选矿的经验，设计部门最后没有采用重浮联合流程，而是选用单一浮选流程。多年生产实践证明，该流程基本上是合理的。

从国内情况看，选别铅锌矿通常以浮选法为主，一般采用混合浮选、优先浮选流程，少数选厂采用等可浮流程。个别选厂采用重选—浮选联合流程。目前在我国混合浮选与优先浮选流程几乎各占一半。多数为一段磨选，个别厂采用粗精矿再磨或混精再磨流程。

在国外也不例外，仍以浮选法为主，也有采用重选—浮选联合流程，如用重介质预选铅、锌及铜矿，然后浮选。在选别流程上对简单硫化铅锌矿石仍以优先浮选流程为主，但有以混合浮选代替优先浮选的趋势。混合浮选主要优点是设备、动力和药剂消耗大大节省，但要选择适宜的分离方法和较严格的技术操作。复杂多金属矿选厂有采用多段磨矿和阶段浮选的趋势，如日本丰羽选矿厂，入选矿石一般呈结晶质，有小晶洞，空隙多，有部分闪锌矿、黄铁矿与石英嵌布极细，方铅矿主要与闪锌矿共生，一部分嵌布也极细，若使单体解离至-45μm，该厂采用四段磨矿，部分混合浮选流程取得了较好指标。

6.5.2 其他有色金属硫化矿选矿试验的主要方案

有色金属硫化矿绝大部分用浮选法处理，但若有用矿物密度较大，嵌布较粗，也可考虑采用重浮联合流程。因而选矿试验时首先要根据矿物的密度和嵌布粒度，必要时通过重液分离试验来判断采用重选的可能性，然后根据矿物组成和有关物理化学性质选择浮选流程和药方。

6.5.2.1 *硫化铜矿石*

未经氧化（或氧化率很低）的硫化铜矿矿石的选矿试验，基本上采用浮选方案。

在硫化铜矿石中，除了硫化铜矿物和脉石以外，多少都含有硫化铁矿物（黄铁矿、磁黄铁矿、砷黄铁矿等），硫化铜矿物同脉石的分离是比较容易的，与硫化铁矿物的分离较难，因而硫化铜矿石浮选的主要矛盾是铜硫分离。

矿石中硫化铁矿物含量很高时，应采用优先浮选流程；反之，应优先考虑铜硫混合浮选后再分离的流程，但也不排斥优先浮选流程。

铜硫分离的基本药方是用石灰抑制硫化铁矿物，必要时可添加少量氰化物。硫化铁矿物的活化可用碳酸钠、二氧化碳气体、硫酸等，同时需添加少量硫酸铜。近年来开始研究采用热水浮选法分离铜硫，有可能少加或不加石灰等抑制剂，并改善铜硫分离效果。

矿石中含磁铁矿时，可用磁选法回收。

矿石中含钴时，钴通常存在于黄铁矿中，黄铁矿精矿即钴硫精矿可用冶金方法回收。

矿石中含有少量钼时，可先选出铜钼混合精矿，再进行分离。

铜镍矿也是多数采用混合浮选流程，混合精矿可先冶炼成镍冰铜后再用浮选法分离，也可直接用浮选分离。

6.5.2.2 硫化铜锌矿石

硫化铜锌矿石主要用浮选法处理。

硫化铜锌矿石中通常多少含有硫化铁矿物。浮选的主要任务是解决铜、锌、硫分离，特别是铜、锌分离的问题。

浮选流程需通过试验对比，但可根据矿石物质组成初步判断。硫化物含量高时应先考虑优先浮选流程或铜锌混合浮选后再浮硫的部分混合浮选流程；反之，则可考虑用全浮选流程，或优先浮铜后锌硫混合浮选。铜矿物和锌矿物彼此共生的粒度比同黄铁矿共生的粒度细时可采用铜锌部分混合浮选流程；反之，不如先浮铜再混合浮选锌硫。

铜锌分离的基本药方通常是用氰化物或亚硫酸盐（包括 $NaSO_3$、$Na_2S_2O_3$、$NaHSO_3$，H_2SO_4、SO_2 气体等）抑锌浮铜，大多数要与硫酸锌混合使用。还可考虑试用以下 3 个方案：

(1) 用硫化钠加硫酸锌抑锌浮铜。

(2) 在石灰介质中用赤血盐抑铜浮锌。

(3) 在石灰介质中加温矿浆（60℃）抑铜浮锌。

由于铜锌矿物常常致密共生，闪锌矿易被铜离子活化，特别是经过氧化的复杂硫化矿，由于可溶性铜盐的生成，活化了闪锌矿，铜锌分离变得十分困难，一般方法尚难分离，可考虑采用添加可溶性淀粉和硫酸铜浮锌抑铜的方法，能得到较好指标。

锌硫分离的传统药方是用石灰抑硫浮锌，在有条件的地区，也可试用矿浆加温的方法代替石灰（或二者混用）抑制黄铁矿，也可用 SO_2+蒸汽加温法浮硫抑锌。

6.5.2.3 硫化铜铅锌矿石

硫化铜铅锌矿石的选矿主要也是用浮选。试验时应优先考虑以下两个流程方案：

(1) 部分混合浮选流程，即先混合浮选铜、铅，再依次或混合浮选锌和硫化物；

(2) 混合浮选流程，即将全部硫化物一次浮出，然后再行分离。

铜铅分离是铜铅锌矿石浮选时的主要问题，其方案可以是抑铅浮铜，也可以是抑铜浮铅，究竟哪一方案较好，要通过具体的试验确定。一般原则是：当矿石中铅的含量比铜高许多时，应抑铅浮铜；反之，当铜含量接近或多于铅时，应抑铜浮铅。

常用铜铅分离方法如下：

（1）重铬酸盐法。即用重铬酸盐抑制方铅矿而浮选铜矿物。

（2）氰化法。即用氰化物抑制铜矿物而浮选铅矿物。

（3）铁氰化物法。当矿石中次生铜矿物含量很高时，上述两个方法的效果都不够好，此时若矿石中铜含量较高，则可用铁氰化物（黄血盐和赤血盐）来抑制次生铜矿物浮选铅矿物；若铅的含量比铜高许多，就应试验以下两个方案。

（4）亚硫酸法（二氧化硫法）。即用二氧化硫气体或亚硫酸处理混合精矿，使铅矿物被抑制而铜矿物受到活化。为了加强抑制，可再添加重铬酸钾或连二亚硫酸锌或淀粉等，也可将矿浆加温（加温浮选法），最后都必须用石灰将矿浆 pH 值调整到 5~7，然后进行铜矿的浮选。

（5）亚硫酸钠—硫酸铁法。即用亚硫酸钠和硫酸铁作混合抑制剂，并用硫酸酸化矿浆，在 pH=6~7 的条件下搅拌，抑制方铅矿而浮选铜矿物。

（6）$Ca(ClO)_2$法抑铜浮铅。

铜铅混合精矿分离困难的主要原因之一，是由于混合精矿中含有过剩的药剂（捕收剂和起泡剂）的缘故。在混合精矿分离前除去矿浆中过剩的药剂和从矿物表面上除去捕收剂薄膜可以大大改善混合精矿的分离效果。

复杂难选的铜、铅、锌、黄铁矿石，由于矿石组成复杂及可浮性变化较大，主要通过特效药方解决，力求少用氰化物，多用 SO_2，在 pH=5.5~6.5 条件下浮铜抑铅、锌、铁。比较有效的是用综合抑制剂：SO_2加糊精和栲胶、$NaHS0_3$等。其次，粗选时用低级黄药及铵黑药，精选前加活性炭解吸。此外，流程上考虑先浮易浮的，后浮难浮的及连生体（即等可浮流程）。对于嵌布粒度很细的情况，需采用阶段磨浮流程，先选出铜铅或锌硫混合精矿，然后将混精再磨再选，有的甚至需采用选冶联合流程。对于氧化比较严重的情况，铜铅矿变得难浮，闪锌矿受铜离子活化反而好浮，硫化铁情况复杂，采取的措施主要是热水浮选法，有的将铜锌混合精矿过滤后置露天堆放几天，任其氧化，再调浆（35%~40%固），加热水（50~60℃）浮锌抑铜，然后锌精矿再脱铜。有的厂将铜铅混合精矿通蒸气加温至 70℃，然后用亚硫酸调浆 pH=5~5.5，抑铅浮铜。有的厂将含铜锌的铅浮选尾矿加热至 60℃，鼓气搅拌，用戊黄药、甲基异丁基甲醇、硫酸铜、活性炭、栲胶等浮锌抑铜。对于含大量矿泥的情况，需预先洗矿，泥砂分选，粗精矿合并处理。

6.6 有色金属氧化矿选矿试验方案示例

6.6.1 某氧化铜矿选矿试验方案

6.6.1.1 *矿石性质研究资料的分析*

该矿包括松散状含铜黄铁矿石和浸染状高岭土含铜矿石两种类型，总的属于高硫低铜矿石。矿石氧化率高，风化严重，含可溶性盐类多，属难选矿石。

A　化学分析和物相分析结果

从化学分析结果（见表6-9）可知，此矿石中具有回收价值的元素有铜和硫，金、银可能富集于铜精矿中，不必单独回收，所含稀散元素品位不高，赋存状态未查清，故暂未考虑回收。CaO、MgO、Al_2O_3、SiO_2等是组成脉石矿物的主要成分。

表6-9　某氧化铜矿化学多元素分析结果

项目	Cu	S	Fe	Co	Ni	Mn	Pb	Zn	Ge	Ga
含量 w/%	0.574	31.22	31.05	0.0024	0.00105	0.087	0.109	0.168	0.0016	0.0019
项目	Se	Bi	Cd	Ti	CaO	MgO	Al_2O_3	SiO_2	An	Ag
含量 w/%	0.0027	0.025	微	0.119	5.59	3.91	2.55	10.41	0.75	29.84

从物相分析结果（见表6-10和表6-11）可知，氧化矿中的铜主要为氧化铜，占总铜的60%以上，其矿物种类尚未查清。硫化铜主要为次生硫化铜，占总铜30%以上。铁主要呈黄铁矿存在。

表6-10　铜物相分析结果

硫化铜				氧化铜						总计	
原生		次生		水溶铜		酸溶铜		结合铜		硫化铜	氧化铜
含量 w/%	占全铜/%	含量 w/%	占全铜/%	含量 w/%	占全铜/%	含量 w/%	占全铜/%	含量 w/%	占全铜/%	含量 w/%	占全铜/%
0.04	6.94	0.174	30.21	0.188	32.64	0.117	20.31	0.057	9.90	37.15	62.85

注：分析粒度2～0mm。

表6-11　铁物相分析结果

Fe_3O_4的Fe		Fe_2O_3、FeO的Fe		FeS_2的Fe		Fe_nS_{n+1}的Fe		TFe	
含量 w/%	占总铁/%	含量 w/%	占总铁/%	含量 w/%	占总铁/%	含量 w/%	占总铁/%	含量 w/%	占总铁/%
微	—	3.12	10.24	27.36	89.76	微	—	30.48	100.00

因此，主要选别对象为氧化铜矿和黄铁矿，其次为次生硫化铜矿。

B　岩矿鉴定结果

从岩矿鉴定结果可进一步了解，此氧化铜矿石处于硫化矿床的氧化带，矿石和脉石均大部分风化呈粉末松散状。这将对选矿不利。

该矿包括两种类型的矿石，现将鉴定结果分述如下：

（1）黄铁矿型矿石。矿石呈他形、半自形、粒状结构，块状及松散状构造。金属矿物以黄铁矿为主，次为铜矿物。在铜矿物中，又以氧化铜为主，其矿物组成尚不清楚，次为次生硫化铜（辉铜矿）并有微量的黝铜矿及铜蓝，铜矿物嵌布粒度极细，在0.005～0.01mm之间，少数为0.1mm左右。黄铁矿的粒度较粗，在0.01～0.2mm之间。脉石矿物主要为方解石，次为石英和白云石。

（2）浸染型矿石。矿石呈细脉浸染状结构，金属矿物主要为黄铁矿，其嵌布粒度在0.01～0.1mm之间，个别为2mm，次为铜矿物。铜矿物中主要是氧化铜，次为黄铜矿、斑铜矿和铜蓝，铜矿物之嵌布粒度多在0.01～0.08mm之间，少数为0.003～0.005mm。脉石矿物主要为高岭土，次为方解石和石英。

从上述结果可知，黄铁矿单体解离将比铜矿物好些。由于风化严重，可浮性都不好。

C 水溶铜和可溶性盐类测定结果

由于矿石氧化和风化严重，为查明铜矿物在介质中的可溶性和矿浆中的离子组成，进行了铜和可溶性盐类的测定。

（1）可溶性盐类的测定。将原矿样干磨至-74μm，用蒸馏水在液：固=3：1的条件下，搅拌1h，然后过滤，分析滤液，分析结果见表6-12。

表6-12 某氧化铜矿石可溶性盐类测定结果

项目	Cu^{2+}	Fe^{2+}	Fe^{3+}	Ca^{2+}	Mg^{2+}	Al^{3+}	HCO_3^-	SiO_3^-
含量/mg · L^{-1}	微	0.08	0.06	266.82	11.40	无	40.35	3.78
项目	SO_4^-	Mn^{2+}	Pb^{2+}	Zn^{2+}	pH			
含量/mg · L^{-1}	1115.0	9.6	无	1.0	>7			

从表6-12看出，可溶性盐类多，主要呈硫酸盐形式存在。

（2）原矿不同粒度下水溶铜测定。从水溶铜（见表6-13）和可溶性盐类测定来看，该铜矿在水中的溶解度随粒度而变，在粗粒时，极易溶于水或稀酸。

表6-13 某氧化铜矿不同粒度下水溶铜测定结果

粒度	-74μm，100%	-74μm，50%	2~0mm	5~0mm	10~0mm	15~0mm
水溶铜占总铜/%	微	微	35.97	37.20	42.05	36.66
水溶液pH值	>7	5.4	4.4	4.0	3.5~4.0	3.5~4.0

注：液：固=1.5：1，浸出时间5min（用自来水浸出），浸出后分析滤波。

从矿石性质研究结果包括水溶铜和可溶性盐类测定结果来看，此氧化铜矿为一高硫低铜矿石，氧化率高达60%，风化严重，可溶性盐类多，属于难选矿石。

6.6.1.2 试验方案选择

根据矿石性质研究结果，该矿石属于难选矿石，对于此类难选矿石可供选择的主要方案有：

（1）浮选，包括优先浮选和混合浮选。

（2）浸出—沉淀—浮选。

（3）浸出—浮选（浸渣浮选）。

下面分别介绍有关试验情况。

A 单一浮选方案

所研究的矿石主要选别对象为氧化铜矿、次生铜矿和黄铁矿。根据国内外已有经验，一般简单氧化铜矿经硫化后有可能用黄药进行浮选。本试样采用优先浮选和混合浮选进行探索，证明采用单一浮远方案不能得到满意结果，其主要原因是矿石在粗粒情况下，大部分氧化铜可为水溶解，用单一浮选法，这部分铜损失于矿浆中；其次是由于铜矿物嵌布粒度极细，矿石严重风化，含泥和可溶性盐类多，药耗大，选择性差等。根据该矿石的特点，有可能采用选冶联合流程处理，因而对如下厂方案进行试验。

B　浸出—沉淀—浮选

当矿石含泥量较高、氧化铜矿和硫化铜矿兼有的情况下，一般采用浸出—沉淀—浮选法（即L. P. F法）。但在本试样浸出试验中，发现该矿石在粗粒情况下，大部分氧化铜矿可为水或稀酸溶解，细磨后反而不溶。其原因是该矿石中含有大量石灰岩和其他碱性脉石，这些脉石磨细后不仅对水冶不利，而且导致已溶解的铜又重新沉淀，致使水冶和浮选均难进行；另一方面，由于原矿中黄铁矿含量高，若在浸出矿浆中直接沉淀浮选，铜硫分离比较困难，因而应采用渣液分别处理的方法比较合适。

C　浸出—浮选（浸渣浮选）

此方案包括酸浸—浮选和水浸—浮选，采用这一方案比较适合该种复杂难选矿石。试验证明，由于原矿中含有大量石灰石，浸出粒度不能采用浮选粒度，应利用其风化的性质，采用粗粒浸出。浸出过程可用水浸出，也可用0.3%~1.0%的稀酸溶液，虽然两者浸出率差别较大，但最终指标却很接近。

浸出后渣液分别处理，浸液中的铜可用一般方法提取，如铁粉置换、硫化钠沉淀等方法，也可用萃取剂萃取，使其提浓，直接电解，生产电铜。试验中采用脂肪酸萃取（进一步试验时采用N_{510}萃取剂，即α-羟基5仲辛基二苯甲酮肟），取得了良好的效果。

从已使用过的流程和方法看，水冶—浮选联合流程是处理此矿的有效方法。水浸—浮选和酸浸—浮选法均能获得较为满意的指标。

所推荐的处理方案浸出粒度粗，浸出时间短，无需用酸。这在今后的洗矿中浸出过程将自动进行，有利于生产，但还需通过生产实践进一步验证。

有关氧化铜矿的选矿方案，目前国内已投产厂矿均采用硫化钠预先硫化，然后用单一浮选法选别。但对难选氧化铜矿石用单一浮选法难以回收，为了解决这部分资源再利用，曾进行过较多方案的研究，总的趋势是采用选矿—冶金联合流程或冶金方法处理。国外亦如此。特别是对于难选氧化铜矿的研究，国内外研究都比较多，近几年提出了一些革新方案，例如L. C. M. S法（即浸出—置换—磁选法）。某些氧化铜矿有氯化物存在时，在浸出过程中进入溶液的氯离子，对下一步用铁置换铜有不利的影响，即沉淀的铜粒结构不结实，易松散成胶粒状，而且易于氧化变成难浮的铜。为了消除这种不利影响，用铁置换前，在含铜的溶液中加入少量硫脲使铜与铁团聚成一个致密结合的结构，这种铜—铁的混合物不用浮选法而采用磁选法回收。离析—浮选法，将破碎过的矿石与石盐和煤粉配料，然后在200~800℃温度下焙烧（回转窑或沸腾炉），铜便呈氯化物挥发出来，在炉内的弱还原性气氛中，铜的氯化物被还原成金属铜，并吸附在碳粒上。焙烧后的矿石，经细磨后，用黄药将铜浮出。细菌浸出法，是1947年以后才发展起来的，现已普遍用于铜、铀的浸出。此法是用一种称为氧化铁硫杆菌的细菌，在酸性介质中，将$FeSO_4$迅速氧化成$Fe_2(SO_4)_3$，而$Fe_2(SO_4)_3$是硫化铜矿良好的氧化剂，矿石经过有$Fe_2(SO_4)_3$的浸矿液浸出后，其中的铜便以$CuSO_4$的形式转入溶液中。$CuSO_4$中的铜，可以用铁置换出来，成为海绵铜，也可采用溶剂萃取—电积法或离子交换法提取。用这种方法浸出时，比较容易浸出的矿物有辉铜矿、黑铜矿、自然铜、斑铜矿、蓝铜矿、孔雀石、硅孔雀石和赤铜矿；较难浸出的是黄铜矿、铜蓝；目前还不能用细菌浸出的有硫砷铜矿、水胆矾、氯铜矿等。

6.6.2　氧化铅锌矿选矿试验的主要方案

与氧化铜矿石一样，矿石性质研究结果，特别是物相分析结果，对于选择试验方式具有重要意义，因而有色金属氧化矿在选矿试验前，都必须做物相分析。

根据矿石的氧化程度，可将铅锌矿石分为硫化铅锌矿（氧化率小于10%），氧化铅锌矿石（氧化率大于75%）和混合铅锌矿石（氧化率在10%~75%之间）三大类。硫化铅锌矿石和混合铅锌矿石主要采用浮选法，而氧化铅锌矿由于氧化率较高，含泥多，很多又常与褐铁矿等氧化铁矿物致密共生，故较难选别，除了采用浮选法外，一般难选的需采用选矿—冶金或单一冶金方法处理。

6.6.2.1 氧化铅矿石

A 易选氧化铅矿石

主要矿物为白铅矿（$PbCO_3$）和铅矾（$PbSO_4$），并以单独矿物存在而又不被氧化铁所污染，矿泥含量也很少。此种矿石有两种选别方案，即单独浮选或重选与浮选所组成的联合流程。通过显微镜观察及重液分离等，可以初步确定其在浮选前先进行重力选别的可能性，以便进行流程比较。另外，对于浮选所得的中矿部分（不易选成合格精矿部分），也应试验其利用重选来回收的可能性和合理性。

氧化铅矿物的浮选可采用硫化后黄药浮选法和脂肪酸浮选法，但最常用的是前一方法。若处理的矿石是含铅矾的，脉石性质非常复杂，且含有大量可溶性石膏，则浮选效果往往很差，而且消耗大量的浮选药剂。因此，对于这种类型矿石，若通过重液分离证明可以用重选得到铅精矿而又能丢弃一部分尾矿时，应首先进行重选试验，对于重选中矿及-0.074mm 的泥质部分则可考虑用冶金方法处理。

B 难选的氧化铅矿

所谓难选氧化铅矿是指与氢氧化铁、氢氧化锰及其他围岩紧密共生的砷铅矿、磷氯铅矿、菱铅矾、铅铁矾以及某些已严重被氢氧化铁所浸染或在矿石中含有大量原生矿泥和赭土的氧化铅矿，在进行这类矿石的选别时采用一般的方法是不易得到好结果的。所以对于这类矿石的研究，应该从机械选矿方法的试验出发逐步地转入冶金方法。

当处理的矿石中脉石部分主要是氢氧化铁，而且大部分铅与氢氧化铁紧密结合时，则首先必须查明：哪部分铅和铁赭石连生；哪部分铅是单独铅矿物。除了物相分析以外，还必须用重选和磁选法使铁矿物与脉石分离。如果肉眼可看到铁矿物有单体颗粒时，就需要进行+2mm 级别的跳汰试验（在重液试验后）；而-2mm 级别则可在摇床上选别。所得精矿和中矿都要用强磁选或焙烧磁选来处理。分析各个产物（包括重选尾矿和泥质部分）中含铅量，若铅在非磁性产物中富集，即可作为铅精矿。重选尾矿可用浮选法继续处理。若重选尾矿中含有大量的铁，则也需用磁选分离。当铅富集在非磁性产物中，而重选又不可能保证回收时，则应将全部矿石直接磁选，再设法从非磁性产物中回收铅。

对于难选的氧化铅矿石通过一系列的试验均得不到较好的结果时，则可以考虑烟化法（即高温烟化的方法）。其方案要根据具体情况而定。烟化处理的物料可以是：

（1）选矿所得的低品位铅（与锌）精矿。

（2）选矿过程中所脱去的泥质部分。

（3）全部原矿石。

一般情况下，先通过机械选矿的方法，加以初步富集，然后将比较小量的物料用烟化法处理是较适宜的。若在浮选给矿中有许多黏土质矿泥和氧化铁，则矿石在细磨以前预先除去胶体矿泥（-5μm）是非常必要的，因为这部分矿泥会大量消耗药剂，并严重影响精矿质量，这时泥质部分可考虑用烟化法处理。全部矿石用烟化法处理的方案很少采用。

6.6.2.2　*氧化锌矿石*

主要的氧化锌矿物为菱锌矿和异极矿，另外也常遇到硅锌矿和水锌矿等。氧化锌矿物不能考虑用重选来处理（特别是有大量氢氧化铁存在的情况下）。当锌是以单独矿物存在而不是与硅酸铝和氧化铁呈类质同象矿物时，可以通过浮选来回收。不管是用什么方法浮选，都必须预先除去其中的微细矿泥（-10μm 或-5μm）。可采用的浮选方法有以下四种，但其中最主要的是第一种和第四种：

（1）加温硫化法。主要适用于菱锌矿矿石。首先将矿浆加温到 70℃左右，加硫化钠硫化，再加硫酸铜活化，最后用高级黄药作捕收剂进行浮选。

（2）脂肪酸反浮选法。适用于脉石为含有少量硅酸盐和氧化铁的白云岩化石灰石，而锌的质量分数为 10%～20%的菱锌矿，用氟化钠抑制菱锌矿，然后用油酸作捕收剂浮选脉石矿物。

（3）脂肪酸正浮选法。用氢氧化钠、水玻璃抑制硅酸和氧化铁，用柠檬酸抑制碱土金属碳酸盐，然后用油酸浮选菱锌矿。

（4）胺法。原矿经脱泥后，在常温下加硫化钠硫化，用 8～18 个碳的第一胺在碱性矿浆中浮选锌矿物。

若浮选法无效则也可采用烟化法。

6.6.2.3　*铅锌混合矿石*

铅锌混合矿石的浮选试验可参照硫化矿石和氧化矿石的试验方法进行，但试验中要确定适当的浮选顺序，常用的方案有：

（1）硫化铅、氧化铅、硫化锌、氧化锌。

（2）硫化铅、硫化锌、氧化铅、氧化锌。

氧化铅含量较少时可用第一方案，反之后一方案较好。

6.7　钨矿石选矿试验方案示例

本节首先以某钨锡石英脉矿的选矿试验方案为例，介绍黑钨矿类型钨矿石的选矿试验方法，然后再对白钨矿类型钨矿石选矿试验的特点作一概述。

6.7.1　某钨锡石英脉矿选矿试验方案

6.7.1.1　*矿石性质研究资料的分析*

该矿石属高锡黑钨石英脉矿类型。

A　*光谱分析和多元素化学分析*

从光谱分析（见表 6-14）和多元素化学分析（见表 6-15）结果可知，该矿石是一个多金属矿石，钨、锡、铜、锌具有回收价值，银也有一定工业价值，镉可随锌精矿回收，砷和硫等有害杂质影响精矿质量，应分离出去。

表 6-14　原矿光谱半定量分析结果

元素	Fe	Si	Al	Ca	Mg	Mn	W	V	Co
含量 w/%	>1	主要	>1	~0.1	~1	~1	~1	~0.01	0.001~0.003
元素	Ni	Cr	As	Sb	Pb	Zn	Sn	Cu	Ag
含量 w/%	~0.005	~0.01	~0.1	~0.01	0.01~0.03	0.5~1	>1	0.05~0.01	~0.005
元素	Bi	Ga	In	Cd	Li	Be	K	Ti	
含量 w/%	0.003~0.005	~0.003	0.001	0.001~0.003	~0.01	0.001	~1	≥1	

表 6-15　原矿多元素分析结果

项目	WO_3	Sn	Cu	Zn	As	S	Fe	SiO_2	CaO
含量 w/%	0.746	0.283	0.133	0.355	1.421	1.472	3.186	60.92	7.03
项目	MgO	Al_2O_3	MnO_2	Pb	Bi	Cd	V_2O_5	TiO_2	
含量 w/%	2.296	6.70	0.223	0.044	0.01	0.02	0.04	0.13	

主要有用元素究竟呈何种化合物存在，需通过物相分析查明。

B　物相分析

通过物相分析初步查明钨、锡、铜、锌等主要呈黑钨矿、白钨矿、锡石、硫化铜等形态，见表6-16，同时还查清了稍次要一些的化合物为黝锡矿、胶态锡、钨华、氧化锌、氧化铜、硫酸锌等，为正确合理地考虑方案以及分析指标好坏的原因，提供了可靠的依据。

表 6-16　主要金属（钨、锡、铜、锌）物相分析结果

金属	相名	含量 w/%	分布/%	金属	相名	含量 w/%	分布/%
钨	黑钨矿	0.412	55.23	铜	硫化铜	0.128	98.23
	白钨矿	0.241	32.30		氧化铜	0.0023	1.77
	钨　华	0.093	12.47		硫酸铜	痕迹	
	合计	0.746	100.00		合计	0.1303	100.00
锡	二氧化锡	0.24	88.90	锌	硫化锌	0.320	90.06
	黝锡矿	0.02	7.40		氧化锌	0.032	9.01
	胶态锡	0.01	3.70		硫酸锌	0.0033	0.93
	合计	0.27	100.00		合计	0.3553	100.00

C　岩矿鉴定

通过岩矿鉴定进一步查清该多金属矿石中主要金属矿物有黑钨矿、白钨矿、锡石、黄铜矿、闪锌矿、毒砂、黄铁矿。主要脉石矿物有石英、方解石、云母等。其围岩为灰岩、泥质砂岩、页岩、石英砂岩等。

黑钨矿晶体最长者达200mm以上，与毒砂、黄铜矿等共生；或呈0.5~2mm的细粒不均匀浸染体，与锡石、毒砂共生；也有被白钨矿强烈交代而呈粒径为0.036~0.05mm的残余结构。

锡石最大粒径为20~30mm，一般为10mm，与毒砂、白云母紧密共生；也有粒径为0.2~0.3mm的，分布在硫化物、石英中。

白钨矿粒径10~20mm，但交代黑钨矿之白钨矿则呈微细粒嵌布。闪锌矿粒径一般为2mm，常交代黑钨矿、锡石、石英、毒砂等。黄铜矿一般粒径为0.16mm，也有呈6mm不规则的粗粒与石英、毒砂、黑钨矿、锡石等紧密共生，并交代毒砂。不少黄铜矿呈乳浊状，粒径为0.018mm不规则散布在闪锌矿中。

从上述主要金属矿的共生关系和嵌布特性看出，有用矿物属粗粒晶体，易于破碎解离成单体的易选矿石。但白钨矿强烈交代黑钨矿，致使黑钨矿呈微细粒状与白钨矿紧密共生，黄铜矿呈乳浊状细颗粒散布于闪锌矿中，将给白钨矿与黑钨矿、黄铜矿与闪锌矿的解离和分离带来困难；又锡石与毒砂紧密共生，黑钨矿有粗细粒不均匀浸染体与毒砂共生，加之毒砂与黄铜矿、闪锌矿的共生关系也很密切，砷的含量高和不易除去将会影响钨精矿、锡精矿、铜精矿和锌精矿的质量与回收率。

D　入选原矿单体解离度测定

测定结果见表6-17，主要有用矿物单体分离较早，应考虑阶段磨选、早收多收。

表6-17　原矿主要有用矿物单体解离度测定结果

粒级/mm	项目		黑钨矿、白钨矿	锡石	黄铜矿	闪锌矿	毒砂
20~12	单体		12	0	0	0	0
	连生体	$\frac{3}{4}$	46	0	17	0	16
		$\frac{2}{4}$	12	10	22	35	22
		$\leqslant\frac{1}{4}$	30	90	61	65	62
12~6	单体		30	12	0	0	29
	连生体	$\frac{3}{4}$	32	12	0	14	14
		$\frac{2}{4}$	6	67	40	27	24
		$\leqslant\frac{1}{4}$	32	9	60	59	23
6~3	单体		58	13	11	19	68
	连生体	$\frac{3}{4}$	17	22	26	26	14
		$\frac{2}{4}$	11	15	34	25	12
		$\leqslant\frac{1}{4}$	14	50	29	50	6

续表 6-17

粒级/mm	项目		黑钨矿、白钨矿	锡石	黄铜矿	闪锌矿	毒砂
3~1	单体		86	63	20	48	78
	连生体	$\frac{3}{4}$	11	14	33	28	15
		$\frac{2}{4}$	2	5	24	13	3
		$\leqslant\frac{1}{4}$	1	18	23	11	4
1~0.5	单体		88	86	47	65	90
	连生体	$\frac{3}{4}$	6	10	19	23	6
		$\frac{2}{4}$	5	3	14	7	3
		$\leqslant\frac{1}{4}$	1	2	20	5	1
0.5~0.3	单体		92	93	63	79	93
	连生体	$\frac{3}{4}$	6	4	11	14	5
		$\frac{2}{4}$	2	1.5	10	5	1.5
		$\leqslant\frac{1}{4}$	0	1.5	16	2	0.5
0.3~0.15	单体		100	97	67	90	96
	连生体	$\frac{3}{4}$	0	3	14	7	2
		$\frac{2}{4}$	0	0	10	3	2
		$\leqslant\frac{1}{4}$	0	0	9	0	0

E 原矿粒度分析

将原矿分成300~200mm、200~100mm、100~75mm、75~50mm、50~30mm等级别，分别选出各粒级的废石，称重、取样送化验，查明矿石贫化情况。例如，300~200mm粒级总重80.70kg，其中废石重49.20kg，矿石重31.50kg，矿石品位WO_3 0.20%，而未选出废石前WO_3为0.078%，说明贫化是很严重的，需采用手选等方法丢掉废石。

另外将-20mm原矿进行筛析和水析，结果发现含泥较少，-0.074mm粒级仅4.95%，但品位较高，其中WO_3 0.478%，Sn 0.761%，需考虑矿泥的回收。

F 重液分离

用重液三溴甲烷做重液分离试验，共结果为：20~3mm试样，用相对密度为2.65的重液分离，浮物产率仅19.03%；用相对密度为2.70的重液分离，浮物产率也仅36.99%，而金属分布率高，WO_3 2.91%、Sn 9.39%，Cu 3.36%、Zn 5.13%。效果不佳，说明该矿不宜于重介质选矿。据上述岩矿鉴定、原矿单体解离度测定、粒度分析、重液分离试验结果等可知，该矿石的特点是共生矿物多，结晶粒度粗，单体分离早，原矿含泥少，粗粒级可废弃大量围岩和废石，但不适用于用重介质选矿法。据此决定了对于初步富集各有用矿物为目的之粗选段来说，矿石是属于易选的；由于原矿组成复杂，对要获得高质量的精矿及综合回收的精选段来说，矿石是属于难选的。

6.7.1.2　试验方案的确定

A　原则流程

该矿床矿脉脉幅较窄（最窄0.1m、平均0.42m），致使出窿矿石贫化率高达60.05%，因而在重选前需先用手选或重介质选矿法丢围岩。我国黑钨矿大多呈薄矿脉赋存，一般均需设置预选作业。究竟采用于选还是重介质选矿法，则取决于围岩的密度，若围岩密度大于脉石密度，则重介质选矿法将无法把围岩单独选出。因为小于或等于围岩密度的连生体将与围岩一起上浮，造成金属损失。我国钨矿床围岩密度小于或等于脉石密度者不多，本矿脉石为石英密度2.65，而围岩为灰岩、泥质砂岩、页岩、石英砂岩，其密度为2.73～2.86，稍大于脉石密度，故重液分离效果不好，不适于用重介质选矿法丢围岩。同时，由于围岩与其他矿物的颜色，差异不是特别分明，光电选矿法也难取得满意的结果，因而最后仍选择常用的人工手选法。

本试样出窿原矿品位为 WO_3 0.542%、Sn 0.223%，筛分为+50mm、-50mm两级，+50mm用手选丢围岩后破碎到-50mm，同原样中之-50mm级合并，组成合格矿石试样，其品位为 WO_3 0.765%、Sn 0.314%。

矿石性质研究结果表明，本试样中主要共生有用矿物为黑钨矿、锡石、白钨矿、黄铜矿、闪锌矿，其相对密度皆在4以上，嵌布粒度又多较粗大，因而适于采用重选法。我国钨、锡矿床，尽管嵌布粒度粗细不同，但钨锡矿物密度大，易重选，因而一般主要用重选法选别。只是重选时，伴生至矿物将与钨、锡矿物一起进入粗精矿中，需进一步精选分离后，才能获得合格精矿，并综合回收利用伴生有用矿物。

重选粗精矿中的硫化物用粒浮和浮选法脱险并分离回收，黑钨矿与锡石、白钨的分离用磁选法；白钨矿与锡石的分离用电选或粒浮和浮选。必要时还可用焙烧法进一步除砷、锡，酸浸法脱磷，合成白钨法处理低品位精矿。矿石中的稀有和分散元素以及贵金属在选矿过程中将分别富集到不同精矿中，如钨精矿中可能含钽、铌、钪，锌精矿中可能含铟、镉，钼精矿中可能含铼，黄铁矿精矿中可能含金，均需在冶炼过程中注意回收。

B　粗选试验流程

据同类矿石的选矿经验并考虑到本试样中有用矿物嵌布粒度较粗的特点，确定粗选段采用阶段磨选、重用跳汰、粗粒先收、泥砂分选、中矿再磨再选、细泥集中处理的单一重选流程。原矿单体解离度测定结果表明：-12+6mm级黑、白钨矿总体已达30%，锡石单体也有12%，因而入选粒度定为12mm；-0.5+0.3mm级钨、锡矿物单体解离度均已达90%以上，故最终磨矿粒度定为0.5mm。为了避免过粉碎，分两段磨矿，第一段磨至6mm，第二段磨至0.5mm，中间插入一段选别，实行少磨多选，能收早收，详细试验流程如图6-3所示。

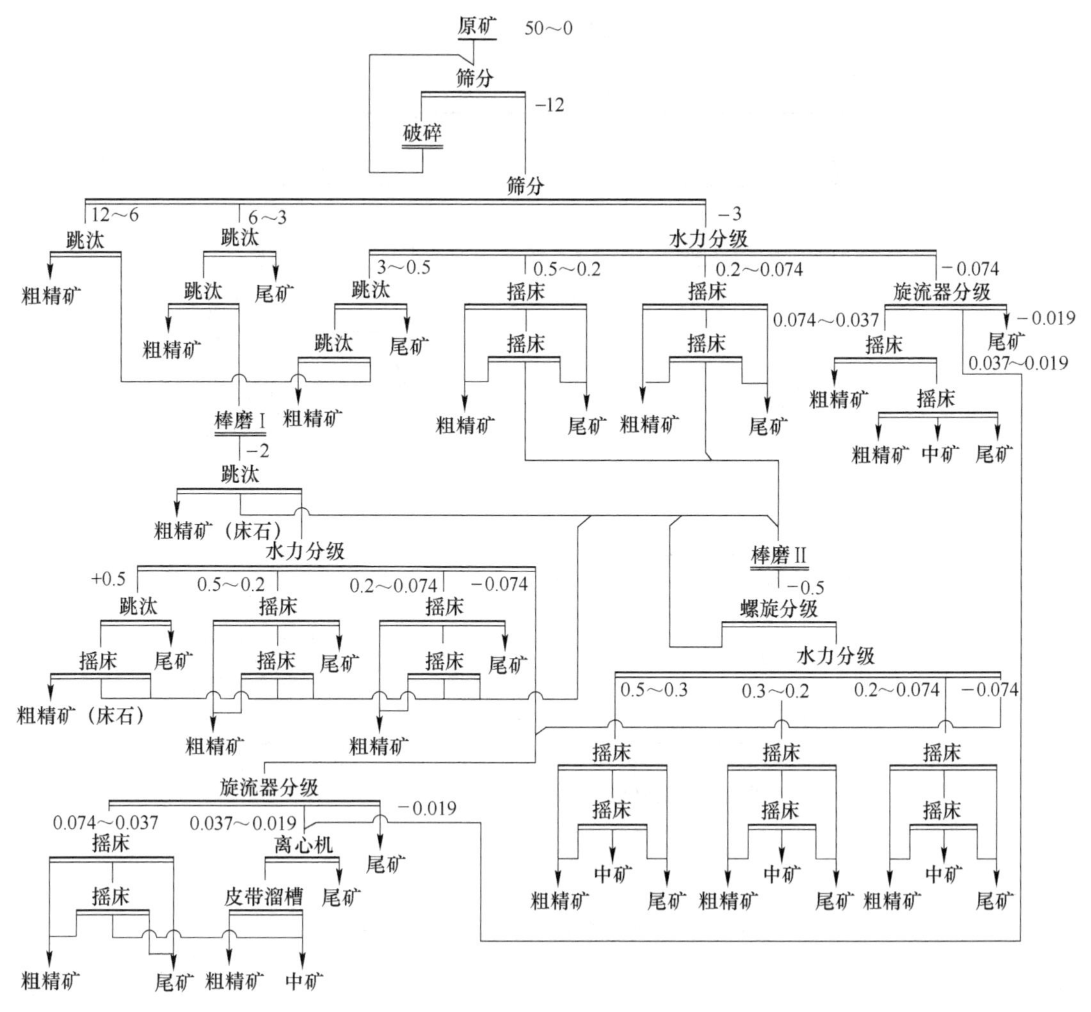

图 6-3　某钨锡石英脉矿石粗选试验流程

C　精选试验流程

精选试验流程如图 6-4 所示，为使共生矿物相互解离，入选粒度为 2mm，分级选别，粗粒级（大于 0.2mm 各级）用台浮脱硫，细粒级用泡沫浮选法脱硫。黑钨矿与白钨矿、锡石的分离均用磁选；锡石与白钨矿的分离，+0.074mm 用电选，−0.074mm 用浮选，但 −1mm 物料电选效果也不好，故粗粒级磁选尾矿均需破碎到−1mm 后再分级电选。硫化物混精矿中主要硫化矿物为黄铜矿、闪锌矿、毒砂、黄铁矿，采用优先浮铜，锌—砷混合浮选后再分离的流程分别回收。根据单体解离度资料初步确定其磨矿细度为 80%～85% −0.074mm，粒浮摇床中矿含大量连生体，需再磨再选，进一步脱硫、丢脉石，然后再分离钨、锡。

6.7.2　白钨矿类型钨矿石选矿试验方案

世界上最常见的白钨矿工业矿床为矽卡岩型和石英脉型两类。我国的白钨矿床大多数为细粒浸染的硅卡岩型，只有个别地区的白钨矿呈粗细不均匀浸染含在石英脉中，属于中

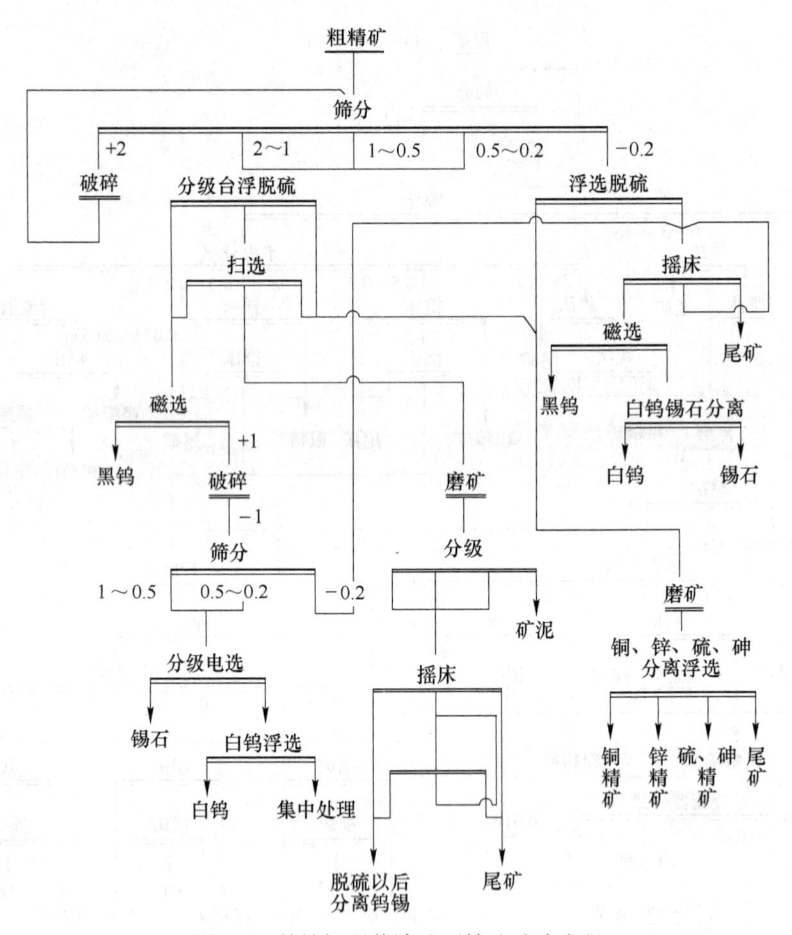

图 6-4　某钨锡石英脉矿石精选试验流程

低温矿床。

矽卡岩型白钨矿床中有用矿物以白钨矿为主，此外还含有黄铜矿、黄铁矿、磁黄铁矿、辉钼矿、辉铋矿等金属矿物，脉石为石榴石、硅灰石、绿帘石等。根据其浸染粒度特性的不同，可以采用重选—浮选联合流程或单一浮选流程。伴生的硫化物应在白钨矿浮选之前预先除去。在选别过程中往往会得出一部分不适于继续用机械选矿法处理的低品位精矿或中矿，需送去水冶处理。

石英型白钨矿比较易选，只是应注意回收其中常含有的金。

白钨矿的浮选，通常会遇到以下几个问题：

（1）白钨矿与硫化矿的分离。

（2）白钨矿与石英和硅酸盐的分离。

（3）白钨矿与方解石、萤石的分离，一般采用浓浆高温解吸法，工艺过程比较繁杂，某些矿床可采用常温浮选工艺。

（4）白钨矿与重晶石分离，可在酸性介质中抑制白钨，再用烃基硫酸酯来选重晶石。

（5）白钨矿与磷灰石的分离，常用盐酸浸出除磷。

本章介绍了常见矿产的选矿试验方案。但是，今后遇到的问题可能要复杂得多，原因是矿石质量逐渐变差、新类型有用矿物的开采，特别紧迫的是环境保护方面的问题等。

因此，选矿工作人员的任务更艰巨，要求采用联合方法和联合流程，制造新型的高效率的自动化设备，以便最大限度地综合回收有价组分，保证国民经济对矿物原料日益增长的需要，并考虑保护周围环境免受工业废料的污染。从发展远景看，将是机械选矿方法和化学选矿方法相结合，联合应用各种力场（磁力、电力、重力）以及用辐射线（磁力、电力、振动、超声波、放射线）改变分选介质的性质和被分选矿粒表面的性质。各种力场的联合作用可创立新的选分方法和设备，其中包括磁流体动力和磁流体静力分选机等。今后，新的发明和发现也可能从根本上改变有用矿物选别工艺的概念。

目前有人进行选矿方案的预测工作，同时还利用基础科学与选矿相邻近科学的技术成就，综合了 48 类矿石现在采用的选矿方案，并对将来有可能采用的选矿方案做了大致的预测。这对指导矿石可选性研究工作中拟定选矿方案是很有意义的。

复习思考题

6-1　矿物的研究方法有哪些？

6-2　元素的赋存状态与可选性的关系有哪些？

6-3　选矿产品考查的目的和方法有哪些？

6-4　阐述矿石性质研究资料的分析方法。

6-5　阐述选矿产品单体解离度的测定方法。

参考文献

[1] 周乐光. 矿石学基础 [M]. 3版. 北京：冶金工业出版社，2007.
[2] 周乐光. 工艺矿物学 [M]. 3版. 北京：冶金工业出版社，2007.
[3] 刘兴科，陈国山. 矿山地质 [M]. 北京：冶金工业出版社，2009.
[4] 徐九华. 地质学 [M]. 3版. 北京：冶金工业出版社，2008.
[5] 王苹. 矿石学教程 [M]. 武汉：中国地质大学出版社，2008.
[6] 陈国山，张爱军. 矿山地质技术 [M]. 北京：冶金工业出版社，2009.
[7] 潘兆橹. 结晶学及矿物学 [M]. 北京：地质出版社，1994.
[8] 陈祖荫. 矿石学 [M]. 武汉：武汉工业大学出版社，1987.